刺槐资源收集与良种选育

朱延林　张江涛　赵蓬晖　主编

黄河水利出版社
·郑州·

内 容 提 要

本书是编写人员对刺槐多年研究成果的总结与介绍，主要包括国内外刺槐研究概况、刺槐种质资源收集与评价结果、良种选育研究、繁殖与栽培技术及良种简要介绍等内容。本书可供从事林业方面的高等院校师生、科研院所科技人员、生产技术人员参考。

图书在版编目(CIP)数据

刺槐资源收集与良种选育/朱延林，张江涛，赵蓬晖主编. —郑州：黄河水利出版社，2021. 7

ISBN 978-7-5509-3061-2

Ⅰ. ①刺… Ⅱ. ①朱… ②张… ③赵… Ⅲ. ①洋槐-种质资源-收集 ②洋槐-选择育种 Ⅳ. ①S792. 270. 4

中国版本图书馆 CIP 数据核字(2021)第 158671 号

出 版 社：黄河水利出版社　　网址：www. yrcp. com

地址：河南省郑州市顺河路黄委会综合楼 14 层　　邮政编码：450003

发行单位：黄河水利出版社

发行部电话：0371-66026940、66020550、66028024、66022620(传真)

E-mail：hhslcbs@ 126. com

承印单位：广东虎彩云印刷有限公司

开本：787 mm × 1 092 mm　1/16

印张：11. 5

字数：266 千字　　印数：1—1 000

版次：2021 年 7 月第 1 版　　印次：2021 年 7 月第 1 次印刷

定价：60. 00 元

《刺槐资源收集与良种选育》
编　委　会

主　编　朱延林　张江涛　赵蓬晖

副主编　马永涛　晏　增　杨淑红

参　编　茹桃勤　翟晓巧　王　念

王文君　任媛媛　李忠喜

罗晓雅　徐兰成　苏雪辉

康宇静

本书所汇集研究成果是在下列课题的共同资助下完成的,在此一并表示感谢!

“十一五”国家科技支撑计划课题
优质抗逆生态与珍贵用材树种新品种选育(2006BAD01A16)

“十二五”国家科技支撑计划课题
抗逆生态树种新品种选育技术研究(2012BAD01B06)

“十三五”国家重点研发计划课题
刺槐速生建筑材林高效培育技术研究(2017YFD0600503)

国家林业局重点科技项目
刺槐优良无性系抗逆性区试(2000-08)

国家林业局重点科技项目
饲料及菌料刺槐良种选育及高效栽培模式试验(2006-30)

国家林业局“948”项目
刺槐原产地野生育种群体引进(2012-4-35)

前 言

刺槐(*Robinia pseudoacacia* L.)是一种喜光、中型的固氮先锋树种,原产于美国东部的阿柏拉契山脉和奥萨克山脉,由于刺槐生长快、萌蘖性强、根系发达、具有根瘤、存活率高、耐瘠薄、抗逆性较强等的优良特性,在中欧、东亚及世界各国广泛栽植,也是我国北方主要的造林树种之一,尤其是在黄土高原和盐碱地应用较广。刺槐木材材质强韧、纹理细致、弹性良好,耐水湿并不易腐朽,在建筑业生产和生活中发挥出巨大的作用。刺槐还是良好的饲料林树种和木本蜜源树种,具有良好的生态效益和社会效益。由于刺槐具有较强的适应性、生长的速生性和用途的多样性,被许多国家广泛引种栽培,与杨树、桉树一起被称为世界上引种最成功的三大树种之一。

河南省林业科学研究院自"六五"开始对刺槐进行资源收集及遗传改良研究,通过30余年的研究,收集了国内优良种质资源及美国原产地种源,从生长性状、光合特性、抗旱、耐寒、耐盐、生物量、热值等方面对国内资源进行了评价,同时对引进的美国种源开展了遗传多样性、遗传结构分析等研究,在此基础上结合大田试验,针对不同育种目标,选育出用材型、能源型、饲料型等一批刺槐良种,应用于林业生产中。本书是编写人员对刺槐多年研究成果的总结与介绍,可为从事林业方面的高等院校师生、科研院所科技人员、生产技术人员提供参考。

本书共7章,第1章综述了国内外刺槐研究概况,第2章对保存的刺槐种质资源进行了介绍,第3章从抗旱、耐涝、耐盐、光合、生态适应性、生物质能源等方面对保存的刺槐种质资源进行了评价,第4章介绍了刺槐良种选育过程,第5章介绍了对美国刺槐种源的收集与评价结果,第6章介绍了刺槐的繁殖与栽培技术,第7章对选育的刺槐良种进行了简介。

在本书的编写过程中,参考或引用了国内外专家学者或有关单位及个人的研究成果,均在参考文献中列出,在此一并致谢。由于编者水平有限,错误和不足之处在所难免,恳请广大读者不吝斧正。

作 者

2021年7月

目　录

第 1 章　国内外刺槐研究概况

1.1　刺槐的分布与栽培

刺槐(*Robinia pseudoacacia* L.)起源于北美洲,天然分布在美国,天然分布区分为 2 个部分:东部分布区从宾夕法尼亚州中部延伸到亚拉巴马和佐治亚州北部的阿柏拉契山脉(Appalachian Mt.)和奥萨克山脉(Ozank Mt.);西部分布区包括密苏里南部的奥扎克高原、阿尔堪萨斯与冬奥克拉荷马的北部和东部。

刺槐属蝶形花科刺槐属(*Robinia*)落叶乔木,树高可达 25 m,胸径可达 1 m,树冠近卵形,树皮灰褐色至黑褐色,纵裂,小枝褐色或淡褐色,光滑,在总叶柄基部具有大小、软硬不相等的 2 托叶刺。小叶 7~11 个,长椭圆形或卵形。3~5 年生开始开花结实,10 年生以后大量结实。花期 4~5 月,果期 9~10 月。花两性,花冠白色,具清香气,荚果矩圆状条形,扁平,棕褐色,长 4~10 cm,宽 1~1.5 cm,沿腹缝线有窄翅。种子扁肾形,黑色或暗棕色,有淡色斑纹。

刺槐多分布在年降水量 1 000~1 500 mm 的地区内,生长期降水量为 500~750 mm。7 月平均温度为 20~27 ℃,最高温度为 30~38 ℃;1 月平均温度为 2~8 ℃,最低温度在 -10 ℃与-25 ℃之间。平均无霜期在 140~200 d。在阿柏拉契山区,刺槐成散生或簇状分布在海拔 1 100 m 高的山坡、沟谷和林缘地带。在弗吉尼亚西部,刺槐主要分布在阳坡和西坡,很少分布在阴坡、东坡或沟谷。

刺槐人工栽培的历史比较长,可在多种立地条件下生长,喜爱在疏松、结构良好,特别是淤积的沙壤土上生长,但不适宜在黏重的土壤上生长。在美国,由于刺槐有许多优良特性和用途而在农业弃耕地上栽植,用以生产木材和防止水土流失。1890~1946 年,田纳西河谷共造林 1.7 亿株树,其中刺槐占 0.65 亿株。为了在裸露的矿地上进行绿化,从第二次世界大战初期至 1947 年间,共栽植刺槐 1.5 万 hm^2,目前美国每年营造的刺槐林约 200 hm^2。因其具有速生、抗盐碱能力强、耐瘠薄环境和具有广泛适应性等优良特性,刺槐是第一个从北美引进欧洲的林木树种。1601 年刺槐首先引入法国,随后很快传入其他国家,如苏联、瑞士、意大利、德国、奥地利、匈牙利、捷克斯洛伐克、罗马尼亚、中东、日本和中国,以及南美、非洲和澳大利亚,目前刺槐已经遍布世界大部分地区(Harlow et al., 1979; Barrett et al., 1990; Bongarten et al., 1992),随着大范围的引种种植,甚至在有些国家刺槐已经本土化(Keresztesi,1983)。

1897 年时,我国山东半岛被德国入侵,后德国人在山东半岛引种刺槐,同时在胶济铁路两侧区域种植大量的刺槐树。1898 年被大范围引种至青岛种植,此后又分别有来自美国、朝鲜及日本等的刺槐种源引入我国种植。由于刺槐不是我国原产树种,是从国外引进的,因此人们将刺槐称作“洋槐”或“德国槐”。刺槐在中国的 28 个省(区、市)均有种植,是中国重要的生态造林树种(李继华,1983;Keresztesi 著,王世绩等译,1993;茹桃勤等,2005;董黎等,2019;乔伯英,2020)。刺槐最适宜生长在海拔 400~1 200 m 的丘陵山地。在华北海拔 400~1 200 m 范围内刺槐生长最好,但在西北可在海拔 2 100 m 生长。刺槐林是中国落叶阔叶林中栽植范围最广泛的人工林,大致分布在北纬 24°~46°、东经 84°~124°(中国森林,2000)。刺槐具有抗旱、耐贫瘠、生长快、干形良好、耐水湿、萌蘖力强等优良特点,因而常用于保持水土、防风固沙、改良土壤和“四旁”绿化(单长卷,2004;王百田等,2005;程积民等,2014),成为黄河中下游、淮河流域、海河流域、长江下游诸省的主要用材林、薪炭林、水土保持林、海堤及河堤防护林,在维持生态平衡,提供用材、蜜源、青饲料、燃料和生态树种等方面有重大作用。据有关资料报道,仅河北、河南、山东和山西等 6 省的刺槐就有 40 亿株。据估测,我国刺槐的面积约在 100 万 hm^2 以上。刺槐已演化为我国的一个乡土树种(王世绩等,1993)。

1.2　国内外刺槐研究

许多国家对刺槐进行了研究,匈亚利、德国、罗马尼亚、保加利亚和韩国等对刺槐的研究比较深入。匈牙利是刺槐栽培面积最大和栽培时间最早的欧洲国家之一,匈牙利林木育种学家 Keresztesi 编辑的英文版的《Black locust》(《刺槐》,王世绩等译)描述了匈牙利的刺槐培育、利用现状和栽培技术。刺槐的最早和较系统的研究在德国,近年来德国致力于刺槐资源搜集、不同目的的品种选育、树木混交培育、能源替代等方面研究(Keresztesi et al., 1993;彭鸿,2003;Redei,1999;Redei et al., 2002)。刺槐林能够显著改善土壤结构、增加土壤养分和土壤抗侵蚀能力,具有较大的生态服务功能,在防风固沙、水文调节和固沟护坡等方面发挥着重要的作用(韦景树等,2018;Lazzaro et al., 2018;Fan et al., 2018),曾被中国政府认为是有前途的造林树木(Deng et al., 2012)。尽管刺槐在野外条件下其种子繁殖率仅为 0.1%(Dyderski et al., 2019),但是其具有强大的无性繁殖能力和扩散能力(Vítková et al., 2017;Dyderski et al., 2019),导致它具有很强的入侵性,尤其是对干旱和半干旱草原的入侵(Vítková et al., 2017),在森林带刺槐的引入提高了植物群落功能多样性,在草原带降低了植物群落功能多样性(朱朵菊等,2018)。同时,随着全球气候变化,刺槐的入侵能力逐步增大(Li et al., 2018;Nadal-Sala et al., 2019)。刺槐已经在欧洲、日本和韩国形成较强的入侵,并有逐渐加剧的趋势。

在千差万别的自然条件和人工种植条件下,刺槐经历漫长的自然选择和人工选择过程,蕴藏着极其丰富的基因类型,形成遗传多样性,为刺槐的良种选育提供了良好的条件和基础。刺槐是我国研究最全面、最深入的树种之一,从研究目标而言,刺槐的研究多是以速生为目标,在用材树种方面研究较多。随着对刺槐应用领域的不断深入和拓展,今后刺槐作为多用途树种方面的研究将成为一个重要的研究方向。刺槐在饲料、菌料、园林绿化、食品工业及生物质能源方面均表现出巨大的发展潜力,使这一优良树种受到越来越多的关注,近年来,刺槐研究在速生为目标的同时,刺槐的多用途引种和应用研究也逐渐开展起来。

针对当地不同的生态环境条件,我国学者从刺槐形态、生理(杨文文等,2006;周晓新等,2010)、抗性(李世荣等,2003;徐飞等,2010;唐洋等,2019)、遗传育种(荀守华等,2009)、生物量(王百田等,2005)、培育(张国君等,2012)、用材林的选育(顾万春等,1990;兰再平等,2007)、不同密度刺槐林的水土保持功能(张建军等,2002)、多样性(王玉等,2008)等及多层次对刺槐栽培(乔伯英,2020)与利用进行了研究。

1.2.1　形态研究

苏印泉等(1997)对刺槐叶的亚显微结构进行了研究,认为刺槐叶具有叶面积与体积比值较小,表皮细胞角质层较厚,叶脉发达,近轴面具有管状毛状体以及远轴面具有多细胞鳞片毛的特征,气孔器属浅内陷型,且具较大的孔下室,叶肉中栅栏组织发达,海绵组织近于退化,厚壁及机械组织增强,组织细胞中含有晶体和淀粉粒等诸多旱生植物特征。南京林业大学李鹏(2002)通过研究渭北黄土高原淳化县境内的刺槐根系垂直分布特征,探索刺槐根系对深层土壤中水分、养分的吸收程度,解释了刺槐根系分布适应干旱环境的机制。浙江林学院谢东锋(2004)通过建立刺槐木质部栓塞性曲线来分析刺槐在不同水势条件下的水分传输规律。刺槐这些旱生特征也是长期适应干旱地区不良水分环境的结果。李俊辉等(2012)研究了不同立地条件下刺槐形态和生理特性随树龄的变化,结果表明,坡地刺槐具有小的叶面积、高的比叶质量和叶厚度以及低的比叶水力导度、净光合速率和气孔导度,而水分利用效率和氮、磷养分含量均较高,立地条件和树龄对大多数叶形态与生理特性表现出显著的交互作用。

1.2.2　生长规律研究

刺槐生长分为大周期生长和年周期生长。大周期生长是指始于种子萌发,之后成林、成熟、逐渐步入衰老直至死亡的整个生活史。在整个生活史中,它的树高、胸径、材积都有一个生长的最快期和缓慢期。最快期出现的迟早和延长,直接影响着林木产量的大小和出材年限。因而研究树木高、径、材积的生长规律,对生长量、采伐量和采伐年限及生长期的抚育管理就可以有的放矢(寇纪烈等,1980)。各个不同树种中,胸径平均生长量之间差异不大,随年龄不断增长,材积平均生长量、材积连年生长量都呈出逐年增加的趋势。其中刺槐三个指标的增长最为突出,除遗传因素外,研究认为受到降水量的影响较大(何正祥等,2011)。张翠英(2001)根据积温学说的原理,研究了刺槐生长发育速度与平均气温的关系,建立了刺槐盛花期的积温预报方法和统计预报模式。一般条件下刺槐生长 30 年左右才进入成熟阶段,而在黄土高原刺槐林进入成熟期普遍在 17 年左右(刘江华,2008)。

张长庆等(2009)在黄土高原丘陵沟壑区不同立地条件下研究刺槐人工林无性繁殖与更新状况,结果发现,阴坡样地不同深度土层的平均土壤含水率高于阳坡样地,生长在阴坡的刺槐人工林无性繁殖较阳坡旺盛,阴坡无性株萌蘖的数量和扩散范围明显大于阳坡;在相同坡向的刺槐林群落中,坡下部的根系萌苗量大于坡上部。黄婷等(2016)以陕北黄土丘陵区纸坊沟流域不同立地条件下的刺槐林为对象,采用综合评价法对其土壤质量进行评价发现,阴坡刺槐林的土壤含水量、有机质、全氮、酶活性大于阳坡,但阳坡刺槐林的速效养分含量大于阴坡;随土层深度增加,刺槐林土壤含水量、全氮、速效养分以及酶活性降低,土壤 pH 升高。王林等(2013)研究发现,土层厚度越厚越有利于刺槐的生长,原因是水分状况综合反映土壤的供水能力,土层浅薄导致土壤水分承载力不足,致使刺槐生长势弱。从坡向对刺槐生长影响来看(张长庆,2008;王庆红,2017),刺槐人工林的胸径、冠幅、材积都是随着坡向由阳到阴呈先增加后减少的趋势;但阴坡的树高最高,3 个坡向的树高差异不显著。这是因为阳坡受阳光辐射强度大、时间长,土壤水分蒸发较强,易导致植物水分亏缺;阴坡水分虽然较好,但刺槐是较强的喜光树种,阴坡的光照强度和时数不能满足刺槐需要。韩蕊莲等(2003)研究发现,同一坡向不同坡位土壤含水量不同,坡下部土壤含水量高于坡上部。李泰君(2015)研究表明,降水量对刺槐林生物量的积累与分配有着重要影响,随着降水量下降,森林生物量急剧下降,人工林固碳特征主要受到年降水量和生长季平均温度的影响。宋光等(2013)通过逐步回归分析法分析了刺槐功能性状与气候及立地因子的相关性,结果表明,年均降水量的波动性将改变刺槐叶厚度、比叶面积、叶组织密度和叶面积等性状指标,年均温度的变化将影响根组织的密度。单长卷等(2004)研究发现,不同立地条件下刺槐新枝生长的差异达显著水平,胸径生长与土壤水分显著相关,新枝生长与土壤水分极显著相关,这说明土壤水分是导致不同立地条件下刺槐生长差异的主要因子之一。阳坡中不同密度间刺槐林木的胸径、树高、冠幅均差异显著;阴坡中 2 500 株/hm^2 的刺槐林木平均胸径、树高与两个低密度林的差异显著,且平均冠幅与 1 670 株/hm^2 差异显著,与 2 000 株/hm^2 差异不显著。纯刺槐林地当栽植密度为 1 670 株/hm^2 时,林地水分含量相对较高,林下植被平均盖度及物种多样性也较高,在进入刺槐生长高峰期后,应采取间伐管理以调整林分密度,使其维持刺槐人工林林地的稳定性与可持续性(吴多洋等,2017)。李军等(2010)应用 Win EPIC 模型模拟研究发现,洛川等地的刺槐林连年净生产力在 5~8 年生时达到最大值,然后随着降水量年际间的波动减少,呈现出明显的波动性降低趋势。段贝贝等(2016)研究发现,生长在南坡的刺槐具有高的叶脉密度和密而小的气孔,生长在北坡的刺槐具有低的叶脉密度和疏而大的气孔。不同坡向刺槐叶脉密度与气孔特征间的资源分配模式,反映了植物在异质性生境中根据其功能需求在自身性状之间进行投资权衡机制的优化,这也是造成不同坡向刺槐长势不同的原因之一。坡度对刺槐长势的影响十分显著。坡度通过对土壤水分、养分等的影响间接对刺槐的生长造成影响,较大坡度的刺槐林水土流失严重,土地较贫瘠,使刺槐得不到充足的养分与水分,长势较差(刘卉芳,2004;宋维峰等,2008)。研究发现刺槐在下坡具有较大的比叶面积和较小的叶组织密度,生长速率较快(单长卷等,2005;李俊辉等,2012;唐洋等,2019)。唐洋等(2019)研究了刺槐在异质环境下的适应机制,刺槐通过性状间的权衡和协变来适应环境的变化,形成最佳的适应策略。刺槐在阳坡和下坡有着更高的叶有机碳、叶氮、叶磷和根磷含量,以及更小的叶组织密度。刺槐的株高、胸径、地径、冠幅均随坡位升高而显著减小,阳坡株高、胸径、地径、冠幅均大于阴坡。综合不同立地条件下刺槐功能性状、生长形态变化规律及其适应策略,刺槐在阳坡和下坡具有更好的生长状态,能发挥相对较大的生态收益。谭晓红等(2019)以豫西丘陵区的 5 个刺槐能源林品系 83002、8048、8044、3-I、84023 为对象,研究了 5 个刺槐无性系不同器官碳含量及碳分配在不同生长发育时期的动态变化,发现 3-I、83002 和 84023 等 3 个刺槐品种在 2 年生末期具有相对高的单位面积碳储量,且收获期不宜早于 10 月初,是适宜发展的刺槐能源林品种。

刺槐纯林地不同林龄刺槐生长状况与土壤理化性质、AM 真菌和植株养分状况间的相互关系不同,其中,中幼龄(11~23 年生)刺槐林的生长状况主要依赖于地上部养分状况,而成熟(35~46 年生)刺槐林则受植株地上和地下部养分状况、AM 真菌及土壤中氮、钾储量等因素的综合影响(陈雪冬等,2017)。陈海燕(2019)研究徂徕山不同立地条件对 25 年生刺槐人工林的影响,阐明海拔对刺槐树高、材积影响不显著($P>0.05$),坡向和土层厚度对刺槐的树高及材积影响极显著($P<0.01$);坡度对刺槐胸径、冠幅的影响不显著($P>0.05$),海拔、坡向及土层厚度对刺槐胸径、冠幅的影响显著($P<0.05$),土层厚度对刺槐人工林的影响最大。

1.2.3　生理研究

从刺槐的适生环境而言,刺槐作为抗逆先锋树种,逆境条件的生理生化变化、水分生理研究及光合特性引起研究者起来越多的关注和重视,刺槐生理生化方面的研究主要集中在抗逆生理、水分生理、光合特性等方面。刺槐微观结构的研究主要集中在叶片和根系等器官结构与抗逆性及逆境胁迫下的反应机制等方面。

对刺槐生理代谢研究早期多是有关抗逆性的研究,近几年则向微观方向发展,有关分子机制的探讨增多。Siminovitch (1968,1975)、Brown (1977)研究了细胞膜的不饱和脂肪酸和膜结构与抗寒性的关系,对不同生长时期刺槐的抗寒性进行了比较。很多学者研究了刺槐的抗逆性。冯建灿(2002)研究了保水剂对干旱胁迫下刺槐叶绿素 a 荧光动力学参数的影响,表明土壤中保水剂用量只有在不低于 0.5 kg/m^3 时才能有效地发挥抗旱作用。Zamgoza (2004)研究了转基因刺槐的抗除草剂,通过农杆菌载体 SAAT 介导的刺槐抗除草剂转基因植株,转化率达 2%。张莉等(2003)以刺槐无性系为试材,从叶片形态解剖结构、生物量、水分状况、光合特性、蒸腾、细胞膜透性、活性氧代谢、内源激素、渗透调节物质(溶性糖、脯氨酸等)等方面探讨了水分胁迫下生理生化指标的变化规律,以不同无性系对水分胁迫的反应差异解释刺槐的抗旱性。孙方行等(2004)对刺槐进行 3 天胁迫处理和 17 天盐胁迫处理后用逐步回归分析法分析后认为,细胞膜透性是影响生长的主要指标。李文华等(2004)研究了不同土壤水分处理对生长在黄绵土上的 1 年生刺槐和紫穗槐苗的水分特征及生长特征的影响。毛培利等(2004)研究了在土壤干旱胁迫下刺槐保护酶超氧化物歧化酶(SOD)、过氧化氢(MCAT)和过氧化物酶(POD)活性的变化,表明 3 种保护酶对干旱胁迫的响应不同,干旱胁迫到一定程度,3 种保护酶有较好的协同效应,共同抵御胁迫造成的膜伤害,表现出较强的自我调节能力。Sinclalr 等(2005)通过测定干旱条件下刺槐蒸腾速率的日变化,研究了刺槐的抗旱性,在田间最大持水量下降的 0.23 与 0.32 之间时,刺槐的蒸腾速率几乎不受影响,当超过这一界限到下降 0.5 时,蒸腾速率直线下降。何明等(2009)研究不同水分胁迫水平下增施氮磷对两个刺槐无性系苗木光合特性的影响,结果随干旱程度加深,干旱前期氮磷交互作用对刺槐叶片光饱和点和光补偿点影响显著,干旱后期差异不显著。Sandu(2005)以 3 个月的刺槐幼苗为材料研究了强电磁场对刺槐叶绿素的影响,用 400 MHz 的电磁场分别处理 1 h、2 h、3 h 和 8 h,发现每天处理 2 h,叶片的叶绿素 a 和叶绿素 b 的含量明显升高,而其他处理叶绿素的含量下降。李洪建等(1996)对晋西北黄土丘陵沟壑区人工刺槐林的水分生态特点进行了研究,表明蒸腾强度日变化与光照强度日变化的关系最为明显,与气温日变化的关系次之;而水势的日变化与气温日变化的关系最为明显,与相对湿度日变化的关系次之。乔勇进等(1995)测定了4个刺槐无性系扦插苗光合和呼吸特性,表明净光合速率、呼吸速率的年变化曲线均呈单峰曲线,而净光合速率的日变化曲线主要是双峰曲线。张守仁等(2002)研究了与变化光环境关联的刺槐光合气体交换和复叶运动,说明变化的光环境是引起刺槐复叶运动的主要原因,而节律性运动不是刺槐复叶运动的诱导因素。田晶会等(2002)对刺槐林地的水分运动及变化和供水与耗水关系进行了研究,确定了合理的林分密度。贺康宁等(2003)建立了刺槐日蒸腾过程的 Penman-Monteith 拟合方程,研究半干旱地区林木的实际蒸腾量,旨在寻求防护林密度调控、提高林木水分利用率及林分稳定的指标。郝文芳(2003)对黄土高原不同立地类型、年生长季中不同生长时期的11龄人工刺槐林地土壤含水量全变化规律进行了研究,表明在年生长季中人工刺槐林地土壤含水量存在差异,年生长季内不同生长时期,土壤含水量变化的速度不同。许红梅等(2004)采用生理生态学模型对黄土高原森林草原区刺槐净光合速率和气孔导度与环境因子的关系进行了分析,表明刺槐在午后出现的净光合速率下降主要由气孔导度减小引起。韩宏伟(2007,2008)测定来自12个省份的17个刺槐种源在人工冷冻处理下的相对电导率、钾离子相对渗出率、失水率、水分饱和亏缺,并进行枝条的生长恢复试验,利用综合评定结果与种源地的地理因子(经、纬度)、气候因子(温度、降水)做相关分析,表明所测定的各项指标与抗寒性综合评定结果具有显著的相关性,刺槐不同种源间抗寒性差异显著,各种源抗寒能力与所在地的年均温和度年均降水量均呈显著负相关,与纬度呈极显著正相关。初步判断,中国刺槐抗寒性地理变异符合纬向渐变模式,说明刺槐引种中国100多年来,在抗寒性上已经形成初步的地理变异模式,中国刺槐的抗寒能力随着种源地纬度的升高而增强,主要受由纬度决定的温度降水等因素的影响。徐飞等(2010)研究1年生刺槐幼苗形态结构、光合特性、生物量积累及其分配对水分胁迫的可塑性响应。土壤干旱降低了各器官的生物量积累,光合产物向地下部分尤其是侧根迁移,使根生物量比增加;而这种分配方式是以降低叶生物量比为代价的,因此造成根冠比的增大,叶面积比率和比叶面积的减少。表明刺槐幼苗主要通过调节形态和光合能力来适应水分环境的变化,生物量积累和分配的差异可能存在异速生长的影响。唐洋等(2019)探索刺槐幼苗在干旱胁迫下的适应策略,刺槐幼苗通过将同化物质相对多地投入到防御组织的策略来适应干旱环境。重度水分胁迫严重抑制幼苗的生长,而在轻度水分胁迫下,幼苗能取得最大生长收益。

作为造林先锋树种,荒漠盐碱地环境下刺槐的适生性评价研究对于刺槐的生长范围和造林应用都尤其重要,从而刺槐耐盐性评价工作也成为林业科研工作者所关注的一个重要方面,任媛媛等(2016,2018)研究了盐胁迫对刺槐幼苗叶绿素荧光及叶片解剖结构的影响,探索刺槐耐盐胁迫的光合特性和不同品种间的差异,并研究了盐胁迫下不同刺槐品种生理响应,对几个刺槐品种进行了耐盐性综合评价;王艳青(2000)利用生理化手段,通过光合速率的测定、X射线微区分析、原子吸收、聚丙烯胺凝胶电泳等分析手段和技术,主要从盐胁迫对刺槐苗生长、盐胁迫相关蛋白质等几个方面,开展对刺槐耐盐性研究,探讨植物耐盐的生理机制和分子基础。洪丕征等(2011)进行了耐盐优良无性系初步选育及 AFLP 遗传多样性分析。

1.2.4 繁殖特性研究

刺槐的结实量大，但是种皮致密、坚硬，其休眠和萌发特性在不同种源之间差异很大，长时间高温热处理（High heat shock treatment）、低温层藏法（Cold stratification）和激素处理都可促进萌发，储存于树冠的种子则在冬季处于休眠状态，这些多变的繁殖特性有助于刺槐的扩散（Masaka et al.，2009），如皆伐后已在日本河岸泛滥成灾（Kurokochi et al.，2014）。土壤种子库的研究发现，重力扩散（Barochory）和风力扩散（anemochory）是刺槐土壤种子库形成的重要原因（Morimoto et al.，2010）。然而，还有研究表明不同的观点，即种子天然更新难以成林（Marron et al.，2018），主要是刺槐种皮的特殊构造，导致自然条件下能够发芽或发芽后成幼苗的数量很少；还有研究表明，刺槐群落土壤种子库的多样性随林龄增加而升高的趋势，但对地上植被更新和演替贡献不大（陈桢等，2011）。这两种情况说明，刺槐更新并不是以种子更新为主的。

刺槐具有较强的根蘖更新和扩散能力，在采伐后当年就能通过萌蘖更新成为第一代矮林，刺槐无性系的繁殖是其推广应用的主要限制因子之一（付锦雪等，2020）。刺槐扦插育苗成活率高，但取根困难，规格不一，加之良种根量有限，大大限制了良种繁育速度；插条繁殖生根困难，大量的研究表明，扦插时林木无性系之间的生根能力差异很大（李桂英等，1994）。扦插时的基质、激素种类等也对扦插生根有着极显著的影响（秦秀兰等，2017）。四倍体刺槐（*Robinia pseudoacacia*）属难生根树种，马振华等（2007）研究发现四倍体刺槐在扦插生根过程中，不定根的发生和发展与吲哚乙酸氧化酶（IAAO）、多酚氧化酶（PPO）和过氧化物酶（POD）3 种酶活性有密切联系，不同浓度 IBA 处理对各酶活性影响显著，对四倍体刺槐扦插生根的促进效果更明显。秦永建等（2010）研究了刺槐无性系硬枝扦插生根过程中生根关联酶活性变化。孟丙南（2010）对四倍体刺槐 K4 无性系的硬枝扦插和嫩枝扦插技术进行优化试验，并采用越冬沙藏催根法和埋枝黄化催芽法进行了扦插研究。表明越冬沙藏催根扦插法以沙藏前和扦插时的两次生长调节剂处理插穗可以提高四倍体刺槐 K4 无性系的硬枝扦插成活率，并配合沙藏时插穗基部垂直向上放置的“倒催根”方法，提高 K4 无性系硬枝扦插成活率；优化刺槐无性系嫩枝扦插技术，确定了最佳生根效果的组合；埋枝黄化催芽法提高四倍体刺槐 K4 无性系的硬枝扦插成活率达 90.6%，并缩短了生根时间。针对 K4 无性系埋枝黄化催芽的黄化嫩枝和未黄化嫩枝扦插生根过程，从形态结构上研究确定了 3 个不定根形成阶段，即愈伤组织诱导期、不定根原基形成期和不定根伸长期，发现生根过程的氧化酶 POD、IAAO 和 PPO 的活性，以及内源激素 IAA、ABA、GA3、ZR 的水平与不定根的形成有密切关系。卢楠等（2013）对四倍体刺槐 1 年生硬枝进行黄化催芽，获得的黄化和未黄化嫩枝为扦插材料，结果表明，黄化插穗在生根率、平均生根数和平均根长度方面均明显优于未黄化插穗，黄化嫩枝含有更多的能够促进不定根形成的内源激素，并且氧化酶的活性以及 IAA/ABA 值都较高，表明黄化处理后的插穗通过氧化酶和内源激素的变化调节，进而促进不定根形成。树木扦插成活的关键在于插穗形成不定根，刺槐生根最先是切口愈合、诱导及生成愈伤组织，然后愈伤组织增多，不定根开始从皮部及愈伤处生出，最后不定根大量生出，不定根大多数由插穗基部愈伤组织处长出,扦插后期少量插穗的根由皮部生出,属于以愈伤组织为主,兼有皮部生根的类型(陆晓丽,2015)。王小玲(2011,2013)系统开展了四倍体刺槐硬枝和嫩枝扦插繁殖技术研究,通过不定根发生过程中插穗下端形态和解剖学特性变化研究,划分不定根发生的阶段。并在此基础上,重点研究了不同扦插技术对插条内生理生化特性的影响,以及不定根不同发育阶段生理生化特性的差异。将四倍体刺槐硬枝和嫩枝扦插生根过程划分为3个主要时期:①愈伤组织诱导期;②不定根形成期(根原基诱导期);③不定根表达与伸长期。表明扦插过程中内源IAA是影响四倍体刺槐生根的关键因子;IAAO、POD和PPO是与四倍体刺槐扦插生根有一定关系的3种酶;可溶性蛋白和可溶性糖是四倍体刺槐嫁接苗上采集1年生硬枝和嫩枝插穗生根必要的物质基础。硬枝扦插,基质温度提高后,主要是通过降低插穗体内IAA含量,提高可溶性蛋白质和可溶性糖含量的积累,并促进淀粉水解来影响生根。温度对硬枝插穗体内氧化酶活性的影响较小。于平(2019)以1年生硬枝和半木质化的嫩枝作为插穗,研究了四倍体刺槐扦插后的生根效果及体内氧化酶活性变化情况。结果表明,半木质化嫩枝扦插的刺槐生根率、生根数、根长、根粗均高于1年生硬枝扦插。付雪锦等(2020)在用刺槐当年生嫩枝插条为材料的研究中表明,对生根指标的影响排序为:无性系>激素浓度>激素种类,插穗酶活性对刺槐嫩枝扦插生根效果的影响排序为:IAAO>PPO>POD。

1.2.5 刺槐遗传和良种选育

国外在刺槐育种研究中,匈牙利属于起始较早的国家,获得了较为成功的经验和成就。在匈牙利,自20世纪50年代开始大力营造速生丰产林,人工林面积达100万hm^2,刺槐是栽培最广的树种,占森林总面积的18%。最早开始进行刺槐育种工作的是1930年的R. 伏莱希曼(李思博,2019)。1951年刺槐育种进入到蓬勃发展的阶段,不仅为了单纯提高品质和产量,在选育作为蜜源、薪材和饲料的刺槐品种上也有一定的成果(Keresztesi著,王世绩等译,1993),开始制订了以改善木材质量为主要目标的刺槐选育计划,获取木材已不再是刺槐栽培的唯一目的,国内外长期以来没有专门用来营造刺槐饲料林的栽培。我国的刺槐遗传育种研究工作先后经历了刺槐速生良种选育、刺槐用材林无性系定向选育以及刺槐观赏饲用专用品种引进和选育阶段,在种源、家系及无性系选择层面上取得了显著成就,获得了一大批优良次生种源、家系及优良无性系(荀守华等,2009,袁存权,2013),但上述每个育种阶段以引种和选种为主,有性杂交育种进展缓慢。尽管国内外研究人员对刺槐杂交进行了尝试和研究,但结果率和结实率均较低,刺槐的人工杂交被证明是一项精细而困难的步骤(Redei,1998;Dini-Papanastasi、Aravanopoulos,2008),导致刺槐的杂交遗传改良工作进展缓慢。

匈牙利自1973年开始对刺槐的育种研究后的7年中,植物育种材料鉴定评审通过了9个刺槐优良无性系,之后培育的刺槐无性系不断增加,国家刺槐试验区的面积也达到16.3 hm^2,其中包含有110个刺槐品种。美国、新西兰分别从刺槐实生苗中选育出叶色淡黄的品种Dean Rossman和半直立、植株矮小的品种Lace Lady,1990年和1996年登记注册了植物品种权。来自澳大利亚的刺槐Unigold叶色金黄,1998年登记注册了品种权(李思博,2019)。李善文等(1997)对刺槐无性系硬枝扦插生根的研究也表明,其生根能力有较强的遗传差异。进入21世纪以来,随着我国经济建设的快速稳定发展和对生态建设更高的要求,刺槐的观赏价值成为更加突出的需求,国内相关的刺槐研究机构开始从欧美国家引进观赏刺槐品种用于园林绿化,如有的花色艳丽突出、叶色金黄或冠形具有一定的独特性,其中就有伞刺槐(*Robinia pseudoacacia* var. umbraculifera DC)、金叶刺槐(*Robinia pseudoacacia* f. aurea Kirchn.)、红花刺槐(*Robinia pseudoacacia* var. decaisneana Carr.)等,在我国种苗市场畅销的园林乔木品种中占有一席之地。刺槐枝叶可作为牲畜饲料,虽然刺槐家系间和家系内个体的遗传变异和刺槐种源的遗传变异均已被报道过(Hanover et al.,1991;Llesebach et al.,2004; Huo et al.,2009),但是,仅希腊根据刺长、地上生物量和叶片粗蛋白含量等性状选出了多个刺槐饲用无性系(Dini-papanastasi,2009)。韩国有世界上连片面积最大的刺槐林,自20世纪60年代后刺槐推广面积迅速增加,山林厅林木育种研究所培育的刺槐品种包括速生用材型和饲料型两种,速生刺槐作为薪炭材为居民提供了大量燃料,为饲用选育出了四倍体无性系 Gigas(Kim 、Lee,1973)饲料型刺槐的叶子作为猪和鸡的饲料,为了生产饲料,他们培育推广了叶子重量大、蛋白质含量高的四倍体刺槐,并于1995年引入我国。北京林业大学1997~2001年间,先后从韩国和匈牙利多次引进刺槐优良种质资源,并在全国15个省(区、市)进行引种试验,初步筛选出了K1等生物量较大的11个无性系 。其中对饲用四倍体刺槐无性系K4的研究相对较多(李云等,2006)。完成引进的饲料型和速生型四倍体刺槐品种,刺槐叶面积超过普通刺槐2倍的叶面积大小,干重上单叶、复叶都超过普通刺槐干重的1.5倍,并且枝叶具有含量较高的有效营养成分(张国君等,2007),在牲畜词料生产中,刺槐的枝叶有了更高的开发利用价值(李思博,2019)。张国君等(2007)和 Dini-Papanastasi 等(2000)的研究均表明,小叶枚数与刺长和复叶柄长均存在正相关。多数学者(Mebrahtu、Hanover,1989;Dini-papanastasi O、Panetsos,2000)认为刺长和幼林生长呈正相关,所以选育刺槐小刺品种存在牺牲速生的可能性;但 Kim 等(1974)发现随着刺槐年龄的增长无刺和有刺类型之间的生长无明显差异。德国刺槐的栽植面积达到了1.3万 hm^2,近年致力于高大直干刺槐品种的选育,已经选出30个无性系,但尚在继续实验阶段。在优良无性系的选育过程中,德国采用了组织培养法,以 Ewald 和 Naujoks 为首的德国联邦林业和木材科学研究院的科学家们设立了3片试验地,对刺槐进行子代测定试验,其中包括通过组培取得的30个刺槐无性系子代。在保加利亚,刺槐是最受欢迎的引进树种,近15年内实施了大规模的人工造林,刺槐林面积7.3万 hm^2,占森林总面积的2.3%,刺槐林立木蓄积量340.8万 m^3,刺槐育种生产中等径级的工业材,尤其是坑木材和蜜源林为主(Keresztesi 著,王世绩等译,1993)。

在我国,刺槐遗传改良主要经历了3个阶段:

第一阶段始于20世纪70年代初期的良种选育阶段,我国开始研究刺槐遗传育种,刺槐是速生丰产良种选育的树种之一,刺槐良种选育被列入国家重点科技攻关计划,国家投入了大量资金和技术给予支持。在种源选择、家系选择、无性系选择上都成果显著,获得了一大批优良的无性系、家系和次生种源。其后的刺槐育种过程中,选育出一些速生、干型优良、出材率高的无性系,刺槐的遗传品质得到了提升,这对于刺槐人工林的林分生产力的提高起到了积极的作用。

该阶段以选育速生、干形通直刺槐为主要育种目标,经过十余年的选育,这期间选育的主要优良无性系有:鲁系列,包括鲁 1、鲁 7、鲁 10、鲁 42、鲁 59、鲁 68、鲁 78、鲁 102 优良无性系;兴系列,包括兴 01、兴 02、兴 1、兴 4、兴 6、兴 8、兴 11;京系列,包括京 1、京 5、京 13、京 16、京 21、京 24、京 29、京 35 优良无性系;豫系列,包括豫 8026、豫 8033、豫 8048、豫 8053、豫 8073 优良无性系;射系列,包括射 4、射 7、射 10、射 12 优良无性系;皖系列,包括皖 1、皖 2 优良无性系;以及 D18、D60、D63、D69、D95、D162、D163、D171、D175、山东 38 号、山东 41 号、江苏 10 号、民权 0 号、箭杆、E92、A05、金县 209、兴 23、北票 21、北票 18、兴城 1 号、兴城 2 号、锦县 3、1013 号、42 号、59 号等优良无性系(田志和等,1982,1991;朱延林,1989;张敦伦等,1990;河南省第二期刺槐良种选育协作组,1997;荀守华等,2009)。李善文等(1997)对 10 个刺槐无性系的生根性状进行了遗传变异研究,按主根系大小把 10 个无性系分为 3 类:较强类,包括鲁 10、豫 8048;中等类,包括鲁 1、鲁 7、鲁 42、鲁 78、京 13;较差类,包括鲁 59、皖 2、京 1。

第二阶段为 20 世纪 80 年代中后期及 90 年代的优良无性系定向选育阶段。我国北方许多省区针对刺槐现有生产中存在的主干低矮、弯曲、生长迟缓的问题,这一阶段主要的育种目标为用材林选育,以提高生长量和改良干型。山东省林业厅 1972 年起开始刺槐良种选育工作,全省共选出 157 株刺槐优树,通过繁殖选育评选出鲁刺 1 号等 8 个优良刺槐无性系。辽宁省林科院于 1976 年开始在山东、河南等多个省的刺槐人工林和省内的刺槐中,选择优树嫁接,选育出 9 个速生无性系,2 个适合作蜜源的刺槐无性系品种。安徽省林科院在 1983 年选育出刺槐速生丰产无性系 6 个,3 年就可达到矿柱材木材标准(王廷敞等,1990)。“六五”“七五”期间,全国刺槐良种选育科技攻关协作组从山东、辽宁、北京、河南、江苏、安徽、河北和宁夏 8 个省(区、市)选出近千个刺槐优良单株,在 10 个省(区、市)选择 24 个试验点建立无性系测定林,通过区域化试验和综合评定,选育出 11 个速生无性系和 6 个耐寒抗旱无性系,材积增益都超过 50%。20 世纪 90 年代后,国家“八五”科技攻关计划逐步对刺槐的建筑材、矿柱材优良无性系开展定向选育。根据建筑材、矿柱材材性指标要求和生长性状,课题选育出材质优良的刺槐建筑材、矿柱材兼用无性系 20 个,以及 12 个矿柱材优良无性系。针对刺槐改良选育研究,经过长期试验,1996 年选育出了适宜做工业用材的新无性系——4 个速生、材质佳、抗逆性强的优良刺槐无性系。薛俊杰等(2000)认为红花槐、龙爪槐、国槐、紫穗槐、刺槐的过氧化物酶和多酚氧化酶同工酶进行分析研究,并采用排序法,对其亲缘关系进行比较,结果表明,红花槐与刺槐的亲缘较近,龙爪槐与紫穗槐、刺槐、红花槐都较远。张术忠等(2002)通过不同盐浓度处理不同的刺槐家系,调查各家系苗高、苗高绝对生长量、苗高相对生长量、水势、电导率和叶部钾钠比,分析各性状间的相关关系,研究了刺槐家系的遗传变异、选择指标。吴全宇等(2002)利用 20 世纪 70~80 年代山东省刺槐选优成果,在郯城、嘉祥、蒙阴、费县、胶州等地刺槐表型子代测定林中,从刺槐优良家系中选出 39 株优良单株,测定了各无性系的生长量、形质指标、遗传力和遗传增益等,经综合分析选出菏刺 2 号、菏刺 3 号、菏刺 4 号、菏刺 5 号等 4 个优良无性系。岳金平等(2003)在江苏省沿海 3 个试验点对 24 个刺槐优良无性系进行了品系比较试验,发现东县海堤站试点仅鲁 59、鲁 13 两无性系树高、胸径及鲁 78 胸径低于对照,其余无性系均高于对照,新洋农场试点除鲁 78 树高、胸径及小叶槐、鲁 59 树高低于对照外,其余均高于对照。张江涛等(2004)对豫东开封 8 个刺槐无性系 9 年生试验材料研究表明,参试无性系树高、胸径和材积差异达显著水平,用布雷津综合评价法对无性系进行排序,选择出 1 个刺槐优良无性系 3-I。在该阶段选育的主要优良无性系有:豫刺系列,包括豫刺 83002、豫刺 84006、豫刺 84017、豫刺 84023;冀刺系列,包括冀刺 66、冀刺 81、冀刺 134、冀刺 214、冀刺 216、冀刺 222、冀刺 231、冀刺 287、冀刺 289;菏刺系列,包括菏刺 1-5 号;R901、R902、R912、R913,以及窄冠速生刺槐(刘颖和王国义,1996;河南省第二期刺槐良种选育协作组,1997;吴全宇等,1999,2002;荀守华等,2009)。

第三阶段为优良品种引进及定向选育阶段,这一阶段的主要成果有:引进金叶刺槐(*Robinia pseudoacacia* f. aurea Kirchn.)、红花刺槐(*Robinia pseudoacacia* var. decaisneana Carr.)、四倍体刺槐(*Robinia pseudoacacia*)等;另外,在此阶段选育出速生优良无性、长叶刺槐,培育出甘露槐转基因抗旱品种(田砚亭和李云,2003;张国君等,2007;荀守华等,2009)。

1.2.6 木材特性研究

刺槐在国内有广泛的地理分布,所处环境条件各不相同,通过长期繁殖,种内发生了多样的遗传变异。对其中表现优良的个体和群体进行选择,改良遗传品质,这对刺槐木材产量的提高、木材质量的提升具有重要现实意义。在刺槐用材林的可持续经营中,采用科学的培育和有效的经营管理模式,提高林分蓄积量,刺槐人工林的产量和木材品质是现阶段刺槐建筑用材林培育研究的要求。不断增强木材和林产品的有效供给,有利于缓解木材供需的结构性矛盾,维护森林资源供给平衡,推进生态文明的建设。

研究表明,现阶段硬阔叶材无论是国内自产还是国外进口的数量都呈现锐减趋势,而随着刺槐木材相关干燥技术提升,$D\geqslant 20$ cm 的刺槐中大径材需求不断增加,多数用于生产高档型木地板并用作装饰板板材等(成俊卿,1985;孙尚伟等,2014)。与此同时,我国已经启动了国家储备林建设方案,基于木材战略安全的考量,保障国家木材供应安全和缓解目前严峻的供需矛盾,刺槐被选入重点培育的用材树种之一(郑秀琴等,2015)。梁玉堂等(1993)对刺槐无性系建筑与矿柱材林进行有关木材物理力学性质的研究,选取的指标有林分平均木的木材气干密度、体积干缩系数、顺纹抗压强度、抗弯强度、抗弯弹性模量等 5 项。木材质量优劣评价可以参考很多个指标,通常认为一般材种木材的密度大则硬度大,抗压强度、抗弯强度等指标也都大就能说明材质好,根据实际情况,不同用材种类对木材的各项物理力学指标要求有所差异。刘悦翠(2003)采用多元非线型回归模型建立了刺槐人工林林分平均直径、林分优势高、林分平均高、林分断面积、林分蓄积和林分经营密度的动态监测模型,根据生产实践需求,编制了刺槐人工林现实收获表,用于现实林经营质量的动态监测。彭鸿(2003)通过对渭北黄土高原刺槐人工林最大林木的树干解析和年轮分析,描述了林分最大的树高、直径和材积生长过程。不同学者针对刺槐纤维素生物质能源化利用开展了研究,研究表明,刺槐在林业生物质能源利用中具有极高的潜能。木质纤维素是生物质能源利用的重要材料,通过水解发酵可以制作纤维素乙醇等新能源(Limayem、Ricke, 2012; Yang et al., 2013),刺槐含有大量木质纤维素,作为非粮木质纤维素乙醇生产的原料具有显著优势(Grünewald et al., 2009;Balat,2010;Biswas et al.,

2011；Straker et al.，2015）。由于刺槐引入中国较晚，且在人工栽培过程中以无性繁殖方式为主，导致其种质资源收集、管理及保护等方面工作进展缓慢，育种材料不够丰富，种质资源利用率低，没有建立核心种质资源，制约了刺槐作为纤维素生物质能源原料的利用及发展（杨欣超等，2019）。为缓解国家木材供需矛盾，基于木材战略安全，国家储备林方案已经启动，刺槐是列选其中的用材树种之一。木材的物理力学性质可体现其对外力的抵抗能力，是木材在评价和应用时最为重要的参数。木材的基本密度、气干密度、抗弯强度、抗剪强度和抗压强度等木材材性指标在优良建筑材料选择与评价中是主要参考指标（刘昭息等，1998；孙成志等，1993；赵荣军等，2000）。李思博（2019）以河南省洛宁县吕村林场、民权县申甘林场和荥阳市陈垌村的典型刺槐林分为研究对象，调查研究了不同立地条件下刺槐林分的胸径、树高和材积的生长量，采用树干解析法分析了刺槐标准单株的生长过程；基于刺槐建筑材培育的目标，比较了相同立地条件下的不同刺槐品种的木材材性，并优选出 2 个适宜作为建筑材料的刺槐无性系。

1.2.7　刺槐杂交育种及繁育系统研究

杂交种是整合双亲优良性状并可获得超亲新性状的存效育种方法。国外关于刺槐杂交成功的公开的报道来源于刺槐和单叶刺槐的杂交（Dini-Papanastasi、Aravanopoulos，2008）。在该报道中，作者对操作步骤进行了详细的叙述，并利用等位酶标记对杂交子代进行了鉴定，但是在该报道中，设计了 33 种人工控制授粉处理组合，其中 17 种为杂交处理，16 种为自交处理，最终只有 9 种处理形成了荚果，共计 85 个荚果，其中 51 个荚果来源于杂交，27 个荚果来源于自交，但是最终只有 24 个来源于杂交的荚果发育为成熟荚果，而自交的结果率为 0。在成熟的荚果中共收获 57 粒成熟种子，其他绝大多数种子未能发育为成熟种子，而在这 57 粒种子中，仅有 15 粒种子未染虫而发育为完整的成熟种子，最终获得 2 株杂交子代。

国内的研究人员也开展了大量的与刺槐杂交育种相关的研究工作，戴丽等（2012）对刺槐（*Robinia pseudoacacia* L.）、红花刺槐（*Robinia pseudoacacia* var. decaisneana Carr.）、四倍体刺槐花粉进行了体外萌发对比试验，周琴宝（1982）对刺槐花的形态结构与内部解剖结构之间的相关性进行了观察研究。刺槐属于异交为主，部分自交亲和的交配方式，异花授粉方式为虫媒传粉，孙鹏等（2012）对刺槐花朵的形态特征、开花动态及传粉媒介进行了观测，并利用杂交指数、花粉胚珠比，结合人工控制授粉测定了刺槐的交配方式，研究中套袋自交平均坐果率 18.0%，刺槐去雄杂交去雄结果率仅为 3.56%。田志和等（1981）对刺槐的开花结实生物学特性进行了观察研究，并选择 9 棵植株开展了自由异交、同花序异交、自由自交、强迫异交 4 种人工控制授粉处理，结果显示，同花序异交成果率为 3.94%，自由异交成果率为 0.44%，自由自交成果率为 0，强迫异交成果率为 1.82%，并通过镜检的方法认为在花开放前落置的自花花粉并不萌发，而是等到花瓣开放后才萌发。原法宪（1978）通过对刺槐开花生物学特性的观察结合人工控制授粉试验研究结果认为，刺槐在自然条件下是一个不容易异花授粉的自花授粉树种。王念等（2007）对金叶刺槐和荷刺 1 号两个无性系花粉活力与储藏温度和时间之间的关系进行了研究，认为荷刺 1 号刺槐花粉-18 ℃条件下可保存 7 天进行授粉，金叶刺槐在-80 ℃和-196 ℃条件下宜保存 3 天进行授粉。解荷锋等(1994)对刺槐种子源开花结实状况进行了调查,同时开展了控制授粉试验,结果显示,7 个无性系全双列杂交 49 个组合的平均结荚率为 6.5%,最小的组合为 0。姜金仲(2008,2009)对四倍体刺槐和二倍体刺槐花器原基分化过程及花器成熟表型进行常规和电镜扫描观察,比较分析 2 类刺槐在成熟花器表型方面的差异。发现四倍体刺槐的苞片、萼裂、花瓣、子房的数目及对称性与二倍体刺槐完全相同,四倍体刺槐各个花器官发育进程中的主要大环节和二倍体刺槐是一致的,但发育时间均有不同程度的滞后,一些发育细节上表现出不同程度的不稳定性。四倍体刺槐花器原基分化的顺序为:花萼→花冠→雄蕊→雌蕊,与蝶形花科植物的正常分化模式相比无明显不同。四倍体刺槐种子经温汤浸种或 5-氮杂胞苷浸种,可以提高萌发率,初步探索利用四倍体刺槐种子培养、成熟胚或幼胚培养等促萌措施,最大限度地保存四倍体刺槐有性过程中创造的变异资源,得到四倍体刺槐一年生实生苗 300 株,二年生实生苗 15 株,三年生实生苗 4 株。

刺槐繁育系统的研究,Surles 等(1990)通过对一个刺槐群体花药和柱头相对成熟时间的观察认为,刺槐花部结构中雌雄蕊空间上的隔离和雌蕊先熟机制阻止了刺槐自交,促进了刺槐异交的发生,而同一株刺槐植株中开花的不同步性提供了刺槐同株异花传粉的可能,作者认为刺槐的主要传粉昆虫为膜翅目昆虫。孙鹏等(2012)对北京延庆群体刺槐的花部特征、开花动态以及传粉媒介进行了研究,结果显示,刺槐雌雄蕊同熟但刺槐雌雄蕊具有空间上的隔离,与其他异花授粉植物相比,刺槐具有较高的花粉胚珠比,结合人工控制授粉试验结果认为,刺槐属于异交为主、部分自交系的交配方式,而异花传粉的方式为虫媒传粉。Surles 等(1990)等利用 6 个等位酶位点对来自美国东部的 23 个刺槐种源的交配系统进行了研究,结果显示,所研究的刺槐群体异交率显著低于 1.0,23 个种源群体异交率变化为 0.46~0.12,平均值为 0.83,与其他具有较高异交率的虫媒传粉树种相一致,由此认为刺槐是一个高度异交的树种。然而,也有国内部分专家通过对刺槐开花生物学的观察及人工控制授粉结果认为,刺槐在自然条件下是一个不容易异花授粉的自花授粉树种(原法宪,1978)。国内外研究人员对刺槐繁育系统进行的研究多是关于刺槐开花生物学及花部特征以及传粉特性的一些研究,Surles 等(1990)对刺槐的交配系统进行了研究,但是目前包括对其他树种的交配系统研究多是针对子代苗群体,而子代苗群体很有可能已经经过了可能发生在坐果结实以及种子萌发这个阶段的早期选择过程,因此此时估算出的交配系统的异交率可能仅仅反映了净异交率,而掩盖了可能发生在早期的选择过程。Surles 等(1990)对子代苗等位酶研究结果则显示刺槐属于高度异交的树种。袁存权(2013)在研究中认为,刺槐荚果内胚珠(种子)成熟并不是随机的,而是存在与胚珠位置相关的选择性成熟和败育现象,处于荚果顶端的胚珠更容易发育为成熟种子,而处于荚果基部的胚珠则更容易发生败育。刺槐所表现出的这种败育模式与在其他豆科植物中发现的败育模式相一致(Webb,1984)。袁存权(2013)估算出的刺槐子代苗期的异交率为 95.83%,表明刺槐是以异交为主的树种,但也存在着一定的自交潜力,研究结果与 Surles 等(1990)研究结果一致,但高于美国刺槐种源的平均异交率 83%。袁存权(2013)荧光显微观察结果显示,刺槐处于荚果顶端的胚珠较基部胚珠优先接受花粉管;父本分析结果显示,荚果顶端区域胚珠异交率高于荚果基部胚珠。而这种胚珠位置效应最终会对植物适合度产生影响。配子体竞争而导致的合子胚获取母本资源能力的差异是造成这一现象的一个重要原因。刺槐早期的选择作用掩盖了混合交配系统及其近交衰退的事实，这种选择使得后代群体中具有明显的并不显著偏离哈迪温伯格的遗传多样性丰富的异交子代群体。刺槐雌雄蕊空间上的隔离、雌雄蕊异熟、相对稍慢的自交花粉管萌发及其生长率、配子体竞争、近交衰退共同促进了刺槐的异交(Surles et al., 1990;袁存权,2013)。配子体竞争和近交衰退在调控刺槐子代遗传组成中扮演着重要角色。在目前刺槐去雄后人工授粉结果率低的情况下，可以尝试利用刺槐的促进异交的机制，通过不去雄利用蜜蜂或人工进行混合竞争授粉获得杂交子代，借助分子生物学父本分析手段进行子代鉴定，进而进行刺槐的杂交遗传改良。

1.2.8 刺槐对土壤性质的影响

土壤动物构成的极为复杂的多样生态系统与地上植物有着显著的相关关系(Litt et al., 2014)，扮演着重要的生态功能。人工引种刺槐后导致林下植被多样性的变化也可能影响食物资源的供应，这可能会通过自下而上的控制进一步影响土壤动物的营养结构(Liu et al., 2018)，而对于黄土高原的土壤动物可以产生积极的保护效果(Zhang et al., 2019)。一个原因是，刺槐林可以创造一种有利的微生境，拥有丰富的食物资源和安全的产卵位点，从而吸引了土壤动物的觅食活动和定居。另一个原因是，树木覆盖的存在会拦截大量入射的太阳辐射(Lott et al., 2009)，刺槐林降低了土壤温度和蒸散速率，从而导致了较高的覆盖率(Wu et al., 2015)。大量的研究已表明刺槐能够显著改变林下植被群落结构，而土壤动物群落可通过改变植物群落的组成和结构而改变(Litt et al., 2014)，这些影响可能是由于土壤养分、水分、盐度和 pH 的变化，或者是相互影响和拮抗作用的改变(Gratton et al,2005)。

氮循环是生物圈中最重要的基本物质循环之一，它描述了自然界中氮元素与含氮化合物之间的转化过程。氮循环包括四个生物过程：固氮、氮矿化、硝化作用和反硝化作用，四个过程相互关联，共同决定土壤生态系统中氮的平衡和命运。固氮是将分子氮还原为氨和其他含氮化合物的过程，它是氮输入的重要方法之一，在氮循环中起关键作用。刺槐作为一种固氮树种，能够显著改变生态系统氮循环，增加土壤氮储量和氮素的周转速率(Von Holle et al., 2013)，进而增加土壤养分(Zhang et al., 2019)，其主要是通过生物固氮功能(Kou et al., 2016;Ren et al., 2016;Du et al., 2019)。固氮微生物作为刺槐林土壤最为主要的微生物类群，在刺槐生物固氮能力上扮演重要的角色，研究表明，土壤氮组分与固氮菌物种组成有很强的相关性，大量的无机氮含量显著抑制刺槐生物固氮功能(Xu et al., 2019)。刺槐林内的微环境对土壤微生物的结构组成有着重要的影响(Xiao et al., 2016;Liu et al., 2018)，且具有长期效应(Xiao et al., 2016)。一般来说，刺槐林对土壤微生物的生物量和活性均产生了积极的影响(Bolat et al., 2015)，进而加速土壤养分的周转和累积速率。

沈国舫等(1997)研究表明，杨树、刺槐混交林两树种之间的氮、磷元素可以形成互补，根际氮、磷营养的相互转移和微生物条件的变化，有利改善土壤养分状况，加速土壤的养分矿化，促进对 K 的吸收，提高林木生长量。刘增文等(1999)根据养分平衡原理测算了黄土高原沟壑区刺槐人工林生态系统的生物化学循环和生物地球化学循环，表明了刺槐人工林生态系统的养分循环为土壤亏损、系统积累型的总流动趋势。许明祥等(2004)应用时空互代的方法,以刺槐林为代表,对该区不同利用年限的人工林土壤养分特征及其时空变化等进行了系统研究,表明黄土丘陵区人工林土壤肥力处于低水平,人工林表层土壤养分中有机质和速效磷的空间变异性较大。张鼎华(2004)研究了杨树纯林、刺槐纯林以及杨树刺槐混交林枯落物分解速率,表明不同枯落物分解速率为:刺槐纯林>杨树刺槐混交林>杨树纯林,其原因是刺槐纯林枯落物 C/N 值较高,而杨树纯林枯落物 C/N 值较小。刺槐与杨树间作可降低枯落物 C/N 值,加快枯落物分解速率,但是刺槐年龄对土壤细菌和放线菌群落没有影响(Liu et al., 2018),而对土壤固氮菌丰度、群落组成和多样性具有很大的影响(Xu et al., 2019),进而改变其生物固氮能力。张静等(2018)研究认为刺槐对土壤微生物群落的影响存在明显的环境梯度效应,同时受到土壤温度和土壤含水量的调控作用。秦娟(2009)研究表明,土壤氮素含量、有机质含量均表现为豆科植物较高,刺槐的固氮特性能提高混交林地土壤的氮素含量和有机质含量。刺槐具有很强的固氮能力,固氮时在体内积累氮的能力也很强,刺槐积累的氮占林分总氮积累量的83%,磷和钾也分别占积累量的58%和57%,均超过自身组成的比例,每年仅树叶归还给林地的氮、磷、钾比纯林1 hm^2 多55.45 kg、10.50 kg 和14.06 kg,适宜混交刺槐所产生的生态效益和经济效益是十分明显的(山东省混交林研究协作组,1997)。Marron 等(2018)通过^{15}N 标记法得出刺槐76%的氮素来自于生物固氮,较强的生物固氮功能会增加刺槐土壤速效氮的含量(Kou et al., 2016;Medina-Villar et al., 2016);而刺槐凋落物具有较高的氮素含量和较快的分解速率,能够加速生态系统养分循环和土壤氮素的累积(Buzhdygan et al., 2016;路颖等,2018)。有研究表明,刺槐土壤氮含量的增加在一定程度上会增加土壤碳、磷含量(Ren et al., 2016),尤其是对可溶性碳、有机质和速效磷的影响尤为显著(Liu et al., 2018;Du et al., 2019)。刺槐能够显著地改善土壤物理性状,改变0.25~2 mm 粒径团聚体比例(孙娇等,2016),进而增加土壤碳、磷含量(赵娜等,2014;Papaioannou et al., 2016)。艾泽民等(2014)对黄土丘陵区9年生、17年生、30年生和37年生刺槐人工林进行调查,研究刺槐人工林生态系统碳、氮储量随林龄的变化动态及分配格局,研究结果显示,刺槐人工林生态系统的总碳、氮储量随林龄增加而逐渐增大,均在37年生时达到最大值。37年生刺槐人工林植被固碳速率为1.24 mg/(hm^2·a),略低于暖温带森林植被的平均固碳速率(吴庆标等,2008)。土壤层是刺槐人工林生态系统的主要碳、氮库,分别占人工林生态系统总碳、氮的63.3%~83.3% 和80.3%~91.4% 。

刺槐对土壤的改良作用受林龄、密度、纬度和年均降水量等多种环境因素的影响(艾泽民等,2014;陈雪冬等,2017;Wang et al., 2019),一般来说,林龄越大对土壤养分的增幅越大(Staska et al., 2014;Du et al., 2019)。但是刺槐作为一种耗水植物,会加速土壤水分的丢失(Liang et al., 2018),引起土壤微生物和土壤酶的转变,土壤养分元素和酶活性协同变化的效应与互作关系的强弱,调节着刺槐林土壤养分的活化、周转及累积过程,影响着刺槐林地土壤质量的改善(王涛等,2018)。侵蚀环境下的坡耕地由于人为干扰,土壤碳库含量偏低,并处于高速低效率物质转化过程中,人工刺槐林促进生态恢复可以依靠生物的自肥作用增加土壤碳库各组分含量,但要恢复到破坏前该地区顶级群落时的水平,还需要一个漫长的阶段,这个阶段可能需要上百年的时间(薛萐等,2009)。瞿晴等

(2019)研究了黄土高原不同植被带人工刺槐林土壤团聚体稳定性及其化学计量特征,梁彩群等(2020)研究了黄土高原人工刺槐林土壤团聚体中不同活性有机碳从南到北的变化特征,对理解黄土高原土壤团聚体活性有机碳含量在空间尺度上的变化特征和影响因素具有重要意义。而在逆境条件下,刺槐能够通过增加根瘤生物量,促进生物固氮,以维持生物固氮并抵消土壤氮的较低利用率(Mantovani et al., 2015)。王雅慧等(2020)探究林木对立地质量的影响是人工林可持续经营研究的重要方向,研究刺槐人工林多代更替经营过程中土壤结构与养分的变化情况,在豫西浅山区,刺槐林经营世代更替对土壤养分和结构有明显的影响,一代林到二代林经营过程中土壤养分含量显著增加,表层养分增量大于深层,土壤结构得到改善,经营到三代林维持相对稳定。在世代增加过程中碳素比氮素积累的速度快,且碳、氮的供应能力小于磷,代际更替过程中存在着养分失衡加重的问题。

1.2.9 遗传差异及多样性研究

刺槐作为一个分布在广大地域的树种,由于生态环境隔离、基因突变以及自然选择等原因,使整个树种的总群体不能随机交配,由此分化并产生了种内有差异的地理生态种群。种内不同的种群之间的差异是普遍存在的。这种差异表现在形态解剖、生长发育、木材性状、适应性与抗性、生理生化特性等方面。这种与地理分布相联系的变异,称为地理变异。刺槐虽然是外来树种,但在我国已广泛栽种,几乎遍布全国,已逐渐演化成为乡土树种。在千差万别的自然条件和人工种植条件下,经历漫长的自然选择和人工选择过程,蕴藏着极其丰富的基因类型,形成遗传多样性。在开展刺槐的遗传改良工作中,研究人员需要充分了解和保护刺槐遗传资源,并且选取遗传差异合适的优良亲本,因此开展刺槐遗传多样性的研究显得十分重要。

刺槐引入对植物群落功能结构的影响差异,可能与植物功能性状多具有可塑性以及刺槐的耗水性有关,不同性状的可塑性不同,可随环境梯度变化完成对环境的响应与适应(Tilman et al.,1997)。刺槐作为外来树种,自引入中国已有100余年的历史,中国开展刺槐的育种研究也有40多年的历史。我国最早对刺槐进行遗传改良的记录是在1978年,但随后发展较为缓慢(朱一龙,1988)。目前,比较常见的遗传多样性评价方法主要有表型标记、生化标记和分子标记等,其中分子标记由于分布于整个基因组并且不受外界环境影响而被普遍用于遗传多样性研究(宋跃朋等,2010;董黎等,2019)。刺槐遗传多样性的研究已经采用过等位酶(杨敏生等, 2004; Juntao et al., 2010)、RAPD (Bindiya、Kanwar, 2003)、AFLP (Huo et al., 2009)、ISSR (孙芳等, 2009)等标记方法,仅利用SSR标记方法对普通刺槐和航天刺槐进行了生长对比研究(Yuan et al., 2012),以及刺槐扦插枝条鉴定研究(Malvolti et al., 2015)。Surles(1989)通过对23个种源18种等位酶分析,研究了美国天然分布区刺槐的遗传变异。结果发现,88%的变异存在于种源内,没有形成明显的地理变异模式,只在地理界限明显的种源间遗传分化较大,认为对于刺槐资源的选择应以种源内的遗传分化为主。Major(1998)从匈牙利不同地区的种源间筛选出36个刺槐无性系为试验材料,测定了10种同工酶和15对RAPD引物扩增产物的变化,通过主成分分析和聚类分析,证明不同无性系间存在显著差异,无性系间的遗传分化与无性系的地理位置有一定的相关性(冯屹东,2009)。朱延林等(1998)用同一批优树繁殖成无性系和实生家系子代分别建立遗传测验林,12年生时进行树高、胸径、主干高、单株材积4个性状测定,计算它们的变异系数,并进行各自优良无性系或家系的选择,最后比较两种选择策略的遗传进度、遗传增益。结果表明,无性系间的表型变异系数比家系间大76%以上,遗传变异系数大70%以上,按20%的入选率,入选无性系的遗传增益比入选的家系高128%以上,因而对刺槐改良采用优树无性系选择的效果比实行有性繁殖的种子园好。杨敏生等(2004)以欧洲和美国的18个刺槐种源为试验材料,测定了11种等位酶系统,分析了其中多态性高、差异大的7种等位酶系统的遗传变异,研究了欧洲刺槐种源的遗传结构和遗传多样性,证明匈牙利、斯洛伐克的种源等位酶遗传变异水平高于德国的种源,匈牙利和斯洛伐克的种源群体间遗传差别小,群体内遗传差异大;而德国种源间遗传差别较大,群体内遗传差异相对较小。欧洲种源间没有形成明显的地理变异模式,刺槐遗传多样性丰富,遗传改良存在巨大的潜力。中国开展刺槐的育种研究有40多年的历史,但相比于中国其他一些乡土树种,其栽培时间还相对较短。韩宏伟(2007)应用AFLP分子标记技术对分布于全国的10个刺槐种源群体进行了遗传多样性的研究,指出由于国内刺槐引种时间短,而且在最初引进刺槐种子材料时,没有充分考虑地理种群差异,引进的材料遗传基础较窄,因而导致中国刺槐遗传多样性水平较低,现在有关刺槐SSR分子标记的相关研究还很少。袁存权(2013)在研究中利用Genomic-SSR分子标记对刺槐天然授粉子代进行父本分析,发现刺槐子代苗群体异交率达到95%以上,并据此推断刺槐是以异交为主的树种。刺槐人工去雄伤害大,同时又是异交为主的树种特性,因此尝试在不去雄的条件下,通过人工进行混合竞争授粉获得子代,并借助SSR分子标记技术对子代父本来源进行分析,筛选出杂交子代,进行刺槐的杂交遗传改良。刺槐的繁育系统属于以异交为主的混合交配系统(同花授粉可结实)。Xiu等(2016)通过克隆白蜡(*Fraxinus pennsylvanica*)的DREB2A得到一种新型基因编码Fp DREB2A,成功转录并激活该基因在刺槐中的过量表达,增强刺槐的抗旱能力。在刺槐人工杂交育种成功的前提下得到刺槐的全同胞家系的群体,进行刺槐群体遗传学以及SSR分子标记下的遗传图谱构建工作,以更充分地利用分子标记辅助育种手段推动刺槐的遗传改良。董黎等(2019)利用来自美国4个不同采集地的12个刺槐个体,首次对刺槐Genomic-SSR与EST-SSR进行遗传差异性比较分析,显示刺槐Genomic-SSR与EST-SSR存在一定的遗传差异性,但差异并不显著;刺槐Genomic-SSR能更加准确地揭示基因型之间的遗传关系;刺槐EST-SSR具有相对较强的保守性。杨欣超等(2019)选取了我国北方7个地区的96个刺槐种质资源,运用筛选出的14对SSR引物进行标记,分析了其遗传多样性并构建核心种质。收集的刺槐种质存在丰富的遗传多样性,采用逐步聚类法进行核心种质构建,最终确定的核心种质共包含23份种质。证实核心种质遗传多样性与原始种质无显著差异,可以充分地代表原始种质资源。核心种质纤维素含量说明刺槐适宜作为纤维素生物质能源原料,为刺槐种质资源的保护、管理和纤维素生物质能源化利用提供了丰富的理论依据和优良的种质材料。研究认为可能是由于刺槐是一种外来树种,引入中国时间较短,虽然现有分布范围很广,但并未在不同地理区域的环境中出现明显的遗传变异及分化(Huo et al., 2009; Juntao et al., 2010)。刺槐耐干旱瘠薄的特性,使其在20世纪60年代成为中国大规模的造林主要树种,大量的种子和幼苗在造林时被混合分发和交换(彭鸿等, 2003),刺槐主要采用根系繁殖,这也是不同地区种质未出现明显遗传分化的原因。

1.2.10 生态效益研究

随着工业化进程的加快,刺槐在环境优化方面也日益受到重视。刺槐是一种喜光、喜湿的物种,这种特性塑造了其林内特殊的小气候特征(Slabejová et al., 2019),导致林内植被群落结构组成发生转变(Nascimbene et al., 2015;Zhang et al., 2019)。刺槐在生态恢复建设中作为最主要的引进先锋树种,具有固沟护坡、防风固沙、水文调节、碳固定及增汇等生态系统服务功能,对黄土高原自然环境改善和生态系统服务功能提升具有重要意义(张景群等,2009;张琨等,2017)。相对于撂荒地,刺槐郁闭度是林下植物多样性的主要影响因子,人工林群落生物多样性指数没有经历由低到高而后逐步恢复稳定的变化过程,而是不断上下波动(杨晓毅等,2011)。

刺槐可以作为重金属污染程度的一个指标,通过对重金属的吸收达到净化环境的目的。Kondo 等(1998)研究三种类型树木(针叶树、常绿阔叶树、落叶阔叶树)对空气有害气体的吸收,结果发现,落叶阔叶树(包括刺槐)对有害气体的吸收能力最强。Celik 等(2005)以丹麦 Denizli 城市为地点,研究刺槐叶片重金属的含量,在工业发达、工厂多的地区,叶片内一些重金属含量明显高于正常地区,而在交通密集地区,叶片的铅和铜的含量明显高。因此,刺槐既可以作为一种检测环境状况的指标,又可以作为大气清洁剂发挥其生态价值。由于刺槐的适应性广,在干旱条件下种植,可以改善当地水分状况。在树木混交培育方面,德国北部人们常在刺槐林下播种橡树和欧洲栗等细木树种。刺槐被认为是最佳的能源载体,德国林区和一些社区乡村已建有焚烧树枝和木材碎屑的高效燃烧炉设备,用以给当地供应暖气和热水(Groninger et al.,1997)。研究表明,刺槐能够降低林下植被的物种数和 α 多样性,但增加植被的 β 多样性(Kou et al., 2016),导致了刺槐林下植被的均质化较为严重(Sitzia et al., 2012; Reif et al., 2016;Šibíková et al., 2019)。其主要受土壤性质的影响(Vítková et al., 2015),刺槐林土壤氮素含量较高,其林下植被多为嗜氮物种(Staska et al., 2014)。而近期的研究表明,刺槐林的密度对林下植被的影响也具有较强的作用(吴多洋等,2017),主要是不同密度引起的林下光质不均匀导致的。但是多代萌生林对林下植被的影响尚不明确。

刺槐在环境适宜乔木生长的森林带,因水分、养分条件能够较好地满足刺槐的正常生长,刺槐长势较好,这可能是森林带植物群落功能多样性较高的原因之一。刺槐引入对植物群落功能结构的影响有差异,可能与刺槐与乡土群落的性状差异以及生物相互作用过程有关。刺槐引入乡土植物群落之后,与乡土植物群落之间产生生物竞争作用,刺槐作为豆科植物和乔木,与乡土植物相比,不仅具有固氮作用(宋光等,2013;朱朵菊等,2018),而且具有更高的叶碳含量、叶磷含量和比叶面积,具有更强的水分、养分竞争能力(王红霞等,2016),可能会抑制乡土植物的生长获得竞争优势。但在不同环境梯度下,刺槐与乡土物种之间的生物竞争程度有差异。在森林带,由于水分、养分条件较好,刺槐并不构成对其他物种的抑制;相反,群落物种较为丰富,群落性状由刺槐与多种物种贡献,这些共存物种间的生态位分化会促使性状趋异(Mason et al.,2011),这可能是促进植物群落功能多样性改善的原因之一。虽然刺槐林可以改良土壤，增加森林覆盖率，但是多代萌生林常常出现“越砍越多，越砍越矮，越砍越细”的现象，由于萌生植株数量急剧增长，势必增加种内种间竞争，导致林分质量下降，生物多样性降低。

王红霞等(2016)研究表明，即使在草原带和森林草原带，刺槐依然保持对乡土植物的竞争优势，并对后者产生抑制作用。在森林草原带和草原带，随着干旱程度的加剧，刺槐对水分、消耗大，林下土层干化，刺槐对林下植被的生长抑制明显，导致林下植被发育较差，物种单一。根据质量比例假说(Grime，1998)，草原带和森林草原带人工刺槐林的群落功能性状主要由占有优势的刺槐贡献，CWM 值主要由刺槐性状决定。根据功能多样性计算原理，功能性状的多度分布在性状空间中的离散程度越高，群落生态位互补程度越高(Villéger et al.，2008)，因而在草原带和森林草原带，物种组成较为简单的刺槐群落总体来说功能离散度、丰富度、均匀度均较小，表明刺槐的引入降低了群落功能多样性，森林带则相反。而功能离散度二次熵指数 Rao 指数高往往表明，群落中物种具有较大的功能性状差异(王茜茜等，2016)。因此，森林草原带的刺槐群落 Rao 指数较高，可能是刺槐(乔木)与林下草本植物性状相差较大造成的。

1.2.11　人工刺槐林生长衰退研究

刺槐作为我国北方城市主要的造林树种之一，在黄土高原广泛栽植。但研究显示，尽管刺槐人工林面积逐年增加，而黄土高原森林生态系统服务功能却有下降趋势，树木个体特别是人工刺槐群落在黄土高原出现大面积生长减缓、冠层干枯甚至整株死亡的现象(Shangguan et al.，2006；李军等，2009)。群落调查表明，在黄土高原沿着降雨梯度，刺槐林生长衰退呈现出明显的南北区域分异现象，表现为由南往北人工刺槐林生长衰退的具体表现为：林木个体径级小、年龄大，形成“低质、低产、低效”林，当地群众称之为“小老树”林(王力等，2004a；韦景树等，2018)。由于目前对人工林生长衰退的定义、界定标准、量化指标尚未形成统一的标准，衰败林分从森林生态系统健康角度可以界定为亚健康林和不健康林，但森林健康的量化标准仅限于郁闭度、林分密度、枯梢、盗伐、过度放牧等因素(刘恩田等，2010)。部分地区由于造林地选择不当，造成了人工刺槐林林分退化、树梢干枯、林下植被稀疏等现象(Craine、Lee，2003)，人工刺槐林生长衰退的总体现状，如衰退面积、衰退程度等尚不清楚。植物功能性状能够客观地表达植物对外部环境的适应性和资源利用效率，揭示植物与环境的响应关系(Duarte et al.，1995；Díaz et al.，1999)，近年来，许多学者通过分析刺槐生长对林下土壤(韩蕊莲等，2003；李俊辉等，2012)、微地形(史元春等，2015)、气象因子(宋光等，2013)及刺槐生长与环境因子(唐洋等，2019)的响应关系，揭示了一系列刺槐生长的影响因子及资源分配格局规律。刘江华(2008)通过比较刺槐与本土物种铁杆蒿(*Tripolium vulgare*)的功能性状，发现刺槐的生态适应性比铁杆蒿差。为探究人工刺槐林的退化机制，许多学者从水分养分限制(韩蕊莲等，1996)、密度制约(余新晓等，1996)、立地条件不匹配(韩恩贤等，1989)等方面分析了“小老树”的成因。但这些研究大多基于刺槐林分本身，且多数限于局部地区。研究表明，萌生林明显易受霜害的袭击，在最初 2~5 年内桩蘖萌生条高于根蘖萌生条，但约 3 年后，后者的高生长和材积生长就超过了前者。与一代刺槐林相比，虽然中龄林阶段前二代林萌生的树高和材积生长大于一代林，但随后各个指标生长量均小于一代林，而且绝大部分树干弯曲，难以成材(耿兵等，2013)。刺槐经过2~3次主伐作业后会形成矮林，生态、经济价值急剧降低，连续多代萌生林同样表现为生长迟缓、干形不良，难以成材、成林，生物多样性降低(Šibíková et al.，2019)，林地生产力和生态功能逐代下降，给当地生态系统带来严重的危害。很多引入刺槐的国家出现了严重的刺槐入侵的危害，如匈牙利最早于17世纪初引入刺槐，目前刺槐林已占该国森林面积的20%，其中约2/3起源于萌生更新，发展为矮林，生产和生态功能急剧下降，类似情形还有日本、韩国等(Lee et al.，2004；Vítková et al.，2017)。合理调控刺槐比例，寻找替代物种可能是提高生物多样性的有效途径，也非常符合现代森林的经营理念，然而截至目前，科研和技术上尚未引起足够的重视。目前针对刺槐多代萌生林对群落结构和土壤的影响尚不明确。因此，如何通过适当营林技术手段，合理发挥刺槐这一树种的优良特性是亟待解决的理论与技术问题。李坤(2019)认为，在刺槐林经营时可以适当通过人工调控手段，实现刺槐萌蘖更新的促萌和抑蘖的定向控制，采伐后林内出现较大的空余生态位，充分利用刺槐的萌蘖更新尽快填充来提高资源的利用率。抚育采伐后，通过适当的抑萌林地管理技术可抑制或延迟刺槐的萌蘖更新。

随着纬度和海拔的升高，有效水分供给量逐渐下降，刺槐为了维持正常生理需水，细根的比根长将增加，以吸收土壤中的水分和养分，地上部分叶面积减小，叶片厚度也相应增加，以减小水分蒸散发，这些对干旱环境的适应策略要求植株分配更多的物质给相应组织或器官来构建防卫，从而影响树木个体的物质投入在生长与繁殖之间的权衡。有研究表明，在环境因子作用下，刺槐提前进入成熟林或过熟林，林木生长速率缓慢而趋于稳定，植株停止高生长和径向生长(Jin et al.，2011；施宇等，2012)。在长期受风蚀的峁顶或坡度较大的阳坡等极端条件下，刺槐通过生理机能调节牺牲部分构件，发生枯梢现象(Tyree、Zimmermann，1983)。林分枯梢和过早衰败现象是刺槐对干旱环境的适应策略，但这种适应策略已超出刺槐正常的生长范围。Cheng等(2011)研究发现，受气候暖干化影响，黄土高原典型指示植物个体分化明显，草原带有往低纬度迁移的趋势，并向不同地带延伸，使一些优势种逐渐退化为伴生种。说明在未来暖干化的趋势下，森林退化为草原是该区域整体植被的演替趋势。因此，刺槐作为乔木树种，在黄土高原空间异质性和不同时间尺度的适应性仍需要探讨。

土壤水分作为限制植物生长的主要因素，干化层的出现对人工刺槐林造成巨大影响。20世纪80年代至90年代初，研究多聚焦于林地土壤干化层的认定、划分标准(李凯荣等，1990)、生态危害(陈一鹗等，1993)、形成原因(马延庆等，1996)及恢复措施(郭小平等，1998)等方面，而刺槐生长衰败现象多作为土壤干化的后果来讨论。王力等(2000)研究发现，轻度干层(含水量为9%~12%)对刺槐生长影响不大，其基本能正常生长；中度干层(含水量为6%~9%)对刺槐生长影响较严重，尤其是密度大的林分成林不成材；严重干层(含水量在6%以下)的湿度最低，可达林木死亡界线，对刺槐生长影响非常大，人工林植被长期处于缺水状态，部分已开始枯梢甚至死亡。通常在刺槐幼林期土壤水分尚能满足其生长需求，随着林龄的增大，土壤深层水分越来越少，刺槐深根提水效率也越来越低，土壤干化程度加剧。土壤水分长期供给不足，光合作用与蒸腾作用都将受到影响，刺槐生理响应特征表现为个体生长势减弱，有机碳合成能力下降，进而林分提早从幼龄林进入成熟林和过熟林阶段(杨新民等,1988;杨海军等,1993)。因此,人工刺槐林强烈的耗水特性加剧了土壤干化过程,而土壤干化层的出现又进一步限制刺槐的生长,这种相互制约、相互影响的恶性循环关系使黄土高原地区植被恢复建设的生态效益难以最大化。目前,关于土壤干化对刺槐生长影响的研究较多,而关于刺槐人工林群落对不同干旱强度和土壤干层不同发展阶段的响应鲜有报道,有待于深入研究(邵明安等,2016)。此外,土壤-植被-大气传输体(SVATs)中的水循环是一个系统的过程,刺槐与土壤干化的互馈作用即生物与环境相互作用的耦合联系尚缺乏全面系统的阐述(王晗生,2007)。干旱半干旱区刺槐林下土壤中普遍出现难以恢复的土壤低湿层,且受到坡度、坡向、降水量等自然因素以及人工林的密度、林龄等生物因素的影响(王力等,2001;杜峰等,2002;王志强等,2003;黄明斌等,2003)。马娟霞等(2010)研究表明,立地条件对刺槐生长影响从大到小依次为:坡向、坡度、坡位。例如,阳坡常年受到更强的太阳辐射,土壤水分蒸散量远远超过阴坡,对刺槐的生长极为不利。

针对我国目前人工刺槐林的经营现状,林分衰退原因可总结为 4 个方面:种植密度不合理(杨维西,1996),物种搭配单一(李彦华等,2015),管理方式粗放(刘恩田等,2010),没有遵循适地适树原则(杨文治等,2004)。当地进行植被恢复树种选择时,忽略了适地适树的原则。水分是树木生长和存活的基础,其在植物体内长距离运输关系到植物的水分平衡、光合作用、气孔调节等生理代谢过程。刺槐作为速生耐旱树种,其巨大的耗水需求与该区域水资源短缺现状成为日益突出的矛盾(Feng et al., 2016)。充足的降水一方面增加了土壤微生物和植物根系活力,刺槐林植物根系、菌根和植物残留物能够渗出某些不稳定化合物,这些物质和土壤湿度的增加可以刺激微生物产生酶(Austin et al., 2004)。刘迪等(2020)研究了黄土高原刺槐人工林根际和非根际土壤磷酸酶活性对模拟降水变化的响应,对黄土高原土壤磷循环研究和植被恢复具有重要的理论意义与应用价值。因此,在实施植被恢复建设方案时,要充分考虑土壤水分对植被的承载力,综合考虑区域的地理、降水条件,尤其是在黄土高原干旱半干旱区,对植被恢复树种的选择不仅要因地制宜,还要"因水制宜"(高海东等,2017)。很多研究把刺槐生长衰退的主要原因归结为土壤干化层的出现,然而刺槐自身的生理特征和耐旱策略也起到关键作用(王林等,2015)。张硕新等(1997)对黄土高原刺槐在自然条件下的木质部空穴化和栓塞过程进行研究,发现刺槐是抗栓塞能力较低的树种。在土壤水势下降后,其枝条导水能力急剧下降,木质部立即发生栓塞。许多研究通过多个树种的栓塞脆弱性对比时也发现,刺槐比沙棘(*Hippophae rhamnoides*)、旱柳(*Salix matsudana*)等其他耐旱树种更容易发生栓塞(安锋等,2006;李秧秧等,2010;靳欣等,2011;李荣等,2016)。植物木质部发生水力学故障与木质部结构有很大关联(Cai、Tyree,2010)。刺槐属于环孔材树种,研究表明,环孔材比半环孔材及散孔材更容易发生栓塞(Sperry et al., 2016)。水力学故障还与导管直径及长度密切相关(Wheeler et al., 2005)。刺槐导管直径较大、导管较长,运输水分速度快,有效性高,但容易发生栓塞,因此植物输水结构的有效性与安全性之间存在一种权衡关系(刘晓燕等,2003)。木质部的密度越大,对栓塞的抵抗力越强,植物越不易栓塞,反之亦然,刺槐木材密度小,因而抗栓塞能力较弱(李荣等,2015)。对刺槐的栓塞修复机制也有研究,植物发生水力学故障后,通过渗透机制产生正压促使溶质从周围的薄壁组织细胞进入栓塞的导管,水分进入栓塞导管是由水通道蛋白的促进或韧皮部驱动充水,使木质部栓塞得到修复(Ogasa et al., 2013;Trifilò Patrizia et al., 2015)。党维等(2017)研究发现,刺槐栓塞修复能力与栓塞脆弱性呈正相关,与栓塞程度呈负相关,即刺槐具有较高的栓塞脆弱性的同时,栓塞修复效率也较高,但如果发生严重的栓塞,植物将很难再恢复,导致植物水分运输不畅而生长衰败甚至大面积死亡。碳水化合物是植物新陈代谢的主要能量来源,因此植物中非结构碳(NSC)的动态特征也是植物响应外界环境的重要生理指标,干旱条件下气孔调节将影响光合产物的合成(罗丹丹等,2017)。王林等(2016)通过测定3年生刺槐幼苗干旱处理和复水后水力学故障及碳饥饿的交互作用,发现干旱和复水过程均显著降低了刺槐枝条和根的非结构碳含量,其结果证实了刺槐在受到干旱胁迫时引发植物体的"碳饥饿"。但植物"碳饥饿"研究在国内还处于起步阶段,作为树木死亡的最主要可能机制假说之一(罗丹丹等,2017)。刺槐作为耗水能力较强的乔木,要适应较为干旱的草原带环境,可能会牺牲生长成本,投入更多的光合产物用于防卫功能的构建,从而抑制刺槐自身的生长,表现为比叶面积较小、叶组织密度较大,这可能是"小老树"形成的重要原因之一(宋光等,2013;朱朵菊等,2018)。

1.2.12　刺槐多用途应用研究

刺槐是一个多用途的优良树种,在传统用材、坑木、食品及生态等方面广泛应用的基础上,近年来,刺槐在饲用、菌料、生物质能源等方面的应用和研究也越来越受到关注和重视。

饲用方面,刺槐枝叶及花的营养含量丰富,饲用价值高,特别是其幼嫩枝叶蛋白质含量高,富含多种氨基酸和矿质元素等,并且其生物量大,为畜禽优质的饲料资源。围绕四倍体刺槐为代表的饲用型刺槐开展了深入研究。张国君等(2007)对国内刺槐饲料化技术方面的研究进展进行了较详细的总结,概述了普通刺槐枝叶的营养价值、饲用价值和刺槐饲料林栽培技术,总结了近年来刺槐叶粉、叶蛋白饲料加工利用方面的研究成果,并着重介绍了饲料型四倍体刺槐的营养价值、生物量、栽培技术及加工利用方面的饲料化技术。对饲料型四倍体刺槐有效生物量及其粗蛋白含量的调控作用和全价颗粒饲料的开发应用做了简要论述。温阳等(2006)在内蒙古3种不同立地类型对饲料型四倍体刺槐进行年抗寒、抗旱、抗病虫害、生长适应性等一系列大田观察测定。马红彬等(2007、2011)开展了饲用型四倍体刺槐青贮效果试验,对宁夏地区种植的四倍体刺槐与玉米混贮和不同含水率刺槐单独青贮的效果进行对比分析,并对宁夏银川地区饲用型四倍体刺槐主要饲用特性进行了研究。孙广春(2007)在青海东部对饲用型四倍体刺槐进行引种利用研究,对其适应性、刈割技术、营养成分进行了研究和分析,开展了羔羊育肥试验,为饲用型四倍体刺槐在青海省东部农区畜牧业生产中的应用打下了基础。

食用菌原料林方面,刺槐萌生能力强,轮伐期短,3年可平茬一次,可多次采伐,且刺槐材质细密坚硬,是很好的食用菌原材料。刺槐作为食用菌原料在生产中的应用远远领先于相关研究工作,在河北平泉大力发展刺槐食用菌原料林,刺槐作为食用菌原料已得到较广泛的应用,但相关的研究比较少,目前少量研究集中在集约丰产栽培方面,针对菌料林方面更深入的研究尚未见报道。

新物质能源方面,能源不仅关系到一个国家经济的快速增长和社会的可持续发展,也关系到国家安全和外交战略(黄娟等, 2009)。在我国,生物质能是仅次于煤炭、石油和天然气的第四位能源(邓可蕴,2000),是一种可再生能源,同时也是唯一一种可再生的碳源。生物质能(Biomass energy)就是太阳能以化学能形式储存在生物质中的能量形式,即以生物质为载体的能量(成亮,2010)。植物光合作用固定的太阳能除被呼吸作用消耗外,其余部分以有机物形式积累后为植物生长提供生物潜能。该潜能可以用热值来表示,即单位干物质所含的能量(kcal/kg)。它比植物有机物能更直观地反映植物对太阳能的固定和转化效率,是评价植物太阳能累积和化学能转化效率高低的重要指标(孙国夫等,1993;林光辉等,1991)。Golley(1961)曾说过,热值是生物体的遗传特性、养分条件和生活史的综合体现。研究植物热值在开发林木生物质能源中具有重要作用,其数值高低是判定树种能否作为能源利用的重要依据之一(周群英等, 2009)。国外学者对植物热值的研究已有数十年历史,其研究集中在20世纪60~80年代,我国学者关于植物热值的研究起步较晚,在20世纪80年代初才见端倪(Long,1934;Golley,1968;杨福囤等,1983;任海等,1999;林益明等,2000)。

生物量是指一个有机体或群落在一定时间内积累的有机质总量。生物量数据是研究许多林业问题和生态问题的基础,是现代森林生态系统研究中的重要组成部分,对研究生态系统物质和能量的固定、消耗、分配、积累和转化有着重要意义(王震,2006)。当前对白桦(*Betula platyphylla* Suk.)(王鑫,2010)、马尾松(*Pinus massoniana*)(林挺秀,2010)、槐树(*Sophora japonica* L.)(邹蓉等,2010)、冷杉(*Abies fabri*(*mast*). *craib*)(杨兵等,2010)、落叶松(*Larix gmelini*)(刘亚茜等,2010)、麻竹(*Dendrocalamus latiflorus* Munro)(周本智等,1999)、青杨(*Pop*)(燕辉等,2010)、毛白杨(*Populus tomentosa carr*)(董雯怡等,2010)、侧柏(*Biota orientalis*)(李朝等,2010)以及长白山区几种主要森林群落木本植物(郭忠玲等,2006)的生物量研究颇多。

生态环境的恶化和大气质量的下降,使人们逐渐认识到应该用清洁能源代替矿质燃料,同时驱动着世界生物质能源研究与新材料开发。短周期木本生物质能源作物,提供了生物质能源原料的新选择,木本生物质能源作物在经过幼龄期之后,可以在1年中的任何时期收获,既减少存储时间,又可以避免干旱和其他环境变化导致的生物质损失,比草本生物质能源作物产量稳定。

刺槐是落叶、具刺的固氮先锋树种,刺槐繁殖容易、生产力高、木材密度高、收获和加工容易、燃烧完全、抗逆性强,因此可以作为短轮伐期生物质能源树种栽培。刺槐矮林平茬的效果较好,生物量显著高于未平茬林分。生物量也同造林地点、收获期和经营措施密切相关。韩国刺槐主要用于薪材和饲草,年生物量增长达到1.3万 kg/hm^2,在美国大平原地区,株行距0.3 m × 1.6 m,6~11年生林分,年生物量增长量达到了1.4万 kg/hm^2,在伊利诺斯州大学能源生命科学研究所的农场,1.5 m × 1.8 m株行距,年生物量增长量达到了1.13万 kg/hm^2,在德国采矿废弃地,刺槐年生物量增长量为3 000~10 000 kg/hm^2,在匈牙利栽植的刺槐林分,密度为2.2万株/hm^2,年生物量增长量一般为6 500 kg/hm^2。一般栽植时株行距0.3 m × 1.5 m,3~5年收获,能够获得较大的生物质产量,并且能够避免害虫的危害。

目前对木本生物质能源树种麻疯树、文冠果、光皮树、黄连木、杨树和柳树研究较多，而刺槐相对研究较少，同短轮伐期生物质能源树种杨树和柳树相比，刺槐的发热量要高得多，刺槐木材通过热解，转化成有机生物油、生物质碳和沼气时，利用率80%~90%，刺槐切片发热量为23 446 kJ，刺槐木材比重大，燃烧温度高，燃烧时间长，刺槐木材也可以转化成生物乙醇，产量为40~45 kg/m^3，将木屑颗粒粉碎得更小，输入更高浓度的酶溶液，增加糖化作用等，可以提高乙醇的产量。将刺槐木材转化成生物乙醇已经具有成熟的工艺，同传统的炼制汽油相比，能耗降低了76%。

当前，在美国栽培的刺槐短周期生物质能源林，已经显现了良好的应用前景，政府通过补助和政策优惠，还能扩大栽培规模，提高产能，提高经济效益。今后应加强刺槐经营技术、收获和转化技术的深入研究，刺槐作为有价值的生物质能源树种将具有广阔的应用前景。

刺槐作为薪炭林的应用历史悠久，在生物质能源新技术领域也具有极大潜力，目前该领域相关研究极少，主要集中在生物量及热值方面。虽然刺槐本领域的研究仅处于起步阶段，但针对目前能源短缺问题，为刺槐研究和应用提供了一个方向和前景，利用现有刺槐资源，开发能源型新品种很有必要。

1.3 小　结

刺槐人工林在我国华北地区和山东、河南等省份栽培面积较大，是用材林、防护林的主要造林树种之一。刺槐容易繁殖，栽培后几乎不需要额外的投入，而且刺槐抗性强，可以汇集碳，生物质产量高，并可以有效地转化成多种能源形式。此外，刺槐还可以改良贫瘠土壤，改善生态环境。

作为一个适应广泛的多用途树种，刺槐在世界各国大面积种植和发展，国内外学者对其开展了长期而广泛深入的研究，取得了卓有成效的研究成果。但从总体而言，刺槐的研究多是以速生为目标，在用材树种方面研究较多。刺槐在非逆境条件下可能表现出其强大的竞争力和入侵性，如果能做到刺槐林分毗连的土地管理，刺槐入侵风险可以减少。由于刺槐根蘖能力强，主要是萌蘖繁殖，萌生更新是生产中普遍采取的经营措施。但是，与第一代林相比，连续多代萌生林表现为生长迟缓、干形不良，难以成材、成林，生物多样性降低、林地生产力和生态功能逐代下降，也成为困扰生产中是否继续使用该树种的主要疑问。在目前栽培制度和经营技术前提下，如何科学更新刺槐人工林，如何控制其繁殖策略，增加种子的成活率可减少萌生林的面积，提高其生产力，合理调控刺槐枯落物，寻找替代控制物种可能是抑制刺槐萌蘖更新的有效途径，也非常符合现代森林的经营理念，成为生产中亟待解决的问题。为了充分发挥刺槐多用途树种的功能，今后还需加强在饲用品种、菌料品种、园林绿化品种、食品工业及新物质能源的良种选育等方面的相关研究，对刺槐的遗传基因进行改良以增强其水分传输及利用效率、抗栓塞能力等具有很大的研究意义，为刺槐这一优良树种开拓更加广阔而良好的发展前景。

第2章　刺槐种质资源收集与保存

林木种质资源是人类宝贵的财富，是林木遗传改良和新品种选育的基础材料，对林业经济和生态建设具有重要的战略意义。森林种质资源（又称林木遗传资源）包括森林基因资源与为挖掘新品种、新类型所收集的育种原始材料。前者是指森林树种的“种性”，并将遗传信息从亲代传递给后代的遗传物质的总体，包括原种的综合体（种群）、群体、家系、基因型和决定特定性状的遗传物质。后者包括用于遗传改良的各类种质材料。如选择的、杂交的、引进的、诱变的及生物工程创新的种质资源材料。一般而言，森林遗传资源包括森林基因资源和育种材料资源。它作为生物多样性的重要组成部分，是物种多样性和生态系统多样性的基础，关系到国家的生态安全和可持续发展，也是林木良种繁育的原始材料，是林业生产力发展的基础性、战略性资源。林木种质资源直接制约森林资源质量和生产力，是一个地区乃至国家的自然资源的重要表征。因此，欧美及日本等许多林业先进国家都以自然保护区、种质资源保存林、优树收集区等多种形式进行了种质资源的收集和保存工作。

半个世纪以来，在联合国粮农组织和环境计划署的倡导组织下，世界林木种质资源保存取得了显著成效，不仅保存了一批遗传资源，而且对林木种质资源收集与保存的基础理论、方法、方式、技术评价、利用等进行了不同程度的研究。据不完全统计，全世界到1996年已建成1 300多座植物种质资源库，共保存种类植物种质610万份（含重复）。美国建有“国家植物种质资源保存体系（NPGS），1992年建成库容100万份的现代化国家种质库，已保存种类植物种质（含备份）55万份，其中林木种质24万份。印度国家植物种质资源局（NBPGR）已保存植物种质20万份，1997年建成库容100万份的印度国家植物种质资源库。设置于北京的中国农业科学院国家种质库，收藏种质33万多份。种质库为研究农作物的起源和进化、培育农作物新品种奠定了丰富的物质基础。

我国从20世纪60年代起，随着林木育种工作的深入开展，也陆续开展了林木种质资源各个方面的工作，在全国范围内对林木种质资源的普查、保存、保护、开发和利用现状等进行了研究。通过“八五”“九五”国家攻关课题研究，已研制出适合于不同遗传特点种质资源的10种保存模式：①树种大群体“三四三四”保存、评价和利用相结合的实验模式（PTF）；②群体“三一二”保存、评价和利用相结合的模式（PTO）；③群体/家系配置保存、评价和利用相结合的模式（PF）；④群体小样本（种源）保存与评价相结合的模式（Pmin）；⑤家系/育种群体配置保存、评价和利用相结合的模式（FBP）；⑥家系测定、保存和利用相结合的模式（FM）；⑦家系/繁殖群体配置的保存、评价和利用相结合的模式（FPP）；⑧优树、无性系的保存、评价和利用相结合的模式（PC）；⑨原地保存林模式（IS）；⑩濒危树种及散生树种的聚群保存模式（EDS）。

“八五”期间，由中国农业科学院果树研究所主持的“果树种质资源收集、保存和鉴定评价”专题收集资源1335份，筛选出了276份优异种质资源；李鹏等（2006）在调查清楚中国柽柳分布状况的基础上进行了种源收集与繁育技术及苗期生长特性等研究；万雪琴等(2010)对四川7个行政市(州)共计31个县的乡土杨树种质资源进行了调查和收集，获得包括18个种及3个天然杂交种在内的乡土杨树单株材料1 560多份；宋洪伟等(2012)简述了我国抗寒果树种质资源收集和保存工作的技术与方法，提出了今后我国抗寒果树种质资源收集和保存的主攻方向；孙玮等(2016)分析了临沂市40年来银杏种质资源收集保存概况、银杏资源汇集、利用研究进展和存在问题及对策。从各个地区发表的相关文献中可以看出，林木种质资源管理工作的核心是进行林木种质资源调查、保存、评价和开发利用的研究，林木种质资源收集保存工作，应该优先抢救特有、濒危、珍稀的物种种质资源，优先保存覆盖面广而且有现实和潜在开发利用价值的种质资源，优先保存物种最具有遗传多样性、代表性的核心种质群体、家系的样本。同时，随着现代信息技术及现代分子生物技术的发展，包括信息系统的设计与实现、数据库建立及应用、信息管理、生物分子标记等现代化技术在林木种质资源方面开始发挥重要的作用。

2.1 刺槐基因资源收集、保存的重要性

刺槐(*Robinia pseudoacacia* L.)是蝶形花科刺槐属(*Robinia*)植物，起源于北美洲。该属2个种，一个种分布在美国西南部，另一个种分布在美国东南部，只有刺槐具有重要的经济价值。刺槐现已成为黄河中下游、淮河流域、海河流域、长江下游诸省的主要用材林、薪炭林、水土保持林、海堤及河堤防护林，在维持生态平衡，提供用材、蜜源、青饲料等方面有重大作用。

刺槐在世界各地栽植广泛，适生性强，品质优良，用途广泛，世界各国均开展了一系列关于刺槐基因资源收集保存及利用研究，如匈牙利 dodlu 树木园，收集了国内10余个种源的材料和其他国家选育的无性系21个。国内的山东、宁夏在20世纪80年代也进行了刺槐基因资源的收集和保存，2005年山东省提出建立阔叶树木种质资源库，刺槐也列入其中，开展了刺槐的收集和保存工作。河南省在开封、尉氏、民权、孟州、洛宁等20余个县(市)建立试验林和基因库面积5 000余亩。

种质资源工作的最终目的在于利用，而利用的基础在于对种质资源全面、客观的评价。因此，种质资源的评价是整个资源工作的中心环节(沈德绪，1997)。对种质资源的正确鉴定评价是加深认识和充分利用的关键。

2.1.1 刺槐为引种树种

刺槐从美国引到中国已有100多年历史，选择优良基因资源进行系统研究具有重要意义，尤其对挖掘刺槐生产潜力具有重要意义。

近年来，各地通过建立刺槐基因库，保存刺槐家系、基因型资源，同时从国外引进许多优良的刺槐材料。从欧美国家引进的观赏刺槐品种，如红花刺槐(*Robinia pseudoacacia* var. decaisneana Carr.)、金叶刺槐(*Robinia pseudoacacia* f. aurea Kirchn.)、伞刺槐(*Robinia pseudoacacia* var. umbraculifera DC.)等，成为我国种苗市场上畅销的园林乔木品种。北京林业大学从韩国引进了饲料型和速生型四倍体刺槐品种，饲料型四倍体刺槐叶面积是普

通刺槐的 2 倍以上,单叶和复叶的干重均为普通刺槐的 1.5 倍以上,枝叶有效营养成分含量高,使刺槐的枝叶在牲畜饲料生产中有了更高的开发利用价值。同时从匈牙利引进刺槐速生用材品种,适宜营造速生用材林。河南省林业科学研究院于 2004 年选育出刺槐速生用材无性系 3-I,材积生长量超过对照 22%。同期从匈牙利引进适用于生产牲畜饲料的多倍体刺槐品种。2011 年河南省林业科学研究院从刺槐原产地引进美国种源,涵盖了美国刺槐的主要分布区,建立原产地种源资源库,并开展了一系列相关评价研究。这些工作丰富了我国刺槐的种质资源,充实了育种材料和基础。

2.1.2　现有资源在减少

现在华北平原区河流两岸的刺槐成林,多是在 20 世纪 50~60 年代从国外引种栽植起来的,多数已进入轮伐期。这些刺槐林中的优良基因资源如不加以保存,将会很快消失。据统计,河南省刺槐良种选育协作组 1983 年选出 63 棵表型优树,截至 1994 年原母株仅存 24 棵。同时,由于平原地区人口密度大,加上工业占地、道路占地面积不断增加,林农用地矛盾日益加剧,伐林改农现象频繁发生,或伐掉刺槐林改种经济林,或以拔大毛的间伐方式去优存劣,都在加快着刺槐优良基因资源的消减。

2.1.3　刺槐无性系良种大力推广

刺槐良种研究开始于 1979 年,“七五”到“十一五”正式列入国家重大科技攻关(支撑)计划,试验研究地点仅河南省就有开封市农林科学研究院、尉氏林场、民权林场、孟州林场、洛宁林业局等 20 余个,试验林和基因库面积 5 000 余亩,取得成果 8 项。通过建立刺槐基因库,保存刺槐家系资源、基因型资源,对刺槐资源进行评价研究,从而从收集的基因资源中选出了若干无性系,并根据材积生长量、生物量、抗旱性、耐涝性、叶片粗蛋白含量等方面之间的差异,选择出优良品种,为今后收集刺槐基因资源提供了重要依据,对挖掘刺槐的生产潜力具有重要的意义。

近几年来,国家的一些林业工程项目,多数规定必须用刺槐无性系良种造林。而无性系造林虽有速生等重要的一面,但其遗传基础远窄于种子苗造林,如果现在还不重视刺槐现有优良资源保存,20~30 年后刺槐大多数为无性系林,遇到病虫害袭击而毁于一旦时,必将使刺槐优良无性系种质资源难以为继。

2.2　资源收集原则

(1)全面性。刺槐属外来树种,现存林木的苗木种子来源于何地不十分清楚,如按气候区等收集资源意义不大。为了弥补这个不足,收集的区域应越大越好。不仅重视国内材料的收集,更要重视国外材料的收集。因为一个小区域内的材料很可能来自同一批种子,遗传基础相对狭窄,这是地理位置的全面性。全面性的另一层内容是变异的丰富程度。据研究,刺槐形态变异有 10 种,如细皮刺槐、红花刺槐、无刺刺槐等,这些变异多是长期自然选择的结果,每个类型代表着一个种群的基因型。有的类型如细皮刺槐等已在生产上大面积推广应用。

(2)突出重点。基因资源的收集还应在保证全面性的基础上突出收集的重点,即要收集优树、优良基因型和特殊的基因型。因为优良基因型不仅能直接应用于生产,而且是杂交育种的好亲本。

(3)地点适宜。建立基因库的地点要适宜刺槐资源生长和保存。收集的目的是更好地保存和应用,保存的地点必须适应刺槐的生长。具体要求应是排水良好、土壤疏松。建立地点土壤条件应比较一致,有利于对基因库材料的系统评价。

(4)材料幼化一致。建库造林必须用幼龄材料,一方面可保持基因库的长效性,另一方面幼化成条件一致的材料可增加对比效果。

2.3　收集保存程序

根据上述原则,刺槐基因资源收集、保存、研究利用程序如图 2-1 所示。

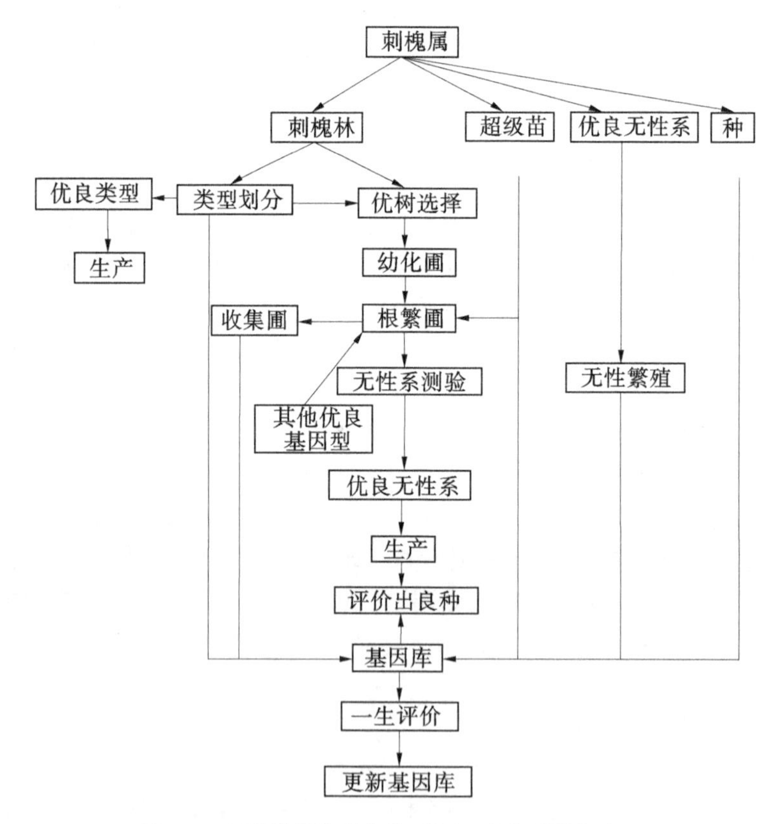

图 2-1　刺槐基因资源收集、保存、研究利用程序

2.4　刺槐优良基因资源的选择

2.4.1　优树(基因型)选择方法

刺槐多以片林生长,优树选择的第一种方法是常用的 5 株优势木对比法,兼顾从优良类型中选择优树,中选优树的树高、胸径、材积要超过优势木 5%、20%、50%。第二种方法是超级苗选择,从种子苗中选择干直、分枝少、高生长超过群体平均值 2 个标准差的单株。第三种方法是国外直接引进优良基因型,如从匈牙利引进的 16 个优良无性系,从意大利引进两个无性系等。在此基础上,经过初步测定,从中选择表现优良的基因型入库保存。

2.4.2　群体选择

次生种源试验结果表明,刺槐次生种源间差异明显,对种源收集的方法是从原产地美国的优良林分,匈牙利、意大利、英国等国外的优良次生种源区和我国的优良次生种源区的优树上分别按家系采集种子,统一集中繁育保存。

2.5　刺槐基因资源的收集和繁殖

2.5.1　基因型的收集和繁殖

2.5.1.1　**优树的根繁**

在成年优树选出后,无性系测定前,必须对成年优树进行幼化,所谓幼化,即是对成年大树通过有性繁殖,恢复幼态,解除原来母树的阶段发育和年龄差别,这样无性系间的对比才有一致的基础。但是,一般认为大树根桩上的萌条具有幼年性,因根部存在幼年区,从幼年区上萌发的材料是幼年性的,正如米丘林所论,“根部的幼年性相当于种子”,基于此,对刺槐优树的繁殖采用根繁。

采集现有的优树或无性系种根,每系号挖根 15 条。把根剪成 20 cm 长的根段,2 月下旬埋于阳畦催芽,4 月初芽开始萌动,当根段上萌芽长到 5 片左右真叶时,用锋利刀片割下嫩枝,扦插于备好土的营养钵中,盖上塑料弓棚,7 天左右即可生出新根。经炼苗后即可移于苗圃。营养钵土以砂、土各半混合,用 3%高锰酸钾消毒后使用效果更好。

经过幼化的刺槐苗用插根繁殖。方法是挖取粗 0.2 cm 以上的根,截成 3~5 cm 长的根段,于早春(惊蛰前)插入做好的阳畦中,每平方米 300 根,覆土厚以不露根为宜,喷足水,盖上塑料薄膜,当芽苗高 5~10 cm 时,开始晾畦炼苗,3~5 天后选择阴天或晴天 15 时以后进行移栽,密度每亩 2 700 株为宜,适当深栽,栽后覆土浇水,封土保墒。采用此种方法,根段发芽率可达 90%以上,移栽成活率 92%以上,当年苗高达 2 m 以上。

选择 2 m 以上的一年生苗,挖出全根进行测量,0.2 cm 粗以上的根总长度一般可达 900 cm,按 5 cm 计算,可截根段 180 根。如果根段发芽率、移栽成活率均按 85%计,扣除 15%的保险系数,其有效繁殖系数为 $k=180\times85\%\times85\%\times(1-15\%)=110.5$。如果按根繁系数 80%计算,一株刺槐优良无性系的自根苗,第四年即可繁殖 40 万株优良苗木。比常规的插根育苗繁殖系数提高 10 倍,这对优良无性系的大量增殖具有重要的实用意义。

2.5.1.2 特殊基因型的嫁接繁殖

对根繁困难的特殊基因型材料,如龙爪刺槐、匈牙利多倍体、圆冠刺槐采用带木质部芽接的方法繁殖。

2.5.2 群体(家系)收集和繁殖

刺槐群体及家系从河南西华林场经过测定的优良群体、家系中收集种根,因该试验林系多年生老树,许多单株生长不良,不能采挖种根,只采集到家系 140 个,每株采根 2~3 条。繁育方法同无性系。

2.6 基因库建立

2.6.1 建库地点及基本概况

(1)开封点基本情况。

基因库位于开封县西部的杏花营镇,北纬 34°46′,东经 114°20′,海拔 76 m。属于华北暖温带半湿润气候区,年平均气温 14.1 ℃,年降水量 700 mm 左右,多集中在 6~9 月,年相对湿度 70%左右,无霜期 215~218 天,土壤质地为粗沙,保水、保肥能力较差。

(2)孟州点基本情况。

基因库位于河南省孟州市林场,北纬 34°55′,东经 112°55′。海拔 124 m。年平均气温 14.2 ℃,年降水量 650 mm 左右,年相对湿度 66%左右,无霜期 215 天,土壤为黄河故道沉积的潮土。

(3)洛宁点基本情况。

基因库位于洛宁县中河乡,北纬 34°23′,东经 111°40′。海拔 240 m。年平均气温 13.7 ℃,年降水量 550 mm 左右,年相对湿度 60%左右,无霜期 212 天,土壤为碳酸盐褐土。

(4)郑州点基本情况。

基因库位于河南省林业科学研究院试验林场,北纬 34°36′,东经 113°42′。气候为大陆性季风型,全年平均气温 14.9 ℃,年温差 27.3 ℃,年平均地温 17.1 ℃。年降水量平均为 699.8 mm,分布不平均,降水量多集中在夏季,占全年降水量的 62%。

2.6.2 基因库建库设计

2.6.2.1 基因型(无性系)保存林(圃)设计

基因型(无性系)采用保存圃和保存林两套系统保存。保存圃是为保存林服务的,收集到的基因型材料在建立基因库的同时建立,保证收集到的资源不再丢失。

基因型收集圃采用按系号连续排列栽植,每系号保存 5 株,密度 2 m × 0.8 m。开封、孟州基因库保存林设计为 4 株小区,随机排列,一般刺槐作对照,密度 4 m × 4 m。洛宁、郑州基因库密度为 2 m × 2 m,随机栽植。

2.6.2.2 群体及家系保存林设计

群体保存林以群体内家系单株为小区,多次重复,随机排列,株行距 3 m × 4 m,造林材料用 1 年生埋根苗。

2.6.2.3 造林及管理

根据上述设计,穴状整地,规格 1 m × 1 m × 1 m,淤灌泥土填穴造林,造林后加强抚育管理,及时防治蚜虫。死亡株必须在次年补齐,林地间作物距树 0.5 m 以上,基因库同一试验项目区内间作物必须一致。

2.6.2.4 建立技术档案

建立技术档案的目的就是通过不间断地记录、积累、整理、总结出生长表现好的基因型或群体,经过推广,及时转化为生产力。首先描绘出苗圃、基因型收集圃、基因库的定植图,这是研究工作的基础。其次做好育苗造林等所有关于树木成活、生长、抗性、物候以及抚育管理技术措施等记录。技术档案有专人记录、专人保管,并对记录的档案材料进行及时分析和总结。

2.7 刺槐优良基因资源变异分析及遗传参数估算

2.7.1 变异

2.7.1.1 刺槐群体变异

据中国林科院专家从国内 8 个地点采集对刺槐种子经 8 年对生次生种源的研究结果表明,次生种源间树高、胸径、材积都表现出统计学差异,说明次生种源间存在可信赖的遗传差异,其中甘肃天水、辽宁盖县为刺槐次生优良种源区。

2.7.1.2 刺槐形态变异

研究结果还表明,刺槐群体内个体间的形态特征差异明显,根据干形、树皮、分枝、叶、花和刺六个方面的不同,划分为细皮刺槐、粗皮刺槐、红皮刺槐、瘤皮刺槐、箭干刺槐、大冠刺槐、大叶刺槐、小叶刺槐、红花刺槐、无刺刺槐 10 个类型。从大量的调查结果看,细皮刺槐、粗皮刺槐、箭干刺槐、大冠刺槐为优良类型,在相同条件下材积生长增益在 30%以上。

2.7.1.3 刺槐个体变异

多年来,国内外的研究表明,刺槐无性系间主要性状变异较大。如原河南省林科所 1984~1988 年在济源林木良种场对刺槐无性系测定,无性系间树高、主干高、胸径、主干中径、主干通直度、竞争枝数、竞争枝角、主干材积的变异系数依次为 9.97%、12.8%、10.94%、10.66%、53.34%、13.9%、4.89%、40.49%。变异是选择的基础,尤其是主干通直度、主干材积的变异系数如此巨大,对该两性状的改良效果会更显著。另外,刺槐个体间在抗寒性、花期等方面变异也较大。

2.7.2 遗传参数估计

经过多年来的研究,基本确定了刺槐无性系主要性状树高重复率为 0.505 3~0.975 3,

胸径重复率为0.203 7~0.931 5,材积重复率为0.270 1~0.988 1;次生种源间树高重复率为0.895,遗传力为0.695,材积重复率为0.875,遗传力为0.695。

2.8　主要基因资源收集结果

2.8.1　收集结果

经过几年来的努力,现共收集刺槐家系136个,基因型190个,见表2-1~表2-4。

表2-1　开封基因库保存材料登记表

编号	材料类型	保存地点	保存类型	价值评价
8043	基因型	开封市农林院	林地	
8044	基因型	开封市农林院	林地	菌料型
8047	基因型	开封市农林院	林地	速生型
8048	基因型	开封市农林院	林地	速生型
8054	基因型	开封市农林院	林地	
8057	基因型	开封市农林院	林地	
8062	基因型	开封市农林院	林地	
新1号	基因型	开封市农林院	林地	菌料型
新2号	基因型	开封市农林院	林地	菌料型
新3号	基因型	开封市农林院	林地	菌料型
类01	基因型	开封市农林院	林地	菌料型
类02	基因型	开封市农林院	林地	
类03	基因型	开封市农林院	林地	
类04	基因型	开封市农林院	林地	
类05	基因型	开封市农林院	林地	菌料型
类06	基因型	开封市农林院	林地	
长叶刺槐	基因型	开封市农林院	林地	饲料型
类08	基因型	开封市农林院	林地	
类09	基因型	开封市农林院	林地	
兴1	基因型	开封市农林院	林地	
兴2	基因型	开封市农林院	林地	
兴8	基因型	开封市农林院	林地	
鲁细皮	基因型	开封市农林院	林地	速生型
8033	基因型	开封市农林院	林地	速生型
8034	基因型	开封市农林院	林地	菌料型

续表 2-1

编号	材料类型	保存地点	保存类型	价值评价
8035	基因型	开封市农林院	林地	速生型
8037	基因型	开封市农林院	林地	速生型
8038	基因型	开封市农林院	林地	速生型
8039	基因型	开封市农林院	林地	速生型
8040	基因型	开封市农林院	林地	速生型
8041	基因型	开封市农林院	林地	速生型
8042	基因型	开封市农林院	林地	菌料型
8001	基因型	开封市农林院	林地	
8002	基因型	开封市农林院	林地	
8004	基因型	开封市农林院	林地	
8005	基因型	开封市农林院	林地	菌料型
8006	基因型	开封市农林院	林地	
8007	基因型	开封市农林院	林地	
8008	基因型	开封市农林院	林地	
箭杆	基因型	开封市农林院	林地	
焦作 1	基因型	开封市农林院	林地	
线槐	基因型	开封市农林院	林地	
小叶	基因型	开封市农林院	林地	
美 2	基因型	开封市农林院	林地	
美 1	基因型	开封市农林院	林地	
龙槐	基因型	开封市农林院	林地	观赏型
垂槐	基因型	开封市农林院	林地	观赏型
石林	基因型	开封市农林院	林地	菌料型
10 号	基因型	开封市农林院	林地	
实生	基因型	开封市农林院	林地	
兴 14	基因型	开封市农林院	林地	
兴 16	基因型	开封市农林院	林地	
兴 23	基因型	开封市农林院	林地	
兴 24	基因型	开封市农林院	林地	菌料型
兴 25	基因型	开封市农林院	林地	
兴 32	基因型	开封市农林院	林地	
鲁 042	基因型	开封市农林院	林地	

续表 2-1

编号	材料类型	保存地点	保存类型	价值评价
鲁 068	基因型	开封市农林院	林地	菌料型
鲁 102	基因型	开封市农林院	林地	
兴 11	基因型	开封市农林院	林地	
民权	基因型	开封市农林院	林地	菌料型
8016	基因型	开封市农林院	林地	
8017	基因型	开封市农林院	林地	
8019	基因型	开封市农林院	林地	菌料型
8020	基因型	开封市农林院	林地	
8023	基因型	开封市农林院	林地	
8024	基因型	开封市农林院	林地	菌料型
8025	基因型	开封市农林院	林地	
8026	基因型	开封市农林院	林地	
8027	基因型	开封市农林院	林地	
8029	基因型	开封市农林院	林地	
8030	基因型	开封市农林院	林地	菌料型
8031	基因型	开封市农林院	林地	
8032	基因型	开封市农林院	林地	
8011	基因型	开封市农林院	林地	
8014	基因型	开封市农林院	林地	
8015	基因型	开封市农林院	林地	
8009	基因型	开封市农林院	林地	

表 2-2　孟州基因库保存材料登记表

编号	材料类型	保存地点	保存类型	价值评价
1	家系	孟州市林场	林地	
2	家系	孟州市林场	林地	
3	家系	孟州市林场	林地	
4	家系	孟州市林场	林地	
5	家系	孟州市林场	林地	
6	家系	孟州市林场	林地	
7	家系	孟州市林场	林地	
8	家系	孟州市林场	林地	
9	家系	孟州市林场	林地	

续表 2-2

编号	材料类型	保存地点	保存类型	价值评价
10	家系	孟州市林场	林地	
11	家系	孟州市林场	林地	
12	家系	孟州市林场	林地	
13	家系	孟州市林场	林地	
14	家系	孟州市林场	林地	
15	家系	孟州市林场	林地	
16	家系	孟州市林场	林地	
17	家系	孟州市林场	林地	
18	家系	孟州市林场	林地	
A05	家系	孟州市林场	林地	
A162	家系	孟州市林场	林地	
D171	家系	孟州市林场	林地	
D69	家系	孟州市林场	林地	
D163	家系	孟州市林场	林地	
137	家系	孟州市林场	林地	
138	家系	孟州市林场	林地	
139	家系	孟州市林场	林地	
143	家系	孟州市林场	林地	
144	家系	孟州市林场	林地	
145	家系	孟州市林场	林地	
148	家系	孟州市林场	林地	
149	家系	孟州市林场	林地	
151	家系	孟州市林场	林地	
155	家系	孟州市林场	林地	
158	家系	孟州市林场	林地	
159	家系	孟州市林场	林地	
161	家系	孟州市林场	林地	
165	家系	孟州市林场	林地	
166	家系	孟州市林场	林地	
167	家系	孟州市林场	林地	
171	家系	孟州市林场	林地	
178	家系	孟州市林场	林地	

续表 2-2

编号	材料类型	保存地点	保存类型	价值评价
189	家系	孟州市林场	林地	
190	家系	孟州市林场	林地	
192	家系	孟州市林场	林地	
193	家系	孟州市林场	林地	
194	家系	孟州市林场	林地	
195	家系	孟州市林场	林地	
198	家系	孟州市林场	林地	
199	家系	孟州市林场	林地	
200	家系	孟州市林场	林地	
201	家系	孟州市林场	林地	
202	家系	孟州市林场	林地	
203	家系	孟州市林场	林地	
204	家系	孟州市林场	林地	
205	家系	孟州市林场	林地	
206	家系	孟州市林场	林地	
209	家系	孟州市林场	林地	
210	家系	孟州市林场	林地	
211	家系	孟州市林场	林地	
102	家系	孟州市林场	林地	
104	家系	孟州市林场	林地	
105	家系	孟州市林场	林地	
106	家系	孟州市林场	林地	
108	家系	孟州市林场	林地	
109	家系	孟州市林场	林地	
110	家系	孟州市林场	林地	
116	家系	孟州市林场	林地	
121	家系	孟州市林场	林地	
122	家系	孟州市林场	林地	
123	家系	孟州市林场	林地	
124	家系	孟州市林场	林地	
125	家系	孟州市林场	林地	
127	家系	孟州市林场	林地	

续表 2-2

编号	材料类型	保存地点	保存类型	价值评价
128	家系	孟州市林场	林地	
129	家系	孟州市林场	林地	
131	家系	孟州市林场	林地	
133	家系	孟州市林场	林地	
135	家系	孟州市林场	林地	
J6	家系	孟州市林场	林地	
J8	家系	孟州市林场	林地	
J9	家系	孟州市林场	林地	
27	家系	孟州市林场	林地	
28	家系	孟州市林场	林地	
29	家系	孟州市林场	林地	
30	家系	孟州市林场	林地	
33	家系	孟州市林场	林地	
34	家系	孟州市林场	林地	
35	家系	孟州市林场	林地	
37	家系	孟州市林场	林地	
38	家系	孟州市林场	林地	
39	家系	孟州市林场	林地	
40	家系	孟州市林场	林地	
42	家系	孟州市林场	林地	
44	家系	孟州市林场	林地	
46	家系	孟州市林场	林地	
47	家系	孟州市林场	林地	
48	家系	孟州市林场	林地	
49	家系	孟州市林场	林地	
50	家系	孟州市林场	林地	
51	家系	孟州市林场	林地	
52	家系	孟州市林场	林地	
53	家系	孟州市林场	林地	
54	家系	孟州市林场	林地	
55	家系	孟州市林场	林地	
56	家系	孟州市林场	林地	

续表 2-2

编号	材料类型	保存地点	保存类型	价值评价
57	家系	孟州市林场	林地	
59	家系	孟州市林场	林地	
62	家系	孟州市林场	林地	
63	家系	孟州市林场	林地	
66	家系	孟州市林场	林地	
67	家系	孟州市林场	林地	
69	家系	孟州市林场	林地	
70	家系	孟州市林场	林地	
71	家系	孟州市林场	林地	
72	家系	孟州市林场	林地	
75	家系	孟州市林场	林地	
76	家系	孟州市林场	林地	
78	家系	孟州市林场	林地	
79	家系	孟州市林场	林地	
80	家系	孟州市林场	林地	
82	家系	孟州市林场	林地	
83	家系	孟州市林场	林地	
85	家系	孟州市林场	林地	
86	家系	孟州市林场	林地	
87	家系	孟州市林场	林地	
90	家系	孟州市林场	林地	
93	家系	孟州市林场	林地	
94	家系	孟州市林场	林地	
95	家系	孟州市林场	林地	
96	家系	孟州市林场	林地	
97	家系	孟州市林场	林地	
98	家系	孟州市林场	林地	
99	家系	孟州市林场	林地	
100	家系	孟州市林场	林地	
101	家系	孟州市林场	林地	
鲁 59	基因型	孟州市林场	林地	速生型
京 21	基因型	孟州市林场	散生	速生型

续表 2-2

编号	材料类型	保存地点	保存类型	价值评价
匈 5	基因型	孟州市林场	散生	速生型
辽 2	基因型	孟州市林场	散生	速生型
京 24	基因型	孟州市林场	散生	速生型
辽 15	基因型	孟州市林场	散生	速生型
京 1	基因型	孟州市林场	散生	速生型
皖 02	基因型	孟州市林场	散生	速生型
匈 8	基因型	孟州市林场	散生	速生型
8532	基因型	孟州市林场	散生	速生型
鲁 7	基因型	孟州市林场	散生	速生型
匈 9	基因型	孟州市林场	散生	速生型
匈 4	基因型	孟州市林场	散生	速生型
8048	基因型	孟州市林场	林地	速生型
8026	基因型	孟州市林场	林地	速生型
8033	基因型	孟州市林场	林地	速生型
8062	基因型	孟州市林场	林地	速生型
8059	基因型	孟州市林场	林地	速生型
8017	基因型	孟州市林场	林地	速生型
A05	基因型	孟州市林场	林地	速生型
鲁 10	基因型	孟州市林场	林地	速生型
鲁 1	基因型	孟州市林场	林地	速生型
鲁 42	基因型	孟州市林场	散生	速生型
鲁 78	基因型	孟州市林场	散生	速生型
箭干	基因型	孟州市林场	散生	
U1	基因型	孟州市林场	散生	
U2	基因型	孟州市林场	散生	
U3	基因型	孟州市林场	散生	
L2	基因型	孟州市林场	散生	速生型
L5	基因型	孟州市林场	散生	速生型
R7	基因型	孟州市林场	散生	速生型
84037	基因型	孟州市林场	散生	速生型
匈 2	基因型	孟州市林场	散生	速生型
匈 11	基因型	孟州市林场	散生	速生型

续表 2-2

编号	材料类型	保存地点	保存类型	价值评价
匈 7	基因型	孟州市林场	散生	速生型
匈 3	基因型	孟州市林场	散生	速生型
辽 1	基因型	孟州市林场	散生	速生型
鲁 68	基因型	孟州市林场	散生	速生型
8401	基因型	孟州市林场	散生	速生型
E58	基因型	孟州市林场	散生	
E46	基因型	孟州市林场	散生	
E194	基因型	孟州市林场	散生	
E10	基因型	孟州市林场	散生	
E061	基因型	孟州市林场	散生	
B05	基因型	孟州市林场	散生	
T6	基因型	孟州市林场	散生	
R5	基因型	孟州市林场	散生	
T19	基因型	孟州市林场	散生	
K20	基因型	孟州市林场	散生	
K22	基因型	孟州市林场	散生	
K26	基因型	孟州市林场	散生	
K1	基因型	孟州市林场	散生	
K2	基因型	孟州市林场	散生	
D69	基因型	孟州市林场	散生	
D62	基因型	孟州市林场	散生	
D15	基因型	孟州市林场	散生	
G1	基因型	孟州市林场	散生	
R23-11U	基因型	孟州市林场	散生	
E2	基因型	孟州市林场	林地	
E20	基因型	孟州市林场	林地	
E63	基因型	孟州市林场	林地	
E84	基因型	孟州市林场	林地	
E87	基因型	孟州市林场	林地	
E108	基因型	孟州市林场	林地	
E109	基因型	孟州市林场	林地	
E172	基因型	孟州市林场	林地	

表 2-3　洛宁基因库保存材料登记表

编号	材料类型	保存地点	保存类型	价值评价
8041	基因型	洛宁县中河乡	林地	速生型
8042	基因型	洛宁县中河乡	林地	速生型
84023	基因型	洛宁县中河乡	林地	速生型
8048	基因型	洛宁县中河乡	林地	速生型
8062	基因型	洛宁县中河乡	林地	速生型
83002	基因型	洛宁县中河乡	林地	速生型
A05	基因型	洛宁县中河乡	林地	速生型
G	基因型	洛宁县中河乡	林地	速生型
G1	基因型	洛宁县中河乡	林地	速生型
L5	基因型	洛宁县中河乡	林地	速生型
R5	基因型	洛宁县中河乡	林地	速生型
R7	基因型	洛宁县中河乡	林地	速生型
X5	基因型	洛宁县中河乡	林地	速生型
2-F	基因型	洛宁县中河乡	林地	速生型
3-I	基因型	洛宁县中河乡	林地	速生型
京 1	基因型	洛宁县中河乡	林地	速生型
京 13	基因型	洛宁县中河乡	林地	速生型
京 24	基因型	洛宁县中河乡	林地	速生型
鲁 10	基因型	洛宁县中河乡	林地	速生型
箭杆	基因型	洛宁县中河乡	林地	速生型

表 2-4　郑州基因库保存材料登记表

编号	材料类型	保存地点	保存类型	价值评价
匈牙利多倍体	基因型	河南省林科院	林地	饲料型
Nyirseai 1	基因型	河南省林科院	林地	速生型
Nyirseai 2	基因型	河南省林科院	林地	速生型
Rozsaszia	基因型	河南省林科院	林地	速生型
Szajki	基因型	河南省林科院	林地	
E1	基因型	河南省林科院	林地	
E8	基因型	河南省林科院	林地	
Slarinii Hillieri	基因型	河南省林科院	林地	观赏型
Ambiga rosea	基因型	河南省林科院	林地	

续表 2-4

编号	材料类型	保存地点	保存类型	价值评价
Kiscsalai	基因型	河南省林科院	林地	
Myithifocia	基因型	河南省林科院	林地	
Appalachia	基因型	河南省林科院	林地	观赏型
无刺刺槐	基因型	河南省林科院	林地	速生型
双季花刺槐	基因型	河南省林科院	林地	速生型
二度红花槐	基因型	河南省林科院	林地	观赏型
韩国四倍体	基因型	河南省林科院	林地	饲料型
拐枝刺槐	基因型	河南省林科院	林地	观赏型
圆冠	基因型	河南省林科院	林地	观赏型

2.8.2 分类介绍

保存刺槐基因资源的目的在于应用，能通过长时间的观测分析为生产不断提供社会所需的刺槐良种材料和育种材料。根据多年来的研究，按照用途把刺槐资源分为四大类：速生用材类型、饲料类型、菌料类型、观赏类型。

2.8.2.1 速生用材类型

以生长快、干形通直圆满等为主要选择指标，以工业用材为主要目的进行选育的刺槐良种，如豫刺槐1号、豫刺槐2号、83002、84023、3-I等无性系。

2.8.2.2 饲料类型

刺槐叶是优良动物饲料，粗蛋白含量为干叶重的11.3%~14.4%，是玉米粗蛋白的2倍，且适口性好，营养丰富，可部分替代精饲料。饲料类刺槐可节约粮食，缓解人畜争粮矛盾，可以部分解决畜牧业发展所需蛋白质饲料紧缺问题和能量饲料不足的困难，对发展节粮畜牧业有着非常重要的作用，是种植业结构调整和生态环境建设中林牧结合最为密切的树种之一。为此，选育出一批叶片粗蛋白含量高(22%以上)的饲料类刺槐良种，如长叶刺槐、匈牙利多倍体刺槐、韩国四倍体刺槐等。

2.8.2.3 菌料类型

食用菌业的发展，对其原料的需求日益高涨，刺槐以其速生性、可再生性、萌蘖性强和生物量大的特点成为山区食用菌生产主要原料的替代产品，作为生产优质食用菌的饵料可多次轮伐，是食用菌产业的后续保障资源，既保证了林木资源稳定，又使菌料资源“青山常在，永续利用”。按照生物量大的原则，对开封基因库保存的20年生无性系进行了菌料类良种的初选，选择标准是粗生长为主要指标，不考虑干型性状，共初选了15个菌料类无性系，结果见表2-5。

表 2-5　开封基因库菌料类型良种胸径结果表　（单位:cm）

品种	胸径	品种	胸径	品种	胸径	品种	胸径
8030	25.0	8048	22.2	民权	20.5	石林	20.0
兴 24	23.5	8024	21.5	新 1 号	20.2	8005	19.8
类 01	22.8	鲁 038	20.9	新 3 号	20.2	新 2 号	19.5
8044	22.5	8034	20.5	类 05	20.0	CK	15.6

2.8.2.4　观赏类型

刺槐适生范围广,各地条件千差万别,有利于在花色、叶片、枝条等方面产生变异,所以提出了刺槐观赏类良种。选定原则是在某一方面有特异性,有观赏价值。如二度红花槐、毛刺槐、龙爪刺槐、金叶刺槐、园冠刺槐、墨西哥刺槐、Slarinii Hillieri 等。

第 3 章　刺槐种质资源评价研究

种质资源工作的最终目的在于利用,而利用的基础在于对种质资源的全面、客观的评价。因此,种质资源的评价是整个资源工作的中心环节(沈德绪,1997)。对种质资源的正确鉴定评价是加深认识和充分利用的关键。

3.1　抗旱性研究

刺槐由于其较强的适应性和多用途性,广泛应用于我国退耕还林、防护林体系建设和生态公益林建设等重点生态工程建设,在我国的生态植被恢复建设中发挥了重大作用,是我国少数引进成功的造林树种之一。在我国干旱半干旱地区,周期和非周期性干旱常造成水分亏缺,引起刺槐大量落叶甚至干梢死亡,抑制了林木生长,水分因子已成为影响刺槐林木生长和发展的关键因子。我国对刺槐实生苗的水分生理和抗旱性进行了一些研究,但对不同无性系间水分生理上的差异和抗旱性的差异则很少涉及。20 世纪 80 年代以来,我国选育和引进了大量的刺槐优良无性系,研究不同无性系水分生理和抗旱特征,对选育适合干旱半干旱地区生长的节水抗旱型高生产力无性系,使刺槐无性系造林真正做到适地适树、适无性系具有重要意义。

3.1.1　干旱胁迫下无性系土壤含水量变化

试验采用一年生截干苗作为试验材料进行盆(桶)栽试验,参试无性系为 8048、X5、X7、X9、3-I 和长叶刺槐。2004 年 4 月选择长势均匀、无病虫害的苗木,截干种植在塑料桶中(上底直径 30 cm,下底直径 23 cm,高 29 cm),桶内土高约 24 cm。每个无性系 6 株,至 7 月底苗木生长旺期浇透水后移至温室内,停止浇水,从 7 月 28 日起每隔 5 日取桶中部土壤连续测定各个无性系的土壤含水量,每桶取 3 份土样,取平均值,直至整株枯死。取根系中部土壤,每桶取 3 个土样,测定土壤含水量,取平均值。土壤含水量测定公式如下:

$$土壤含水量 = (土壤鲜重 - 烘干重) / 土壤鲜重 \times 100\%$$

盆栽 6 个无性系的平均土壤含水量结果及变化趋势见图 3-1。

由图 3-1 可看出:各无性系土壤含水量变化趋势基本一致,前 3 次测定土壤含水量下降较快,以后下降趋势减缓,这反映了刺槐无性系土壤含水量随干旱时间变化的规律。从整株枯死时的土壤含水量来看,8048 最小,为 1.46%,其次是长叶刺槐和 3-I,分别为 2.13%和 2.24%,X7 和 X9 分别为 2.88%和 2.90%,X5 最大,为 3.25%。综上可知,在所测试的 6 个无性系中,8048 忍耐干旱条件的时间和程度均最大,其次是 3-I、长叶刺槐,X7、X9 和 X5 抗旱性较差。说明无性系间抗旱差异明显,可以从群体中选出既耐旱又速生的无性系,对刺槐进行抗旱基因资源的收集是可行的。同时也说明从北欧匈牙利引进的无性系抗旱性较差,这可能与北欧的降水量大及海洋性气候有关。

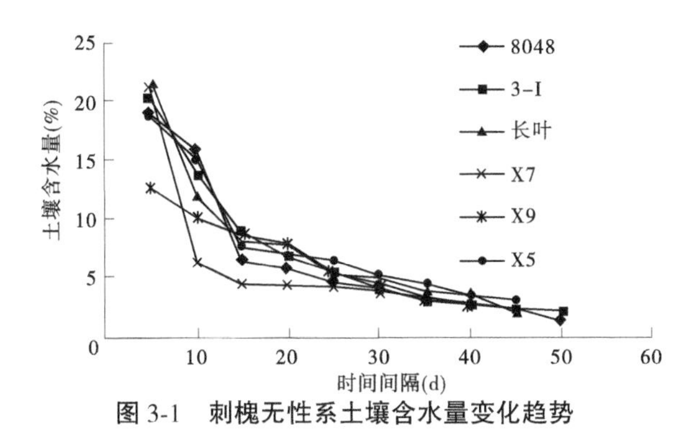

图 3-1　刺槐无性系土壤含水量变化趋势

3.1.2　干旱胁迫对光合速率的影响

2004 年 8 月,用 li-6400 光合作用测定仪连续测定叶片的光合速率,每个无性系测三个叶片,本结果选取每天上午 10 时数据,取其平均值进行统计分析。6 个无性系光合速率测定结果及变化趋势见图 3-2。

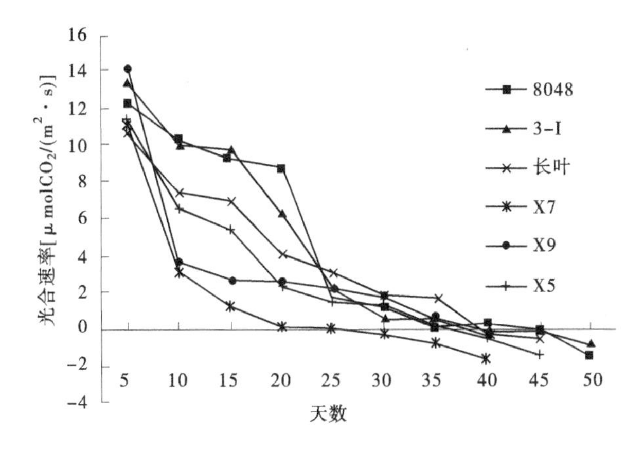

图 3-2　刺槐干旱胁迫光合速率变化

由图 3-2 可看出:①各无性系光合速率变化呈下降趋势,这说明随着土壤含水量的减少,无性系的光合速率逐渐下降。②抗旱性强的无性系 8048 在前 20 天时光合速率变化不大,到第 25 天时才急剧下降,唯独此无性系在第 40 天时还能有光合集累,而其他 5 个无性系光合均为负值。这是其抗旱性强的一个指标。③抗旱性较强的 3-I、长叶刺槐在前 15 天光合速率有所下降,但不十分明显,在第 20 天时,由于含水量下降,光合速率明显下降,在第 25 天时,下降幅度更大。④抗旱性较差的无性系 X7、X9 和 X5,第 10 天和 15 天时光合速率下降幅度就十分大,第 10 天时的下降幅度分别为 72%、74%和 43%,说明该三个无性系对土壤含水量变化十分敏感。可见这几个无性系对土壤水分变化敏感程度不同,抗旱性较差的无性系明显比抗旱性较强的无性系对土壤水分的变化敏感,这也恰恰从光合角度揭示了各个无性系抗旱性不同的生理原因。

2005 年 8 月 5 日开始进行苗木抗旱试验,至 25 日结束。同时测定各抗旱试验苗木的光合速率,从早 8 时到晚 5 时,测定 5 次。本结果选取每天上午 10 时数据,取其平均值进行统计分析。刺槐光合速率测定结果见图 3-3。

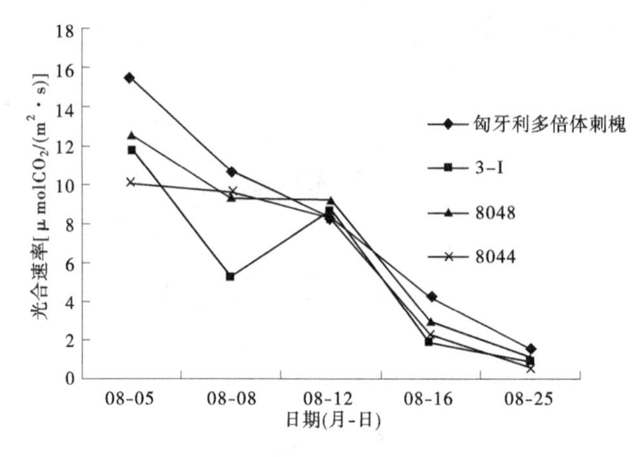

图 3-3 刺槐干旱胁迫光合速率变化

从图 3-3 来看,各无性系光合速率随着干旱时间增加逐渐下降。匈牙利多倍体刺槐光合速率下降较快,8048 和 8044 趋于缓和,3-I 呈现出不规则变化,具体原因有待进一步研究。由以上研究结果可知,无性系光合速率的变化趋势与土壤含水量一致,随着土壤含水量的减少,无性系的光合速率逐渐下降。同时说明各无性系对土壤水分变化敏感程度不同,抗旱性较差的无性系在土壤水分略微下降时光合速率已受到明显影响,比抗旱较强的无性系对土壤水分的变化敏感,这也从光合角度揭示了各个无性系抗旱性差异的生理原因,与 2004 年试验结果基本相同。

3.1.3 干旱胁迫对叶片气孔导度的影响

气孔导度表示植物气孔的开张程度,它不但能反映植物蒸腾耗水的大小,而且也是反映抗旱保水性能的一个重要指标,它也是植物体内水分进入外界环境的主要通道,直接影响和控制植物的蒸腾作用,一般可用气孔导度或气孔阻抗(气孔导度的倒数)来表示气孔行为。气孔导度测定方法和计算方法与光合速率测定、计算相同。各无性系的气孔导度测定结果见图 3-4。

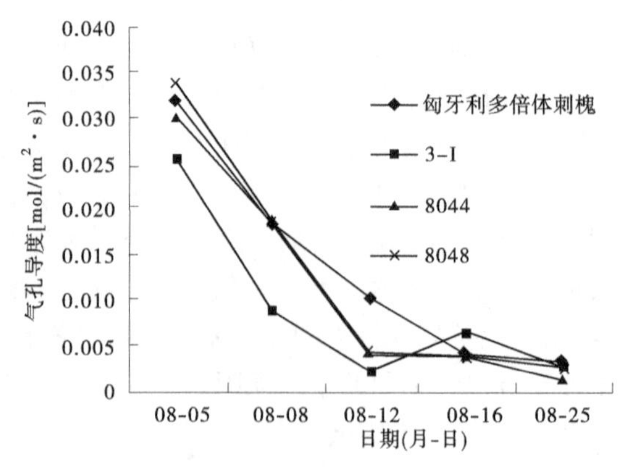

图 3-4 刺槐干旱胁迫气孔导度变化

由图 3-4 各无性系气孔导度测定结果变化趋势来看，各无性系气孔导度随着干旱时间增加逐渐下降。3-I 和 8048 气孔导度下降较快，匈牙利多倍体刺槐和 8044 趋于缓和，这是各个无性系适应干旱胁迫的一种方式，在干旱状态下，关闭气孔，减少蒸腾。由上述研究结果可知：①8044 抗旱性最强，8048、3-I 抗旱性较强，匈牙利多倍体抗旱性最差；②无性系气孔导度的变化趋势与土壤含水量、光合速率一致，随着干旱时间增加，土壤含水量的减少，无性系的气孔导度逐渐下降；③各无性系对土壤水分变化敏感程度不同，抗旱性较好的无性系在土壤水分略微下降时气孔导度就明显下降，比抗旱性差的无性系对土壤水分的变化敏感。

3.1.4　干旱胁迫对蒸腾速率的影响

蒸腾作用是植物体散失水分的一种重要方式，主要是通过叶片的气孔进行的，气孔蒸腾可占蒸腾总量的 90%。蒸腾速率测定方法和计算方法与光合速率测定、计算相同。各无性系的蒸腾速率测定结果见图 3-5。

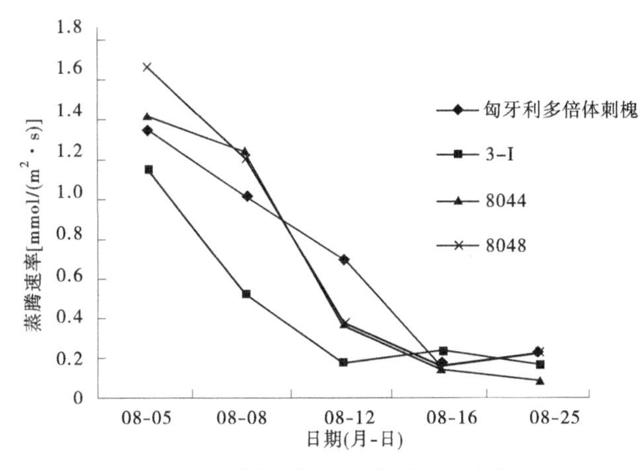

图 3-5　刺槐干旱胁迫蒸腾速率变化

由图 3-5 各无性系蒸腾速率测定结果变化趋势来看，各无性系蒸腾速率随着干旱时间增加逐渐下降。3-I 和 8048 蒸腾速率下降较快，匈牙利多倍体刺槐和 8044 趋于缓和，这是各个无性系适应干旱胁迫的一种方式，在干旱状态下，关闭气孔，减少蒸腾作用。无性系蒸腾速率和气孔导度的变化趋势一致，成正相关性，随着干旱时间增加，土壤含水量的减少，无性系的蒸腾速率逐渐下降。同时说明各无性系对土壤水分变化敏感程度不同，抗旱性较好的无性系在土壤水分略微下降时蒸腾速率就明显下降。

通过整个实验可以看出，匈牙利多倍体刺槐抗旱性较差，3-I、8048、8044 耐旱性较强，这可能与整个光合速率、气孔导度和蒸腾速率有关。另外，光合速率、气孔导度和蒸腾速率既受外界因子的影响，也受植物体内部结构和生理状况的调节，光照是影响蒸腾作用的主要外界条件，光对蒸腾作用的影响首先是气孔开放，其次是提高大气和植物体的温度，增加叶内外蒸气压而加速蒸腾，水分通过气孔蒸腾是蒸腾作用的主要形式，匈牙利多倍体刺槐、3-I、8044 和 8048 的光合速率、气孔导度和蒸腾速率日变化趋势基本一致，4 个无性系的光合速率和蒸腾速率与气孔导度有一定的相关性。

3.1.5 苗期叶水势和含水量之间的关系

研究材料共6个刺槐无性系：匈牙利2号(U2)、匈牙利5号(U5)、匈牙利7号(U7)、匈牙利9号(U9)、窄冠刺槐(NC)和8041。

干旱胁迫盆栽试验在北京林业大学实验苗圃温室进行。试验苗木采用扦插根繁法盆栽培育，花盆规格为30 cm × 30 cm，土壤为沙壤土，装盆前用高锰酸钾消毒，每盆施复合肥300 g。3月选择直径0.8~1.0 cm、长8 cm左右的根段，扦插于花盆中，以后进行正常的浇水、拔草管理，根据实际情况进行病虫害防治。8月进行苗木干旱胁迫试验。将花盆底部和上口用保鲜膜密封，每隔5天测定一次无性系的黎明前叶水势和相对含水量，同时测定土壤含水量。

水势(*WP*)：用压力室法测定。

相对含水量(*RWC*)：复叶测过水势称取其鲜重(*FW*)，然后将其浸泡水中12 h测定其饱和重(*TW*)，最后再在70 ℃的条件下烘24 h称干重(*DW*)。

$$RWC(\%) = (FW - DW)/(TW - DW) \times 100\% \tag{3-1}$$

$$饱和亏缺(\%) = 1 - RWC(\%) \tag{3-2}$$

土壤含水量：测定水势当天，用ML2x土壤水分测量仪测定土壤含水量。

3.1.5.1 土壤含水量对叶水势的影响

植物叶水势与土壤含水量关系密切，两者之间成双曲线关系：$Y=A+BX^{-1}$。刺槐不同无性系叶水势和土壤含水量之间关系见表3-1，此结果验证了上述结论。根据李吉跃研究，一般刺槐叶水势和土壤含水量之间关系为：$Y=-0.817+17.1749X^{-1}$(单位：-Pa)。但从以下试验结果可知，无性系间双曲线表达式参数不同，无性系U5、NC和8041表达式参数"A"和"B"和一般实生苗相近；而U2、U7和U9的的参数相对较大。

表3-1 刺槐不同无性系叶水势(Pa)和土壤含水量之间关系

系号	方程	R^2
U2	$Y=-22.082+348.804X^{-1}$	0.663
U5	$Y=-5.314+177.252X^{-1}$	0.817
U7	$Y=-20.121+312.850X^{-1}$	0.866
U9	$Y=-9.948+238.796X^{-1}$	0.456
NC	$Y=-5.848+169.417X^{-1}$	0.815
8041	$Y=-4.995+182.843X^{-1}$	0.534

3.1.5.2 叶水势和饱和亏缺之间的关系

一般来讲，植物叶水势和饱和亏缺之间呈线性关系：$Y=A+BX$。干旱加强，植物饱和亏缺加重，植物水势降低；反之，土壤含水量增加，植物饱和亏缺减弱，叶水势叶相对增大。刺槐不同无性系叶水势和饱和亏缺之间也均呈线性关系，回归结果见图3-6。从试验结果可以看出，不同无性系线性关系中，常数项和斜率均不同，常数项与水分正常条件下植物的水分亏缺密切相关，正常水分条件下水分亏缺程度低，则常数项小，反之则常数项值较大;而斜率表示单位水势变化对饱和亏缺的影响程度,斜率越大,表示水势变化对饱和亏缺影响程度越大;反之,斜率越小,说明水势对饱和亏缺影响程度越小。参试无性系中,U9 和 U5 两无性系常数项值较大,表明在正常水分条件下起饱和亏缺值就较大;其他几个无形常数项值相对较小,则表明正常水分条件下其饱和亏缺值相对较小。不同无性系线性方程中,斜率大小顺序为:U7>8041>U2>U9>U5>NC。U7 的斜率最大,说明单位水势变化对饱和亏缺影响最大,遇到干旱时其最容易失水;而 NC 的斜率最小,说明当遇到干旱时,失水速度最慢。

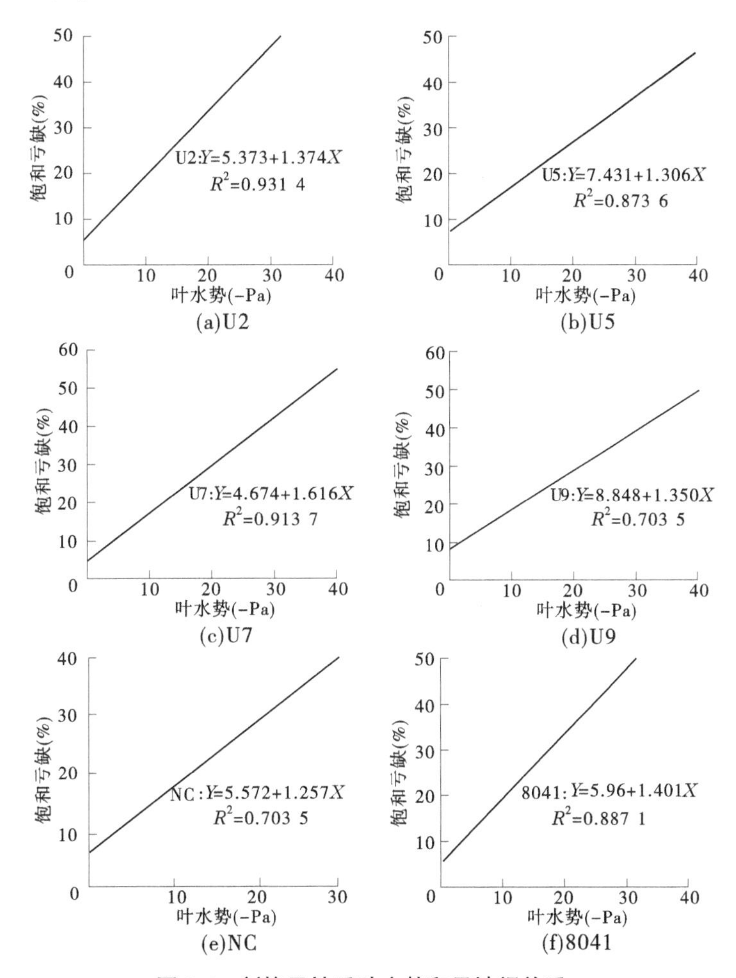

图 3-6 刺槐无性系叶水势和亏缺间关系

3.1.5.3 叶相对含水量和土壤含水量之间的关系

植物相对含水量和土壤含水量间呈线性关系:$Y=A+BX$,见图 3-7。线性方程中的斜率 B 表示土壤含水量的变化对相对含水量的影响程度,B 值越大,表示土壤含水量变化对叶相对含水量的影响越大,遇到干旱时越容易失水;反之,B 值越小,表示土壤含水量变化对叶相对含水量的影响越小,遭遇干旱时干叶子较慢。

参试无性系 B 值大小顺序为:U7>U2>U9>8041>U5>NC。U7 的 B 值最大,说明遇到干旱时较易失水,而 U5 和 NC 则失水速度较慢。

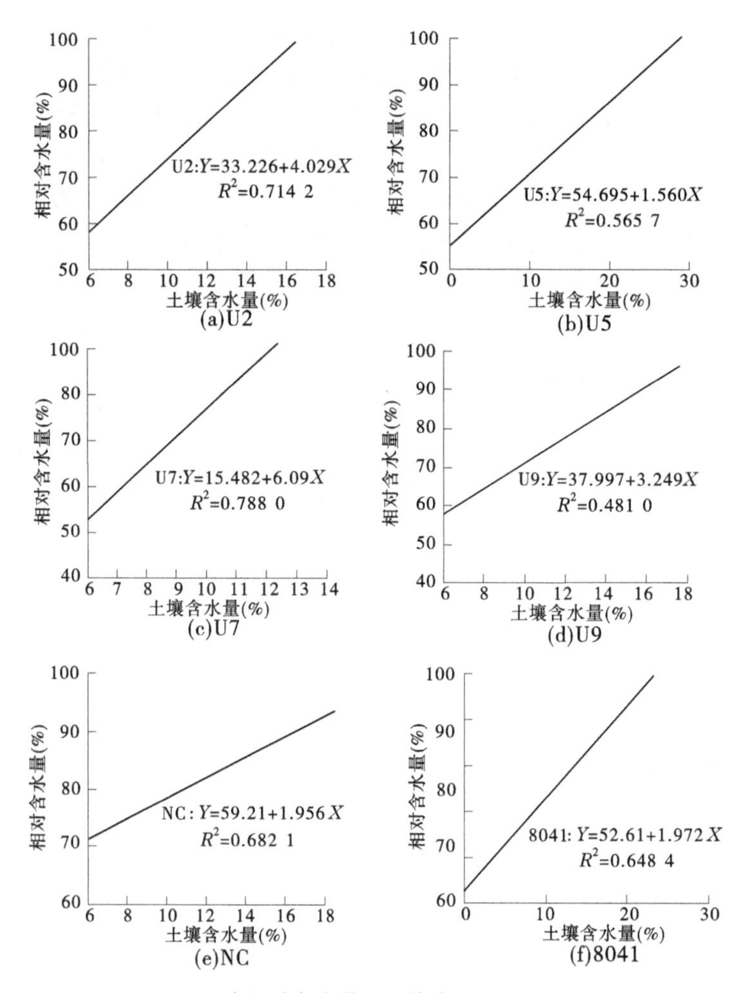

图 3-7　叶相对含水量和土壤含水量之间关系

3.1.5.4　结论与讨论

(1)植物叶水势与土壤含水量关系密切,两者之间呈双曲线关系:$Y=A+BX^{-1}$。不同无性系间参数 A、B 存在着差异,U5、NC 和 8041 表达式参数“A”和“B”基本相近,且较小,而 U2、U7 和 U9 的参数相对较大。

(2)植物叶水势和饱和亏缺间呈线性关系:$Y=A+BX$。线性方程参数常数项 A 斜率表示不同意义。常数项 A 与正常水分条件下植物的饱和亏缺值密切相关,水分亏缺程度低,则常数项小,反之则常数项值较大;而斜率表示单位水势变化对饱和亏缺的影响,斜率越大表示水势变化对饱和亏缺影响程度越大;反之,斜率较小,说明水势对饱和亏缺影响程度越小。参试无性系中 U9 和 U5 两无性系常数项值较大,表明在正常水分条件下其饱和亏缺值就较大;其他几个无性系常数项值相对较小,则表明正常水分条件下其饱和亏缺值相对较小。参试无性系斜率大小顺序为:U7>8041>U2>U9>U5>NC。U7 的斜率最大,说明单位水势变化对饱和亏缺影响最大,遇到干旱时其最容易失水;而 NC 的斜率最小,说明当遇到干旱时,其失水速度最慢。

(3)植物相对含水量和土壤含水量间呈线性关系:$Y=A+BX$。参试无性系 B 值大小顺序为:U7>U2 >U9>8041>U5>NC。U7 值最大,说明遇到干旱时较易失水,而 U5 和 NC 则失水速度较慢,结果与上基本相同。

3.2 耐涝性研究

通常认为刺槐是耐旱性强而不耐涝的树种。但是其对水涝的敏感程度未见有报道,尤其是随着黄河上中游大型水库调水能力的增强,黄河又出现了不少新的嫩滩造林地,这些地块造林树种选择既要考虑耐瘠薄的树种,又要考虑一旦水库泄洪,树木的耐涝问题。为此,研究刺槐的耐涝能力,以从中选出耐涝能力强的无性系,具有重要意义。

3.2.1 水分胁迫对无性系生长状态的影响

选择无性系 3-I、8044、X7、X5、X4,X9,长叶刺槐长势均匀,无病虫害的一年生截干苗,每个无性系 8 株,桶栽后浇透水,每天均保证桶内水面高出桶中土壤表面 1~2 cm,并记录各无性系单株受水淹后的生长情况和变化。

根据生长状态将症状分为四类:A—正常或基本正常生长;B—生长受到影响,但生长状态较好(仅下部叶发黄、脱落);C—生长状态较差(整株叶片变黄、脱落);D—死亡或接近死亡。无性系出现水涝症状的时间见表 3-2。

表 3-2 无性系出现水涝症状的时间

无性系	A	B	C	D
X5	10	11	27	43
长叶	12	13	29	37
3-I	14	15	34	47
X9	15	16	39	51
X7	16	17	33	41
X4	12	13	32	44
8044	13	14	28	38

由表 3-2 可以看出:

(1)从最早出现水淹症状的时间看,X5 在开始水淹后 11 天即出现受害症状,出现时间最早,其次是长叶刺槐和 X4,为 13 天,8044 和 3-I 出现时间较晚,分别为 14 天和 15 天,X7 和 X9 出现时间最晚,分别为 17 天和 16 天。

(2)从死亡时间看,各无性系存在较大差异,长叶刺槐和 8044 时间最早,在开始水淹后 37 天和 38 天后死亡,X7、X5、X4 时间较晚,分别为 41 天、43 天和 44 天。3-I 为 47 天死亡。X9 死亡时间最晚,达到 51 天。

(3)从生长状态受影响看,X5、长叶、8044 出现的最早,即第 27 天、29 天、28 天;3-I、X4、X7 出现在第 34 天、32 天、33 天;出现最晚的是 X9,出现在第 39 天。

以各无性系水淹后死亡的时间进行评价，长叶刺槐和 8044 耐涝时间最短，且长叶刺槐出现受害症状的时间也较早，X7、X5、X4 和 3-I 耐涝性一般，X9 耐涝时间最长，且该无性系出现受害症状的时间也较晚，表现最为突出。匈牙利无性系的耐涝性整体好于国内无性系。由此来看，无性系间耐涝性差异明显，引自匈牙利的刺槐良种耐涝能力相对较强，可以选择出耐涝能力强的优良刺槐品种。与无性系的抗旱性结合起来看，3-I 是抗旱且耐涝性较强的无性系，长叶刺槐是抗旱但不耐涝的无性系，X9 是不抗旱但耐涝的无性系。

3.2.2　水分胁迫对光合速率的影响

测定各耐涝试验苗木的光合速率，从早 8 时到晚 5 时，测定 5 次。选取每天 10 时数据，取其平均值进行统计分析。刺槐光合速率测定结果见图 3-8。

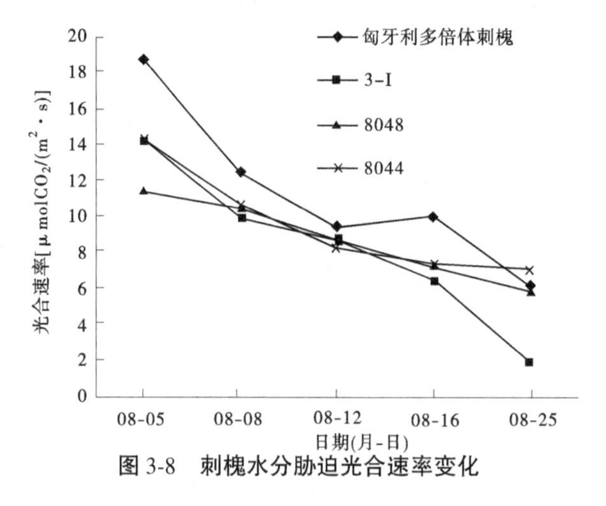

图 3-8　刺槐水分胁迫光合速率变化

由图 3-8 来看，8 月 5 日匈牙利多倍体刺槐、8044 无性系较高，8048 最低。从光合速率变化趋势来看，各无性系光合速率随着水淹时间增加逐渐下降。水淹 11 天后，3-I 光合速率下降较快，最早出现死亡症状；水淹 7 天后 8048 和 8044 趋于缓和，说明 8048 和 8044 具一定的水淹耐受力，在水涝条件下，虽然影响生长，但可保持较长时间，若及时采取补救措施，可恢复生长，这个结果和我们观察外部形态结果一致。

3.2.3　水分胁迫对叶片气孔导度的影响

气孔导度测定方法和计算方法与光合速率测定、计算相同。各无性系的气孔导度测定结果见图 3-9。

由图 3-9 各无性系气孔导度测定结果变化趋势来看，各无性系气孔导度随着水涝时间增加逐渐下降。四个无性系在水淹第 3 天时气孔导度都急剧下降，但在第 4 天以后气孔导度的变化有所回升，但趋于缓和，这与各无性系的光合速率变化基本一致，其中匈牙利多倍体刺槐的气孔导度增加幅度较大，说明其耐涝性强。3-I 气孔导度基本都是呈现下降趋势，说明其耐涝性较差，这些结果和形态指标基本一致。

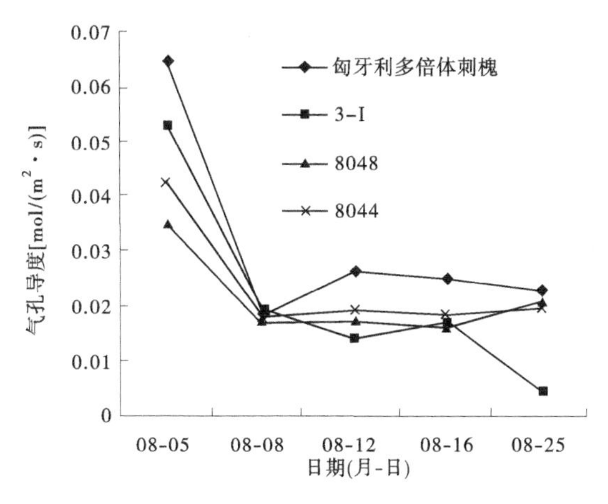

图 3-9 刺槐水分胁迫气孔导度变化

3.2.4 水分胁迫对蒸腾速率的影响

蒸腾速率测定方法和计算方法与光合速率测定、计算相同。各无性系的气孔导度测定结果见图 3-10。

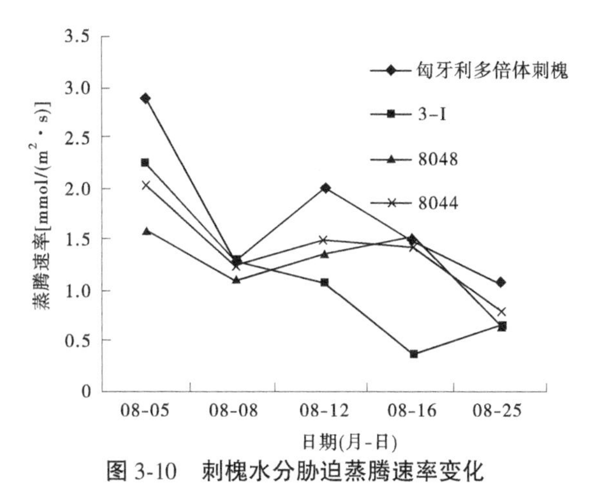

图 3-10 刺槐水分胁迫蒸腾速率变化

由图 3-10 各无性系蒸腾速率测定结果变化趋势来看,各无性系蒸腾速率和气孔导度变化基本一致,其中 8048、匈牙利多倍体刺槐和 8044 在水分胁迫前 3 天蒸腾速率急剧下降,但在第 4 天以后,蒸腾速率开始回升,但趋于缓和,且随着水淹时间的增加,蒸腾速率逐渐增大,匈牙利多倍体刺槐表现最为明显,这是各个无性系适应水分胁迫的一种方式,在水淹状态下,打开气孔,增加蒸腾作用,增强其耐涝性。

3.3 耐盐性研究

目前,地球生态环境的不断恶化、厄尔尼诺事件危害严重、温室效应等自然现象,导致干旱地区面积增大,全球化的干旱缺水正在侵袭我们的生产生活。土壤盐渍化作为干旱地区的产物,成为全球性问题受到广泛关注。我国的土壤盐渍化十分严重,如何在现有的盐渍土壤上进行综合利用,加强植物的抗盐耐盐能力,成为育种学家们亟待解决的问题。研究表明,当植物受到盐胁迫时,其组织细胞的渗透势受到胁迫,正常的离子交换发生问题,进而产生离子毒害;其光合作用、呼吸作用、能量和脂类代谢以及蛋白质合成等功能受到破坏,代谢失衡,进而引起植物生理性干旱、营养缺乏、细胞结构损坏等一系列生理生化过程的改变,影响植物生长发育甚至死亡。

刺槐在我国主要分布于黄河中下游和淮河流域山地丘陵地区,该地区水分缺失和高盐胁迫等逆境普遍发生,严重影响其生长成材,基于良种选育的需要,科学家们对其抗旱耐盐能力进行了一系列的研究。对刺槐幼苗耐盐性的研究发现,部分刺槐优良无性系盆栽苗在盐碱度 0.7%时仍表现出较强的耐盐碱能力。种子出苗后在盐浓度为 0.3%的环境下能够存活,出芽 30 天的幼苗即表现出轻度耐盐碱的能力。一些刺槐无性系能在旱盐双重胁迫下维持相对稳定的矿质营养水平,尤其是 K^+、Ca^{2+},根对 Na^+ 的吸收和向地上部的运输有较强的控制能力,表现出较强的抗旱耐盐能力。但不同品种刺槐的耐盐性之间存在较大差异。

叶绿素荧光动力学是研究植物光合作用的快速、便捷、无损伤的有效方法,在探索植物耐盐生理和选育方面具有十分重要的意义,已被广泛应用于多种植物的逆境生理研究中。叶片解剖结构中的多项指标都与植物抗旱性有着密切的关系,因此研究叶片解剖结构,对其各项指标数据进行统计分析,能够对植物的抗性进行辅助评价。尽管已有研究报道了刺槐在逆境中的解剖结构、细胞超微结构和生理指标等的变化,但对耐盐性不同的刺槐品种的叶绿素荧光动力学和叶片解剖结构的研究却少有报道。

3.3.1 盐胁迫对叶绿素荧光及叶片解剖结构的影响

本研究以两个耐盐性不同的刺槐品种豫引 1 号和 3-I 为试验材料,研究不同浓度的 NaCl 胁迫处理下其叶绿素荧光参数、叶片解剖结构的变化,分析不同品种间的生理响应差异,有助于进一步认识和了解盐胁迫下刺槐光合、结构等的生理特性的变化规律,为探索刺槐的耐盐生理机制,提高刺槐抗性及耐盐性品种改良奠定基础。

试验所用材料为河南省林科院自行引种培育出的豫引 1 号和 3-I 两个刺槐品种。于 2013 年 2 月采集刺槐的根部,选取两种刺槐 30~50 cm 的根部各 20 个,采用埋根法育苗放置在温室中,同年 4 月株盆栽并平茬,每盆重量及土质保持一致,每盆 1 株。待其生长一年后,于 2014 年 6 月选取长势一致的刺槐一年生幼苗为本研究的试验材料进行胁迫处理。

(1)胁迫处理方法。将 NaCl 溶于蒸馏水中,分多次将盐水浇入盆中,每 2 天浇一次,盆底若有渗出,则将渗出液重新浇回盆中。处理分为 0%(对照)、0.5%、1%的 NaCl 溶液三个梯度,两个品种的每个处理各 5 株。待停止浇 NaCl 溶液后开始计时。为保障苗木存活,每 2 天浇一次蒸馏水,同样保证盆底渗出液回到盆中。待刺槐苗在盐胁迫中生长 60 天后,采集数据。

(2)叶绿素荧光参数的测定方法。使用 WALZ dualPAM-100(德国)便携式脉冲调制式叶绿素荧光仪测定刺槐叶片的叶绿素荧光参数。每株 5 次重复。首先采用叶夹使植株暗适应15 min,时间过后打开测量光,测得最小(原初)荧光 F_0,后打开单饱和白光脉冲1次,测得最大荧光 F_m。其次,给叶片照射 *PAR* 为611 μmol/(m^2·s)的作用光以及饱和脉冲光,荧光曲线基本稳定后,仪器软件自动读取 F_0、F_0'、F_m、F_m'、非循环光和电子传递速率 *ETR*、实际光能转化效率 ΦPSⅡ、光化学猝灭系数 *qp* 和非光化学猝灭系数 *NPQ*。根据公式计算出可变荧光 F_v,得到 *PS*Ⅱ最大光能转化效率 F_v/F_m。

计算公式如下:

$$F_v = F_m - F_0 \tag{3-3}$$

(3)叶片电镜扫描方法。选取刺槐新鲜叶片,切取靠近叶脉处1 cm^2 样品进行制片。具体方法如下:

固定:将样本放入4%戊二醛溶液中固定12 h。

脱水:使用pH7.2的0.1 M的磷酸缓冲液清洗3次,再分别使用30%、50%、70%、90%、100%浓度的乙醇进行逐级脱水。30%、50%、70%、90%浓度乙醇脱水一次,100%浓度乙醇脱水2次,每级每次15 min。

置换:使用醋酸异戊酯置换2次,每次15 min。

干燥:将上述样本放入Emitechk850临界点干燥仪进行干燥20 min。

制片:在Hitache-1010喷镀仪上进行黏合操作,后使用15 mA电流进行导电处理90 s。

观察:最后使用FEIQuanta200扫描电子显微镜对制成的切片样本进行观察。

(4)叶片组织结构观察及各项指标的测定方法。依据叶片横切面扫描电镜图片,分别测量叶片上表皮厚度、栅栏组织厚度、海绵组织厚度和下表皮厚度,并计算叶片组织细胞结构紧密度(*CTR*)和叶片组织细胞结构疏松度(*SR*),公式如下:

$$CTR(\%) = 栅栏组织厚度 / 叶片总厚度 \times 100\% \tag{3-4}$$

$$SR(\%) = 海绵组织厚度 / 叶片总厚度 \times 100\% \tag{3-5}$$

依据叶片下表皮扫描电镜图片,观察气孔开闭情况。

3.3.1.1　叶片叶绿素荧光动力学参数对盐胁迫响应

1. F_0、F_m、F_v/F_0、F_v/F_m、F_v'/F_m'

两个刺槐品种在受到不同浓度NaCl胁迫后 F_0、F_m、F_v/F_0 以及 F_v/F_m 的变化各不相同。如图3-11所示,豫引1号的初始荧光参数 F_0 无明显变化,但3-I的 F_0 随着NaCl盐浓度的增加逐渐下降,且差异十分显著。豫引1号的最大荧光参数 F_m 随着NaCl浓度的增加缓慢上升,而3-I的 F_m 值与之完全相反,呈现出逐渐下降的状态,且两个品种的 F_m 值在不同浓度胁迫之间存在显著差异(见图3-12)。3-I的PSⅡ最大光能转化效率 F_v/F_m、原初光能转化效率 F_v/F_0 和有效光能转化效率 F_v'/F_m' 这三个参数值都随着NaCl浓度的增加表现出先下降后上升的趋势,且胁迫与对照相比差异显著(见图3-13~图3-15)。

条栏顶端字母代表同一刺槐三种处理之间是否具有显著差异,不同字母表示具有显著差异($P<0.05$)。在0.5%和1.0%NaCl处理下,豫引1号和3-I间皆有显著差异($P<0.05$)。下同。

2. ΦPSⅡ和 *ETR*

如图3-16、图3-17所示,豫引1号和3-I的PSⅡ实际光能转化效率ΦPSⅡ值和非循

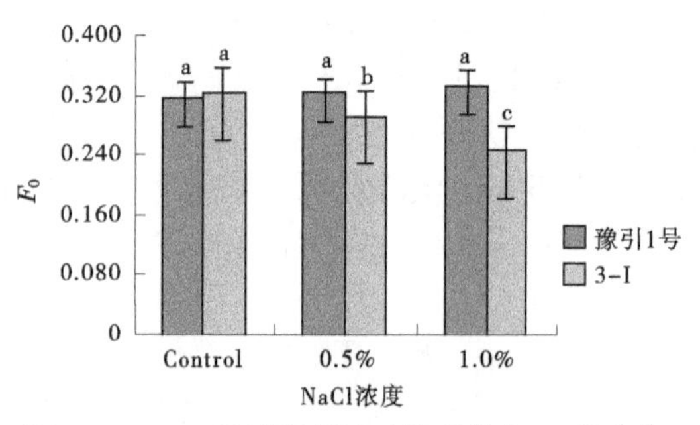

图 3-11　NaCl 胁迫下刺槐叶绿素荧光 F_0 的变化

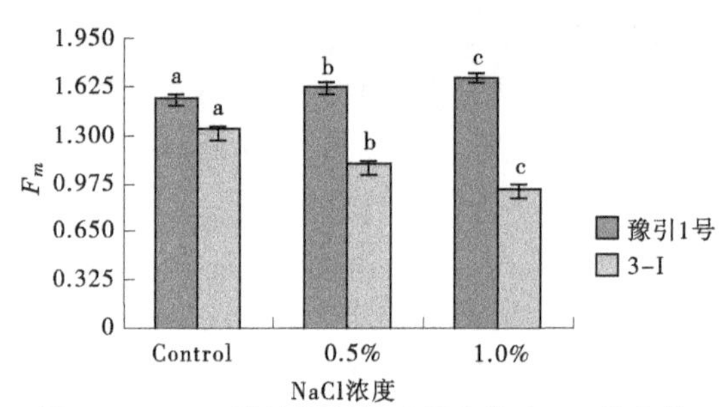

图 3-12　NaCl 胁迫下刺槐叶绿素荧光 F_m 的变化

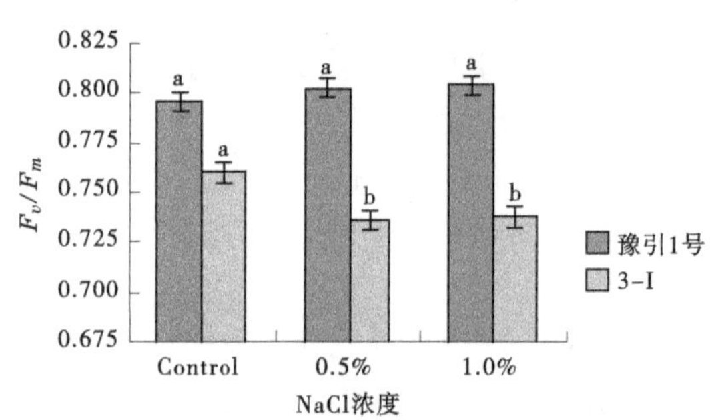

图 3-13　胁迫下刺槐叶绿素荧光 F_v/F_m 的变化

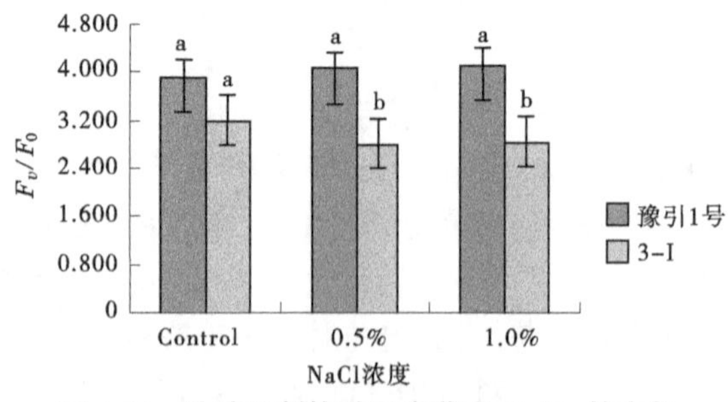

图 3-14　胁迫下刺槐叶绿素荧光 F_v/F_0 的变化

环光合电子传递速率 *ETR* 随着 NaCl 浓度的升高均呈现出逐渐下降的趋势,这表示它们在受到 NaCl 胁迫后,体内的光合电子传递受阻,光能利用效率降低。3-I 在 0.5%和 1%浓度下的 *ETR* 值差异不显著(见图 3-17)。

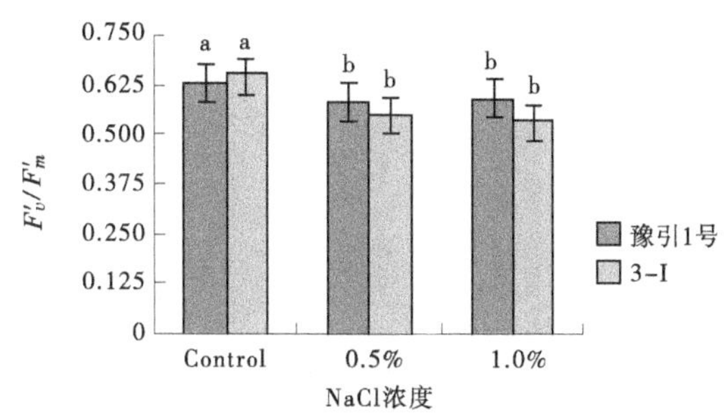

图3-15　NaCl胁迫下刺槐叶绿素荧光 F'_v/F'_m 的变化

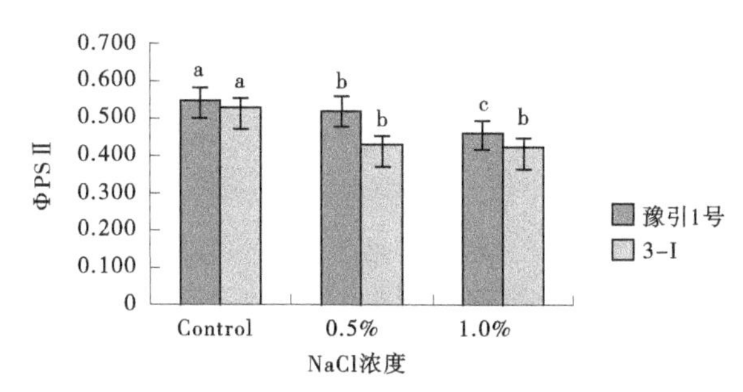

图3-16　NaCl胁迫下刺槐叶绿素荧光 ΦPSⅡ 的变化

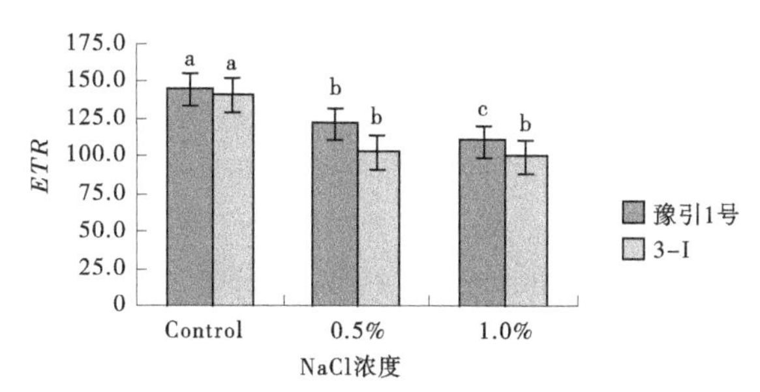

图3-17　NaCl胁迫下刺槐叶绿素荧光 *ETR* 的变化

3. *NPQ* 和 *qp*

如图3-18所示,在受到NaCl胁迫后,豫引1号和3-I的非光化学猝灭系数 *NPQ* 值皆大幅上升,反应敏感。豫引1号和3-I的光化学猝灭系数 *qp*,均随着NaCl浓度的增大而缓慢下降(见图3-19)。

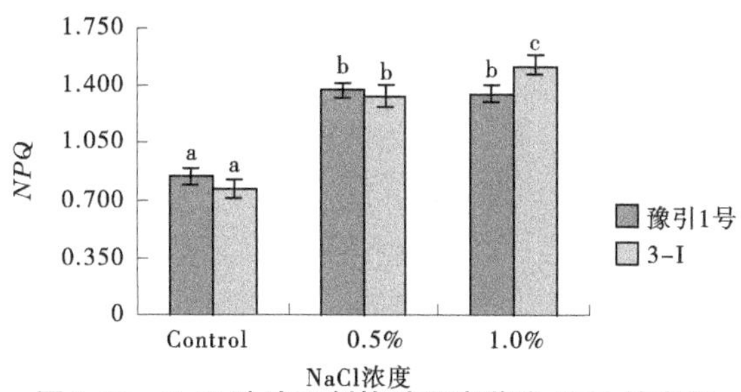

图3-18　NaCl胁迫下刺槐叶绿素荧光 *NPQ* 的变化

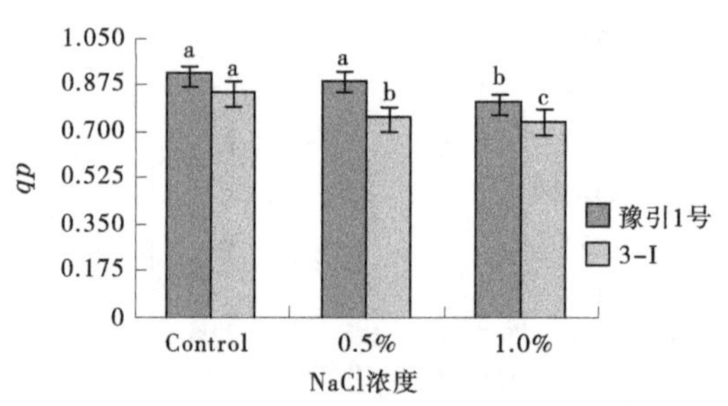

图 3-19　NaCl 胁迫下刺槐叶绿素荧光 *qp* 的变化

叶绿素荧光分析技术是利用体内叶绿素作为天然探针,活体测定叶片光合作用过程中光系统对光能的吸收、传递、耗散、分配等的技术。由于植物在受到干旱与盐胁迫时,其体内离子平衡受到损伤,叶绿体膜受损,导致叶绿素含量下降,叶片失绿,因此叶绿素含量是衡量植物耐旱耐盐与否的重要生理指标。叶绿素荧光信号包含了十分丰富的光合作用信息,其极易随外界环境条件而变化的特性使其可以作为快速、灵敏和无损伤地研究和探测多种逆境因子对植物光合作用的理想方法。植物叶绿素荧光参数中的 F_0 值代表该植物 PSⅡ初始时的荧光产量,跟叶片细胞中所含叶绿素浓度的大小有关。有研究表明,在受到相同水平的盐胁迫时,部分耐盐刺槐的叶绿素含量与对照相比没有明显差异。本研究中,3-I 的 F_0 值随着 NaCl 浓度的上升持续下降,且差异显著,这表明 3-I 体内原初光化学反应中的热耗散增加,荧光产量减少,受胁迫影响较大(见图 3-11)。F_m 代表植物最大荧光产量,它的大小反映出 PSⅡ的电子传递情况,与原初电子受体 *QA* 的氧化还原状态有关。本研究中,豫引 1 号的 F_m 值随着 NaCl 浓度的增加而升高,而 3-I 逐渐下降,表现出完全相反的变化趋势,受此影响,豫引 1 号的 F_v/F_0、F_v/F_m、F'_v/F'_m值与 3-I 相比一直处于一个较高的水平(见图 3-12~图 3-15),这表明在 NaCl 胁迫下,豫引 1 号体内的光合作用所需机构更不易受到影响,3-I 则很有可能是叶片中的离子平衡及细胞结构遭到破坏,毒性物质产生,叶绿素活性和光酶活性下降导致其光能转换效率降低。F_v/F_0、F_v/F_m 下降的情况同样普遍发生在受到盐胁迫的玉米、桑树、黄连木、马齿苋等植物中。

植物叶绿素荧光参数中,*Φ*PSⅡ是测定叶片光合能力的重要指标之一,它反映出用于光合电子传递的能量占所吸收光能的比例。*ETR* 反映了光适应条件下表观光合电子的传递速率。研究表明,随着 NaCl 处理浓度的增大,杨树和紫丁香叶片的 *Φ*PSⅡ和 *ETR* 呈显著性下降趋势,且 NaCl 浓度越高,这两种参数下降越多。同样在本研究中,两个刺槐品种的这两种参数皆因 NaCl 胁迫的影响而下调,但豫引 1 号的参数值均显著高于 3-I,表明在 NaCl 胁迫下,豫引 1 号的光化学性能优于 3-I(见图 3-16、图 3-17)。

NPQ 值是表示植物所吸收的光能中热耗散部分的比例,这是植物吸收了过剩光能的正常耗散,有利于避免光系统的损害。*qp* 反映了 PSⅡ天线色素吸收的光能用于光化学电子传递的份额,在一定程度上反映了 PSⅡ反应中心的开放程度。*qp* 越大,PSⅡ的电子传递活性越大,接收电子的能力越强。本研究中,随着 NaCl 浓度的增大,两个刺槐品种的这两种参数表现出相同的变化趋势:增大—降低。其中豫引 1 号的变化在不同 NaCl 浓度之间差异不显著(见图 3-18、图 3-19),这表明豫引 1 号在遇到 NaCl 胁迫后具有一定的适应性。

3.3.1.2　叶片解剖结构指标对 NaCl 胁迫的响应

1. 叶片解剖结构的变化

经过对刺槐叶片解剖结构中叶片厚度、上表皮厚度、下表皮厚度、栅栏组织厚度、海绵组织厚度、*CTR* 和 *SR* 共 7 项指标的观察测定，可以发现，两个刺槐品种的叶片受到 NaCl 胁迫的影响各不相同。豫引 1 号在受到 0.5%NaCl 处理后，其 *CTR* 值和 *SR* 值与对照相比皆有小幅的下降，说明其叶片整体内部结构受到了一些影响，但栅栏组织和海绵组织在叶片厚度中所占比例仍与对照相差不大(见表 3-3)；但在受到 1%NaCl 处理后，栅栏组织与对照相比明显拉长，排列更加紧密；海绵组织纤维化，间隙变小，其 *CTR* 值与对照和 0.5% NaCl 处理相比明显增大，而 *SR* 值减小(见表 3-3，图 3-20 中 1、2、3)。3-I 在受到 0.5% NaCl 处理后，其栅栏组织伸长，排列紧密，海绵组织纤维化，疏松程度与对照相比明显降低，*CTR* 值增大，*SR* 值减小，与豫引 1 号受到 1%NaCl 处理后的表现类似；而 3-I 在受到 1%NaCl 处理后，栅栏组织和海绵组织的变化继续加重，叶片萎蔫，活力大大降低(见表 3-3，图 3-20 中 4、5、6)。

表 3-3　不同浓度 NaCl 胁迫下叶片解剖结构指标测定

品种	处理	上表皮厚度	栅栏组织厚度	海绵组织厚度	下表皮厚度	叶片厚度	*CTR*(%)	*SR*(%)
豫引1号	Control	2.34±0.02a	50.24±0.17a	50.5±0.04a	1.36±0.01a	104.44±0.79a	48.1±0.28a	48.35±0.18a
	0.5%	4.12±0.06b	50.29±0.98a	53.27±0.39b	5.51±0.04b	113.19±1.68b	44.43±0.52b	47.06±0.21a
	1.0%	4.5±0.01b	90.4±2.14b	65.23±1.69c	1.5±0.01a	161.63±3.57c	55.93±0.63c	40.35±0.16b
3-I	Control	4.06±0.09a	40.23±1.69a	32.19±0.41a	4.5±0.02a	80.98±0.96a	49.68±0.36a	39.75±0.29a
	0.5%	4.25±0.03a	51.75±1.42b	30.45±0.35b	1.75±0.03b	88.2±0.56b	58.67±0.74b	34.52±0.17b
	1.0%	9.87±0.08b	46.71±0.86c	25.42±0.45c	3.08±0.01c	85.08±0.48c	54.9±0.81c	29.88±0.64c

注：表中小写字母表示多重比较结果($P<0.05$)，不同字母表示差异显著。

2. 盐胁迫对刺槐叶片气孔的影响

从图 3-21 可以看出，刺槐叶片在受到 NaCl 胁迫后，同样产生了关闭气孔的现象。在同一时间段采集的刺槐叶片样本中，豫引 1 号在受到 0.5%NaCl 胁迫后，气孔还未完全关闭，但在 NaCl 胁迫浓度上升为 1%时，仅观察到了关闭的气孔，未见开放的气孔。

刺槐叶片内部结构主要由上表皮细胞、栅栏组织细胞、海绵组织细胞和下表皮细胞四部分组成，下表皮具有丰富的气孔，每平方毫米气孔密度在 400 个左右，没有厚实的角质层，但具有明显的表皮毛。研究表明，在长时间的干旱条件下生长的紫穗槐，其叶片表皮细胞厚度、栅栏组织厚度和海绵组织厚度都随着干旱胁迫程度的增加而减小，气孔密度增大，面积减小，表现出其通过改变叶片内部结构和生理功能来适应干旱环境的特点。而在盐胁迫下，有研究表明樱桃叶片的栅栏组织厚度变小，但海绵组织厚度增加，角质层厚度增加，耐盐性较强。此外，植物在受到盐胁迫时，为了维持细胞渗透势及水分的平衡，减少蒸腾失水，会将叶片表皮细胞上的气孔关闭。在本研究中，刺槐的两个品种在受到 NaCl 胁迫后，皆出现了栅栏组织细胞伸长、海绵组织间隙变小的现象。统计表明，随着 NaCl 浓度的增加，叶片的 *CTR* 值逐渐增大，*SR* 值逐渐减小(见表 3-3、图 3-20)。通过大量切片观察发现，豫引 1 号在受到 0.5%NaCl 胁迫后，海绵组织仍能保持有序的组织结构，在受到不同浓度的 NaCl 胁迫后进行了良好的气孔关闭,有效保护了叶片,但 3-I 在同样是 0.5% NaCl 胁迫下解剖结构已经发生了较大变化,海绵组织杂乱无序,且没有完全关闭气孔(见图 3-21)。叶片内部细胞越小,层次越多,栅栏组织排列越紧密且伸长,可能越有利于提高植物对逆境的适应能力,而栅栏组织缩短,海绵组织纤维化,则可能是植物受到盐害的一种表现。

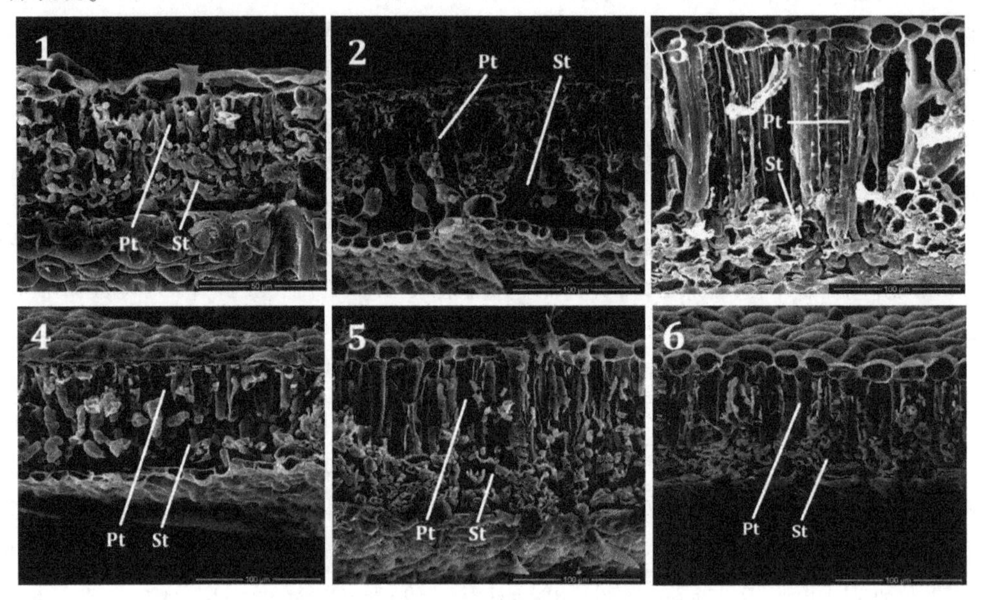

图 3-20　NaCl 胁迫下刺槐叶片解剖结构的变化

1—豫引 1 号对照;2—豫引 1 号 0.5%NaCl;3—豫引 1 号 1.0%NaCl;4—3-I 对照;5—3-I 0.5%NaCl;6—3-I 1.0%NaCl;下同。Pt—栅栏组织;St—海绵组织

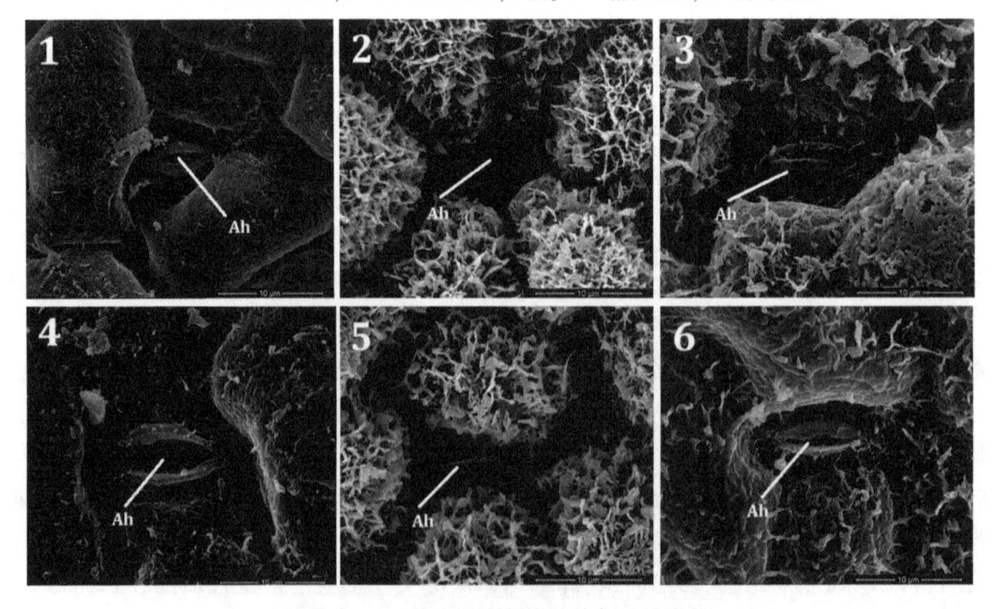

图 3-21　NaCl 胁迫下刺槐叶片气孔的变化

综上所述,豫刺槐 1 号在盐胁迫条件下的叶绿素荧光活性优于 3-I,且其叶片解剖结

构有利于胁迫环境下的生存,具有较高的自我保护能力和耐盐性。有关其耐盐性机制还有待进一步的研究。

3.3.2　盐胁迫下的生理响应及耐盐性综合评价

通过对 4 个耐盐性不同的刺槐品种为试验材料(豫刺槐 1 号、豫引 1 号、豫引 2 号、刺槐 3-I)进行不同浓度的 NaCl 胁迫处理,测定其在盐胁迫下的多项生理指标,分析不同品种间的生理响应差异,探讨刺槐在盐胁迫下的响应机制,以期为探索刺槐的耐盐机制、提高刺槐抗性及耐盐性品种改良奠定基础。

试验材料为河南省林科院所培育出的豫刺槐 1 号、豫引 1 号、豫引 2 号、刺槐 3-I 等 4 个刺槐品种。豫刺槐 1 号具有极强的耐寒、耐旱能力,在西北地区造林成活率高。豫引 1 号和豫引 2 号经过 10 年的繁育观察研究,其在平原沙区和滨海盐渍地生长快,胸径和材积比豫刺槐 1 号高,于 2013 年通过新品种审定,刺槐 3-I 为在大田试验中评价较高的品种。

于 2013 年 2 月采集 4 个刺槐品种的根部,使用埋根法育苗,同年 4 月株盆栽并平茬放置在温室中,土质为泥炭土和黄土等量混合土,每盆装土量一致,平均重 5.22 kg,每盆 1 株。2014 年 6 月选取长势一致的刺槐一年生幼苗为试验材料进行 0(对照)、200 nmol/L、400 nmol/L 的 NaCl 处理,每个品种的每种处理各 5 株。

NaCl 处理方法为:将 NaCl 溶于 3 L 蒸馏水中,分 3 次将盐水浇入盆中,每 2 天浇 1 次,盆底若有渗出,则将渗出液重新浇回盆中。待全部盐水都施入盆中后开始计时。为保障苗木存活,每 2 天浇 1 次蒸馏水,同样保证盆底渗出液回到盆中。待刺槐苗在盐胁迫中生长 60 天后,采集苗木相同部位叶片,测量生理指标。每一处理采集的叶片剪碎,用于以下各生理指标的测定,3 次重复。

叶片相对电导率:利用 DDB-303A 型电导率仪测定;

叶绿素含量:采用分光光度法测定;

可溶性糖含量:采用蒽酮比色法测定;

脯氨酸含量:利用磺基水杨酸以及酸性茚三酮等方法测定;

氧化氢酶(CAT)含量:利用磷酸缓冲液、H_2O_2 测定;

丙二醛(MDA)含量:利用硫代巴比妥酸测定;

过氧化物酶(POD)含量:采用愈创木酚法测定;

超氧化物歧化酶(SOD)含量:利用核黄素及磷酸缓冲液等测定;

可溶性蛋白含量:采用考马斯亮蓝染色法测定。

所有含量的比色结果均使用 UV-5200PC 型紫外可见分光光度计得到。

所有测定项目以鲜重计。叶片相对含水量,利用式(3-6)计算得到。

$$RWC = \frac{W_f - W_d}{W_t - W_d} \times 100\% \tag{3-6}$$

式中:W_f 为叶片鲜重;W_d 为叶片干重;W_t 为叶片吸水充分饱和后重量。3 次重复。

3.3.2.1　不同 NaCl 浓度对 4 个品种叶片形态的影响

植物在受到盐胁迫时,体内的细胞渗透势发生变化,造成细胞失水,图 3-22 为胁迫后

1—豫刺槐 1 号,对照;2—豫刺槐 1 号,200 nmol/L;3—豫刺槐 1 号,400 nmol/L;4—豫引 1 号,对照;5—豫引 1 号,200 nmol/L;6—豫引 1 号,400 nmol/L;7—豫引 2 号,对照;8—豫引 1 号,200 nmol/L;9—豫引 1 号,400 nmol/L;10—刺槐 3-I,对照;11—刺槐 3-I,200 nmol/L;12—刺槐 3-I,400 nmol/L

图 3-22　4 个刺槐品种叶片在不同浓度 NaCl 胁迫下的形态变化

60 天的刺槐叶片样本,从图 3-22 可以看出,NaCl 胁迫下的刺槐叶片外部形态与对照相比有叶片卷曲的现象出现,以刺槐 3-I 最为明显,说明其对 NaCl 胁迫响应最为敏感;其次为豫刺槐 1 号及豫引 2 号;豫引 1 号最不明显,表现出较强的适应性。

3. 3. 2. 2　盐胁迫对叶片相对含水量以及叶绿素含量的影响

从图 3-23 可以看出,在受到 NaCl 胁迫后,刺槐叶片的相对含水量与对照相比出现了不同程度的下降,且 4 个刺槐品种下调的大小也有所差异。除豫引 1 号外,其他 3 个品种在 3 种浓度 NaCl 胁迫下的相对含水量成显著差异,其中刺槐 3-I 受到的影响最为强烈;豫引 1 号的相对含水量在 200 nmol/L NaCl 和 400 nmol/L NaCl 胁迫间的差异不显著。

刺槐 3-I 是叶片中叶绿素含量受胁迫最明显的一个品种,其叶绿素含量从对照的 1. 49 mg/g 下调到了 400 nmol/L 浓度胁迫下的 0. 65 mg/g,而其他 3 个品种的叶绿素含量都没有受到明显的影响(见图 3-24)。

3. 3. 2. 3　盐胁迫对叶片相对电导率及 MDA 含量的影响

NaCl 胁迫对刺槐叶片相对电导率的影响比较一致,从图 3-25 可以看出,NaCl 的浓度越高,相对电导率越高。豫刺槐 1 号在 200 nmol/L NaCl 胁迫下相对电导率升高较慢,为

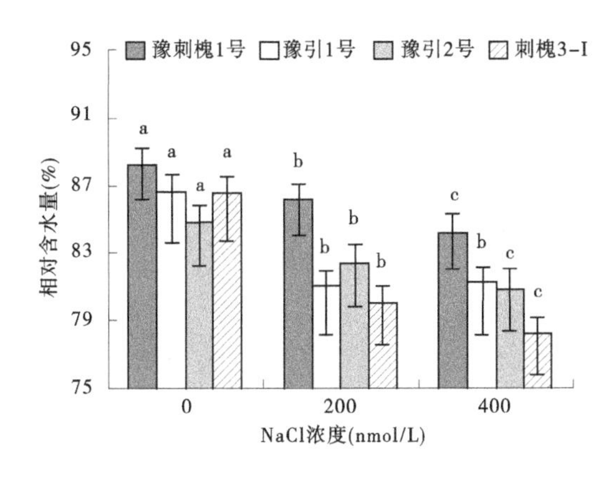

图 3-23　NaCl 盐胁迫对刺槐叶片相对含水量的影响

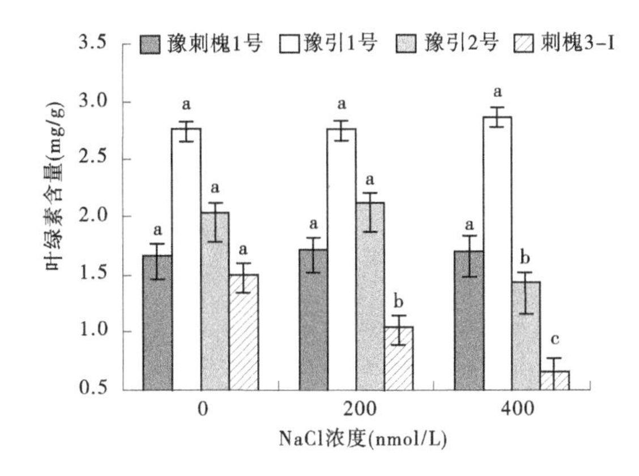

图 3-24　NaCl 盐胁迫对刺槐叶片叶绿素含量的影响

4.36%,其他 3 个品种皆较快,豫引 1 号为 10.29%,豫引 2 号为 9.15%,刺槐 3-I 为 12.4%;但在 400 nmol/L NaCl 胁迫下,4 个刺槐品种对胁迫的响应程度及趋势都十分类似,平均升高 6.71%。与相对电导率的变化趋势类似,4 个刺槐品种叶片的 MDA 含量在受到 NaCl 胁迫后皆逐渐升高,但变化模式十分复杂,可以分为 2 个大类。豫刺槐 1 号和刺槐 3-I 的 MDA 含量随着 NaCl 浓度的升高大幅上升,刺槐 3-I 在 400 nmol/L NaCl 胁迫下的 MDA 含量超过了其对照;豫引 1 号和豫引 2 号的 MDA 含量在正常条件下皆高于豫刺槐 1 号和刺槐 3-I,在受到 NaCl 胁迫后,随着 NaCl 浓度的升高而缓慢上升(见图 3-26)。

3.3.2.4　盐胁迫对叶片可溶性糖以及脯氨酸含量的影响

在对叶片可溶性糖含量的影响方面,从图 3-27 可以看出,不同刺槐品种表现不同。其中豫刺槐 1 号的可溶性糖含量随着 NaCl 浓度的升高而小幅下降;豫引 1 号和豫引 2 号表现出较小幅度的先上升后下降;而刺槐 3-I 则呈现出大幅的下降。从总体来说,刺槐叶片的可溶性糖含量随着 NaCl 胁迫浓度的升高而呈下降的趋势。脯氨酸是植物抗逆性胁迫中的关键物质。从对刺槐叶片在 NaCl 胁迫下的脯氨酸检测结果来看,4 个刺槐品种表

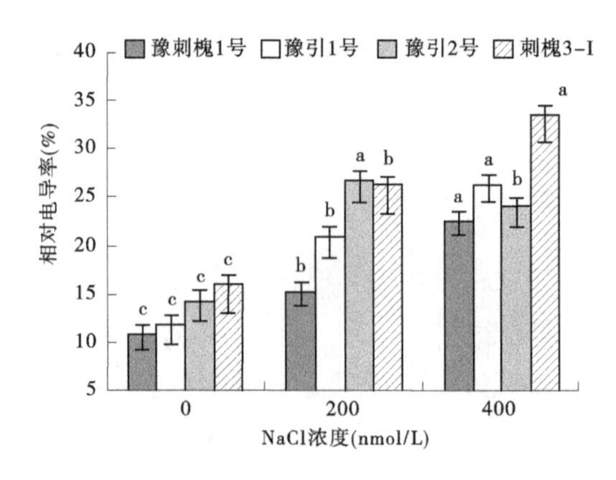

图 3-25　NaCl 盐胁迫对刺槐叶片相对电导率的影响

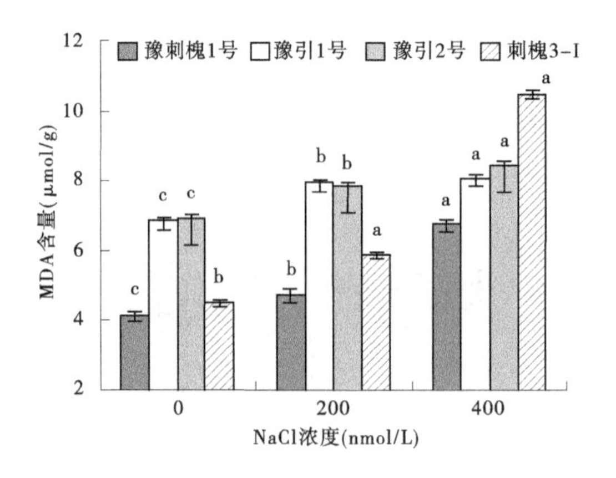

图 3-26　NaCl 盐胁迫对刺槐叶片 MDA 含量的影响

现出了 2 种不同的对胁迫处理的响应方式(见图 3-28)。其中,豫刺槐 1 号和豫引 2 号的脯氨酸含量在不同浓度的 NaCl 胁迫下没有出现较大程度的改变;豫引 1 号和刺槐 3-I 的脯氨酸含量随着 NaCl 浓度的升高而大幅升高,说明其受胁迫的响应比较明显。

3.3.2.5　盐胁迫对叶片酶活性及可溶性蛋白含量的影响

从 NaCl 盐胁迫对刺槐叶片 CAT、POD、SOD 活性以及可溶性蛋白质含量的影响结果可以看出,不同刺槐品种的这 4 个生理指标在胁迫下各自表现出不同的变化模式。从图 3-29 可以看出,随着 NaCl 浓度的增加,豫刺槐 1 号和豫引 1 号、豫引 2 号的 CAT 活性呈现逐渐上升的趋势,其中豫刺槐 1 号和豫引 1 号的上升幅度十分明显;刺槐 3-I 则轻微下降。

在叶片 POD 活性方面,随着 NaCl 浓度的增加,豫刺槐 1 号和豫引 1 号的 POD 活性逐渐上升,豫引 1 号的升幅最高,其在 400 nmol/L NaCl 胁迫下的 POD 活性与对照相比上升了 48.5%;而豫引 2 号先上升后下降;刺槐 3-I 逐渐下降,梯度间降幅不大但较为平均(见图 3-30)。

NaCl 胁迫对 4 个刺槐品种叶片的 SOD 活性影响是最为一致的,4 个品种同时表现出

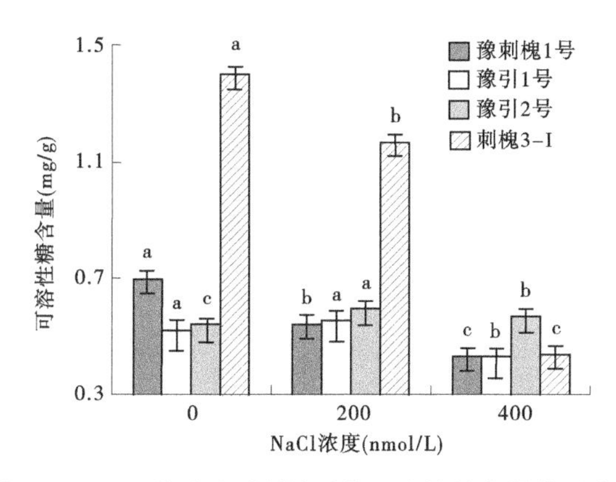

图 3-27　NaCl 盐胁迫对刺槐叶片可溶性糖含量的影响

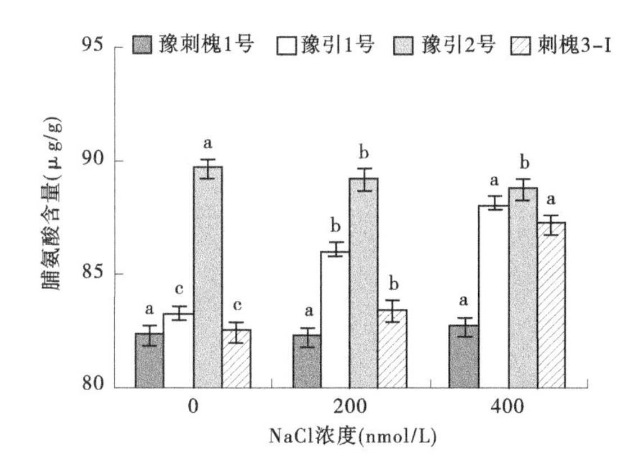

图 3-28　NaCl 盐胁迫对刺槐叶片脯氨酸含量的影响

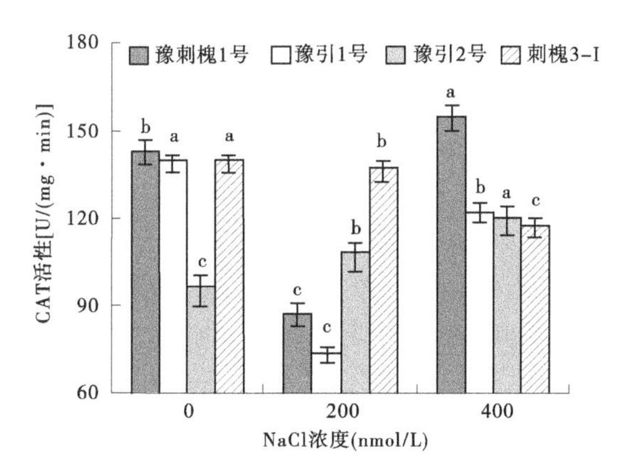

图 3-29　NaCl 盐胁迫对刺槐叶片 CAT 活性的影响

先上升后下降的趋势(见图 3-31)。豫刺槐 1 号的 SOD 活性在 400 nmol/L 胁迫下与对照相比没有出现明显变化;豫引 1 号的 SOD 活性随着 NaCl 浓度的升高上升的趋势最为明显,其在 200 nmol/L NaCl 胁迫下出现了 45%的上调;豫引 2 号和刺槐 3-I 的 SOD 活性则

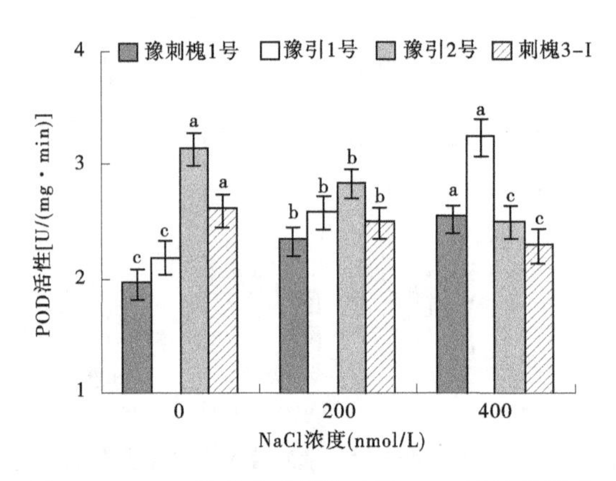

图 3-30　NaCl 盐胁迫对刺槐叶片 POD 活性的影响

随着 NaCl 浓度的升高呈现出先上升后下降的趋势,且上下调幅度最为类似。

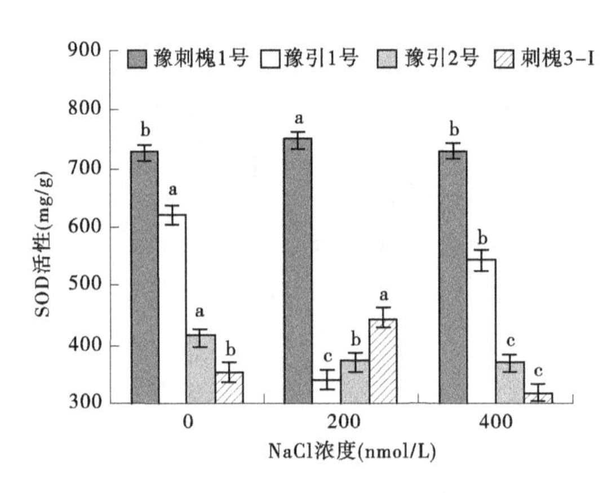

图 3-31　NaCl 盐胁迫对刺槐叶片 SOD 活性的影响

在叶片可溶性蛋白质含量方面,在 200 nmol/L NaCl 胁迫下,豫刺槐 1 号和豫引 1 号都表现出大幅上升的趋势,豫引 1 号上升幅度最大,其次是豫刺槐 1 号,且 2 个品种的可溶性蛋白质含量在 400 nmol/L NaCl 胁迫下皆下降;豫引 2 号随着 NaCl 浓度的升高先上升后下降;刺槐 3-I 的可溶性蛋白质含量没有出现较大改变,仅在 200 nmol/L NaCl 胁迫下出现了较小的下降,在 400 nmol/L NaCl 胁迫下又回到了与对照没有明显差异的水平(见图 3-32)。

3.3.2.6　4 个品种的耐盐性综合评价

通过对 400 nmol/L NaCl 胁迫下的叶片相对含水量、叶绿素含量、相对电导率、MDA 含量等 10 项生理指标的评价,可以得到刺槐 4 个品种在该水平下耐盐性的差异。方差分析可知,10 项生理指标在 4 个刺槐品种中皆呈显著性差异,因此,可以用模糊数学中的隶属函数法对 4 个刺槐品种的耐盐性进行综合分析。10 项生理指标中,除相对电导率和 MDA 含量外,其他各项与植物耐盐性皆呈正相关。因此,利用式(3-7)求得正相关参数的

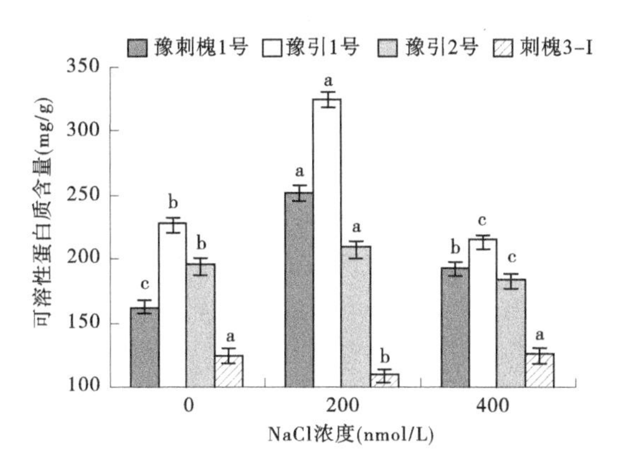

图 3-32　NaCl 盐胁迫对刺槐叶片可溶性蛋白质含量的影响

隶属函数值,利用式(3-8)求得负相关参数的隶属函数值。

$$U(X_i)=\frac{X_i-X_{\min}}{X_{\max}-X_{\min}}n \tag{3-7}$$

$$U(X_i)=1-\frac{X_i-X_{\min}}{X_{\max}-X_{\min}}n \tag{3-8}$$

将每个品种的各项隶属函数值累加起来,用其平均值作为各刺槐品种的耐盐能力综合鉴定标准,值越大,耐盐能力越强。结果显示,4 个刺槐品种耐盐能力顺序为:豫引 1 号>豫引 2 号>豫刺槐 1 号>刺槐 3-I(见表 3-4)。

表 3-4　4 个刺槐品种耐盐性综合评价

品种	相对含水量	叶绿素	相对电导率	MDA	可溶性糖	脯氨酸	CAT	POD	SOD	可溶性蛋白质	平均数	耐盐性顺序
豫刺槐 1 号	1.000 0	0.475 5	1.000 0	1.000 0	0.011 5	0.000 0	0.651 7	0.254 9	0.000 0	0.754 2	0.514 8	3
豫引 1 号	0.511 0	1.000 0	0.665 8	0.643 8	0.000 0	0.871 3	1.000 0	1.000 0	0.831 9	1.000 0	0.752 4	1
豫引 2 号	0.446 9	0.347 1	0.000 0	0.538 4	1.000 0	1.000 0	0.018 1	0.213 6	1.000 0	0.655 3	0.521 9	2
刺槐 3-I	0.000 0	0.000 0	0.045 1	0.000 0	0.067 7	0.750 2	0.000 0	0.000 0	0.869 1	0.000 0	0.173 2	4

盐胁迫对刺槐生理、形态的影响很大,4 个品种刺槐对盐胁迫的响应水平各不相同,在不同浓度 NaCl 胁迫下的响应模式也十分复杂。从形态和形态相关生理指标上来看,外界环境的盐分过多干扰了植物体内的离子动态平衡,从而导致植物失水,叶片干枯,生长缓慢,冠幅变小。植物的株高、株幅、叶片干重、叶片鲜重、植株干重、叶绿素含量、叶片形态和叶色等指标就成为衡量植物耐盐与否的重要形态指标。本研究中,刺槐一年幼苗分别受到 200 nmol/L 和 400 nmol/L NaCl 胁迫后,其叶片出现了不同程度的失水、卷曲和失绿,4 个刺槐品种中刺槐 3-I 受盐胁迫影响最为明显。刺槐 3-I 叶片在 200 nmol/L NaCl 胁迫下就呈现卷曲状态,而其他 3 个品种皆无较大的变化,400 nmol/L NaCl 胁迫下卷曲程度进一步增加,其相对含水量下降较快,叶绿素含量也降低为不到正常水平下的一半,

说明其受 NaCl 胁迫后,生长受抑制情况最为明显。豫刺槐 1 号、豫引 1 号和豫引 2 号的相对含水量在 NaCl 胁迫下与对照相比没有显著差异。相对电导率是植物耐盐性的重要指标,抗盐性强的植物细胞受到胁迫后破坏较小,细胞透性小,相对电导率小;反之,则相对电导率大。在本研究中刺槐叶片电导率皆呈现出随着 NaCl 浓度的增大而逐渐增加的现象,说明胁迫对该指标作用明显,但品种间增幅各不相同,反映了其耐盐性的大小差异,其中豫引 2 号和刺槐 3-I 在 400 nmol/L NaCl 胁迫下增幅最大,耐盐性也较差。

植物受到盐胁迫后,一方面,其抗氧化酶活性受到影响,细胞抗氧化能力下降,同时细胞膜透性下降,导致其相对电导率和 MDA 含量升高。另一方面,植物在体内积聚相溶性溶质如氨基酸、有机酸、可溶性碳水化合物、糖醇类以降低细胞的渗透势,维持渗透平衡,而且可以起到清除活性氧的作用。作为植物体内重要的抗氧化酶,CAT、SOD 和 POD 与其他化学物质相结合,是清除活性氧的重要因素,这些抗氧化酶的活性水平与植物的抗盐能力有很大的相关性。同时,耐盐植物会积累脯氨酸作为渗透调节剂,保护细胞中生物聚合物的结构,缓解胁迫对叶绿素合成的抑制作用。本研究中,耐盐性最强的豫引 1 号和最差的刺槐 3-I 在相关生理指标上具有明显的差异。在 400 nmol/L NaCl 胁迫下,豫引 1 号的 POD、CAT、脯氨酸含量皆上升,表现出明显的耐盐植物应有的特性,但刺槐 3-I 的 CAT、POD、SOD、可溶性糖含量均下降,仅有脯氨酸含量上升,综合相比,其耐盐性必然较差。

3.4　光合特性日变化规律研究

在苗木正常生长状况下,于 2005 年 8 月 5 日(晴天)选择匈牙利多倍体刺槐、3-I、8044 和 8048 四个无性系生长状况相近的样株,在每样株上选择 3 片功能叶作为样叶。采用美国 LI-COR 公司生产的 LI-6400 便携式光合作用测定系统测定叶片的光合速率、气孔导度和蒸腾速率,每次测定重复 3 次,取其平均值,从 08:00 至 17:00,每隔 2 h 对上述因子观测一次。

从图 3-33~图 3-35 可以看出,四个无性系的光合速率、气孔导度和蒸腾速率的变化趋势基本一致,除早上 8 时外,都呈单峰型,随着时间的变化,也就是随太阳强度的增大或减弱各项指标发生变化。

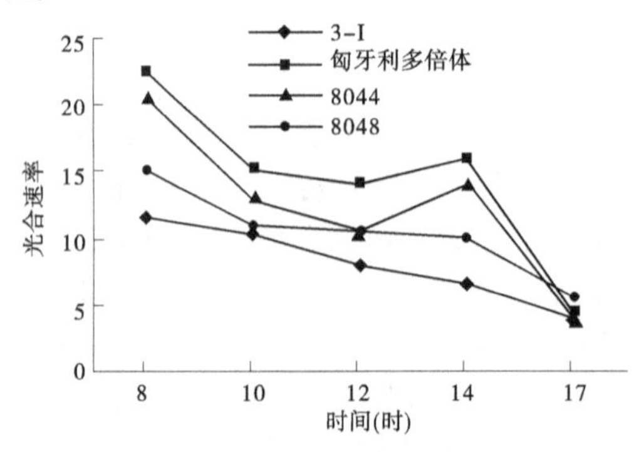

图 3-33　刺槐光合速率日变化曲线

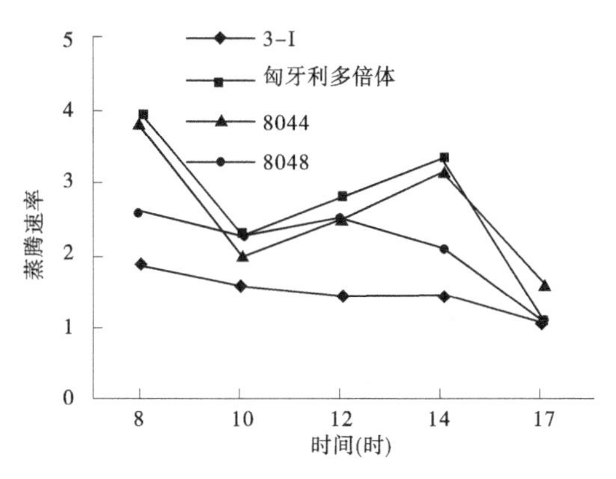

图 3-34　刺槐蒸腾速率日变化曲线

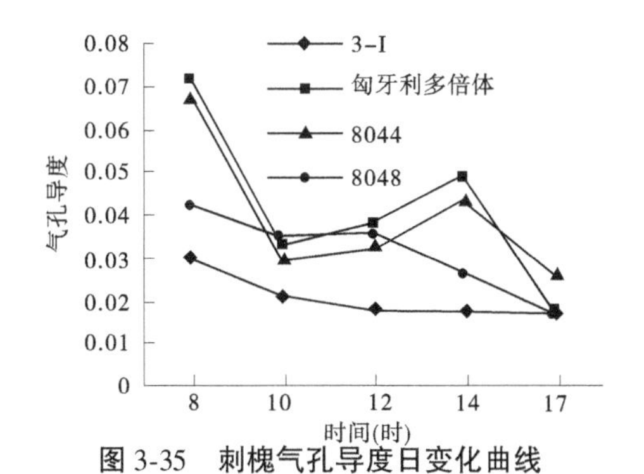

图 3-35　刺槐气孔导度日变化曲线

按前人研究的植物的光合生理生态特性结果来看,光合速率、气孔导度和蒸腾速率在一天中会出现两个峰值,多在 10 时和 16 时,但在本试验中出现第一个峰值,是在 8 时各项指标的平均值最高,随着时间的增加,各项指标逐渐降低,但在 14 时出现第 2 个高峰值,之后又逐渐降低。推测出现此现象的原因可能是夏季天气炎热,气温高,刺槐在早上呼吸最旺盛,之后提前进入光合午休状态,到 14 时出现第 2 个活动旺盛期,各项指标又上升,之后由于光照强度和温度逐渐降低,4 个无性系的各项指标也逐渐下降。在整个的测定过程中,匈牙利多倍体刺槐和 8044 的光合速率、气孔导度和蒸腾速率明显大于 3-I 和 8048,3-I 的各项平均值相对最低。

3.5　生态适应性研究

3.5.1　河南西部丘陵山区无性系适应性评价

河南西部丘陵山区是河南省刺槐主要栽培区,刺槐为主要造林树种,20 世纪 90 年代以前主要为实生苗造林,以后渐渐开始引进优良无性系造林。1995 年以后,随着世界银行贷款“森林资源保护项目”的启动实施,该地区开始大规模引进推广刺槐无性系造林。河南省林科院在该地区先后引进推广了 A05、8048、箭杆、京 13 等 40 余个刺槐优良无性系。该地区的主要气候特点为春季干旱少雨、夏季高温炎热、冬季干燥寒冷,但所引进的无性系都是相关研究单位在当地气候立地条件下选育出来的,对该地区的适应性有待于进一步研究。开展豫西丘陵山区刺槐无性系适应性研究和刺槐无性系生长与当地气候条件关系研究,选育出适合当地气候条件和立地条件的刺槐优良无性系,对该地区的植被恢复和速生丰产林建设具有重要意义。

该试验共包括 3-I、L5、箭杆、R5、8062、A05、鲁 10、G1、84023 和 8048 等 10 个刺槐无性系。

试验地位于河南省洛阳市洛宁县东北部中河乡的丘陵山脊,海拔 550 m,坡向 NW,坡度 25°,土壤为碳酸盐褐土,土层薄,肥力较差。造林前为荒山,主要植被为荆条、酸枣、黄背草、白羊草等。1995 年冬天营造无性系对比试验林,试验设计按 4 株小区,4 次重复随机排列。整地方式为“带+穴”,整地规格为 30 cm × 30 cm × 40 cm,株行距为 2 m × 4 m,造林密度为 1 250 株/hm^2,造林方式为截干造林。造林后前 3 年每年除萌、松土、除草抚育 2 次,不浇水、不施肥。3 年后不再开展任何抚育活动,任其自然生长。

造林后第 1 年调查其高生长,以后每年年底或第二年年初调查其高生长(H)和胸径生长(D)。根据高生长和胸径生长量调查结果,求算其材积生长量。材积(V)由以下公式求出:

$$V = 0.000\,066\,125 \times D^{1.825\,716\,067\,631\,56} \times H^{0.956\,442\,809\,538\,439} \tag{3-9}$$

式中:V 为林木材积;D 为当年调查的胸径生长量;H 为当年调查的树高生长量。

刺槐无性系不同年度生长量和材积调查结果见表 3-5。由生长量调查结果可知,各无性系不同年度的高、胸径和材积生长各不相同,以无性系 8062 表现最好,第 8 年树高、胸径和材积生长量分别达到 10.19 m,9.17 cm 和 0.034 8 m^3;无性系 8042 表现最差,第 8 年树高、胸径和材积生长量仅分别为 6.62 m、6.57 cm 和 0.012 5 m^3;表现最好的无性系的树高、胸径、材积分别为表现最差的 1.54 倍、1.40 倍和 2.78 倍,无性系间生长量的差异,说明各无性系对当地气候条件适应性的差异。

以刺槐无性系各年度高、胸径和材积生长量为指标对其适应性进行聚类。由于各项调查指标的量纲不同,需要对各数据标准化,数据标准化采用标准差法,计算公式如下:

$$X = \frac{x_{ij} - \bar{x}}{S_j} \tag{3-10}$$

式中:X 为标准差;x_{ij} 为调查原始数据;$\bar{x}$ 为第 j 类调查数据的平均值;S_j 为方差。

根据数据标准化处理结果,利用欧氏距离法计算各样本间不相似系数平方矩阵,其为 20 × 20 方阵。欧氏距离为每个变量值之差平方和的平方根,其计算公式如下:

$$D = \sqrt{\sum_i (x_i - y_i)^2} \tag{3-11}$$

无性系间欧氏不相似系数平方矩阵见表 3-6。第一行顶和最左列为无性系名称,行与列交叉点上的数值为参试无性系生长量指标欧氏距离的平方和,数值的大小说两无性系间不相似性,数值越大,两无性系越不相似;数值越小,两无性系则越相似。

表 3-5　不同无性系生长量指标

系号	1996 年 12 月	1997 年 12 月			1999 年 1 月			1999 年 11 月			2000 年 12 月			2002 年 4 月			2002 年 11 月			2003 年 11 月		
	H (m)	D (cm)	H (m)	V (m^3)	D (cm)	H (m)	V (m^3)	D (cm)	H (m)	V (m^3)	D (cm)	H (m)	V (m^3)	D (cm)	H (m)	V (m^3)	D (cm)	H (m)	V (m^3)	D (cm)	H (m)	V (m^3)
3-I	1.75	1.75	2.52	0.000 44	3.01	3.52	0.001 65	3.88	4.75	0.003 49	4.76	5.65	0.005 98	5.75	5.98	0.008 92	6.38	6.84	0.012 30	7.24	8.88	0.019 80
京 13	1.43	1.28	2.02	0.000 20	2.03	2.85	0.000 66	3.30	3.95	0.002 18	4.58	4.76	0.004 73	5.87	5.49	0.008 53	6.67	6.08	0.011 90	7.67	7.36	0.018 40
R7	1.32	1.01	1.9	0.000 12	1.50	2.80	0.000 37	2.58	4.03	0.001 42	4.11	5.14	0.004 18	5.21	5.84	0.007 28	6.23	7.17	0.012 30	7.32	8.33	0.019 00
G	1.49	1.46	2.23	0.000 28	2.54	3.73	0.001 28	3.89	4.79	0.003 53	5.35	5.92	0.007 74	6.44	6.52	0.011 90	7.46	7.38	0.017 50	8.42	8.65	0.025 50
8041	1.80	1.62	2.35	0.000 36	2.73	3.58	0.001 40	4.27	4.78	0.004 18	5.72	6.07	0.008 96	6.48	6.50	0.012 00	7.24	7.03	0.015 90	8.24	8.78	0.024 80
X5	1.31	1.32	2.23	0.000 24	2.41	3.79	0.001 18	4.04	5.19	0.004 09	5.54	6.53	0.009 06	6.40	6.98	0.012 60	7.08	7.51	0.016 20	7.94	9.41	0.024 80
I5	1.31	0.64	1.13	0.000 03	1.45	2.73	0.000 34	3.18	4.08	0.002 10	4.82	5.37	0.005 83	5.92	5.82	0.009 16	6.89	7.03	0.014 50	7.43	8.08	0.019 00
箭杆	1.41	1.4	1.87	0.000 22	2.25	3.32	0.000 92	3.75	4.79	0.003 30	5.63	6.54	0.009 35	6.65	7.37	0.014 20	7.55	7.87	0.019 10	8.90	9.53	0.030 90
京 1	1.01	0.71	1.48	0.000 05	1.53	2.65	0.000 37	2.53	3.58	0.001 22	4.23	5.14	0.004 40	4.92	5.14	0.005 80	5.79	5.95	0.008 99	6.83	7.03	0.014 30
R5	1.02	0.85	1.68	0.000 08	1.93	3.07	0.000 64	3.46	4.66	0.002 78	4.98	5.93	0.006 80	5.73	6.38	0.009 43	6.48	7.13	0.013 10	7.60	8.33	0.020 40
8062	1.50	1.34	2.27	0.000 25	2.54	3.70	0.001 27	4.04	5.17	0.004 07	5.99	6.83	0.010 90	7.05	7.47	0.016 00	8.24	8.20	0.023 30	9.17	10.19	0.034 80
83002	1.55	1.17	2.08	0.000 18	1.95	3.11	0.000 66	3.26	4.48	0.002 40	4.89	5.54	0.006 17	6.39	6.94	0.012 50	7.58	8.14	0.019 83	8.51	9.30	0.027 80
A05	1.58	1.37	2.3	0.000 26	2.53	3.58	0.001 22	3.90	4.64	0.003 44	5.24	6.16	0.007 74	6.27	6.75	0.011 70	6.95	7.31	0.015 30	8.39	8.61	0.025 20
鲁 10	1.43	1.31	2.33	0.000 24	2.27	3.71	0.001 04	3.72	5.11	0.003 46	5.18	6.32	0.007 77	6.10	6.63	0.011 00	6.98	7.28	0.015 30	7.88	8.81	0.023 00
8042	1.69	1.56	1.88	0.000 27	1.79	2.68	0.000 49	2.73	3.66	0.001 43	3.75	4.47	0.003 09	4.69	4.93	0.005 11	5.54	5.62	0.007 85	6.57	6.62	0.012 50
2F	1.72	1.7	2.14	0.000 36	2.77	3.78	0.001 52	4.22	5.16	0.004 40	5.77	6.31	0.009 45	6.54	6.55	0.012 30	7.18	7.02	0.015 60	8.21	8.78	0.024 70
G1	1.80	1.81	2.55	0.000 48	3.09	3.98	0.001 94	4.24	4.56	0.003 94	5.94	5.84	0.009 25	6.87	6.35	0.013 10	7.69	7.38	0.018 50	8.92	8.99	0.029 40
京 24	1.78	1.54	2.44	0.000 34	3.06	3.73	0.001 79	4.39	4.63	0.004 26	5.80	5.63	0.008 55	6.65	6.87	0.013 30	7.46	7.69	0.018 20	8.68	8.83	0.027 50
84023	1.59	1.89	2.32	0.000 47	3.01	3.81	0.001 78	4.52	5.21	0.005 04	6.28	6.43	0.011 20	7.39	7.17	0.016 80	7.93	7.52	0.020 00	9.32	9.45	0.033 40
8048	1.66	1.86	2.42	0.000 48	3.16	3.86	0.001 97	4.49	5.21	0.004 98	5.99	6.47	0.010 40	7.01	7.31	0.015 50	7.68	7.83	0.017 70	9.02	9.00	0.030 00

表 3-6　欧氏不相似性系数平方矩阵

欧氏距离平方和

序号	系号	1 3-I	2 京 13	3 R7	4 G	5 8041	6 X5	7 L5	8 箭杆	9 京 1	10 R5	11 8062	12 83002	13 A05	14 鲁 10	15 8042	16 2F	17 G1	18 京 24	19 84023	20 8048
1	3-I	0. 000	2. 525	4. 074	1. 331	1. 026	1. 981	5. 273	3. 439	6. 749	3. 433	4. 731	2. 382	1. 102	1. 279	4. 719	1. 296	1. 926	2. 292	3. 987	2. 878
2	京 13		0. 000	0. 845	2. 672	3. 409	3. 779	1. 357	4. 110	1. 662	1. 422	7. 319	1. 525	2. 397	2. 419	1. 392	3. 984	5. 566	6. 217	7. 937	7. 056
3	R7			0. 000	3. 929	5. 303	4. 615	0. 896	4. 647	1. 015	1. 217	8. 346	1. 719	3. 502	3. 124	1. 742	5. 852	7. 991	8. 206	10. 371	9. 634
4	G				0. 000	0. 385	0. 386	3. 795	0. 779	6. 922	2. 081	1. 509	1. 151	0. 122	0. 268	6. 868	0. 435	1. 011	1. 054	1. 742	1. 446
5	8041					0. 000	0. 791	5. 151	1. 382	8. 539	3. 324	1. 832	1. 855	0. 350	0. 727	7. 449	0. 130	0. 597	0. 598	1. 360	0. 909
6	X5						0. 000	4. 242	0. 702	7. 607	1. 958	1. 269	1. 547	0. 430	0. 253	8. 379	0. 613	1. 766	1. 090	1. 806	1. 587
7	L5							0. 000	3. 806	1. 470	0. 820	7. 286	1. 895	3. 549	3. 258	3. 400	5. 470	8. 030	7. 736	9. 497	9. 155
8	箭杆								0. 000	8. 036	2. 267	0. 727	1. 166	0. 832	1. 008	9. 191	1. 341	2. 279	1. 769	1. 862	2. 112
9	京 1									0. 000	2. 220	12. 841	4. 321	6. 388	5. 841	1. 688	9. 025	11. 975	12. 230	14. 793	13. 703
10	R5										0. 000	4. 970	1. 193	1. 861	1. 422	4. 255	3. 378	5. 733	5. 054	6. 620	6. 177
11	8062											0. 000	3. 160	1. 815	2. 083	13. 854	1. 686	1. 822	1. 228	0. 851	1. 361
12	83002												0. 000	0. 854	0. 974	4. 703	2. 195	3. 450	3. 460	4. 399	4. 108
13	A05													0. 000	0. 207	6. 205	0. 482	1. 252	1. 159	2. 101	1. 650
14	鲁 10														0. 000	6. 073	0. 724	1. 937	1. 516	2. 698	2. 228
15	8042															0. 000	8. 222	10. 501	11. 441	14. 359	12. 766
16	2F																0. 000	0. 719	0. 433	1. 149	0. 728
17	G1																	0. 000	0. 733	0. 816	0. 546
18	京 24																		0. 000	0. 650	0. 384
19	84023																			0. 000	0. 216
20	8048																				0. 000

根据表 3-6 无性系相似距离矩阵,利用内部连接法(Within-group linkage)对 20 个参试无性系进行聚类分析。聚类结果见图 3-36。

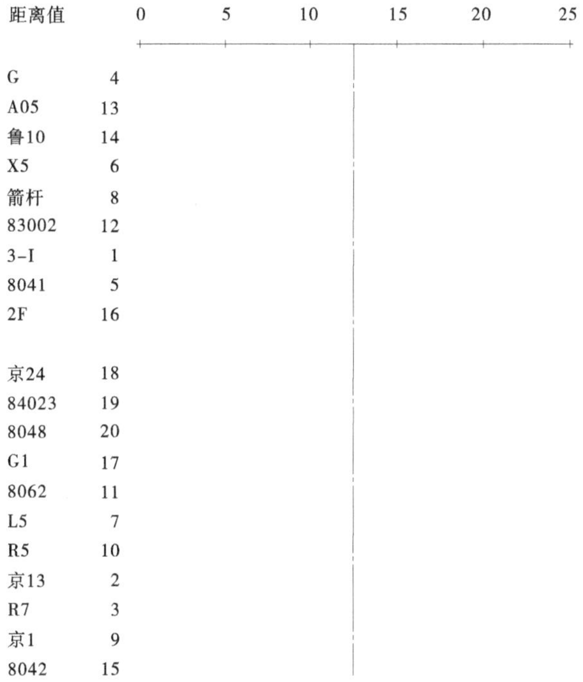

距离值　0　5　10　15　20　25

G　4
A05　13
鲁10　14
X5　6
箭杆　8
83002　12
3-I　1
8041　5
2F　16
京24　18
84023　19
8048　20
G1　17
8062　11
L5　7
R5　10
京13　2
R7　3
京1　9
8042　15

图 3-36　刺槐无性系树形相似聚类树形图

根据相似聚类分析结果(见图 3-36),取距离阈值 $D=10$,则可以将参试的 20 个无性系,根据其生长量表现,将其适应性分为 4 类,分类结果见表 3-7。

表 3-7　组内连接法刺槐无性系适应性聚类分析结果

聚类结果	适应性
G1={8041,8062,2F,G1,京 24,84023 和 8048}	最适应
G2={3-I,G,X5,箭杆,83002,A05 和鲁 10}	较适应
G3={京 13,R7,L5,京 1 和 R5}	适应性较差
G4={8042}	表现最差,最不适应

计算每一类相关指标的平均值,作为该类群的中心值,然后进行类间配对 t 检验。检验结果说明,在 $\alpha=0.01$ 水平上 G1、G2 和 G3 差异极显著,而 G3 和 G4 间则差异不显著。

由上述聚类分析结果可知,8041、8062、2F、G1、京 24、84023 和 8048 七个无性系,在豫西丘陵山区表现最好,最适应该地区的生长,生产上可以大力推广;3-I、G、X5、箭杆、83002、A05 和鲁 10 七个无性系较适应豫西丘陵山区气候土壤条件,生长表现较好,可适量推广;京 13、R7、L5、京 1、R5 和 8042 则生长表现较差,不宜在豫西丘陵山区推广。

利用内部连接法对参试 20 个无性系进行聚类分析,对其适应性可分为 4 类:

(1)最适无性系,包括 8041、8062、2F、G1、京 24、84023 和 8048 等 7 个无性系。

(2)较适无性系,包括 3-I、G、X5、箭杆、83002、A05 和鲁 10 等 7 个无性系。

(3)适应性较差无性系,包括京 13、R7、L5、京 1 和 R5 等 5 个无性系。

(4)不适无性系,为 8042。

3.5.2 豫西丘陵区无性系生长气候因子研究

影响林木生长的外部环境因子很多,概括起来主要分为三类:地形因子、土壤因子和气象因子。杨新民、马延庆、袁瀛、马玉玺、王克勤和王力等的研究结果都说明,水分因子为影响刺槐生长的最主要因子,但这些研究均是在黄土高原区进行的,其他地区的气候、水分、热量等条件各不相同,开展不同栽培区刺槐生长与环境关系研究对指导林业生产具有重要意义。河南西部丘陵山区春季干旱少雨、夏季高温炎热、冬季干燥寒冷,是河南省刺槐主要栽培区,开展豫西丘陵山区气候条件下刺槐无性系适应性研究和无性系生长研究,选育出适合当地气候及立地条件的优良无性系,对该地区的植被恢复和速生丰产林建设具有重要意义。

该试验共包括 3-I、L5、箭杆、R5、8062、A05、鲁 10、G1、84023 和 8048 等 10 个刺槐无性系;试验地位于河南省洛阳市洛宁县东北部中河乡的丘陵山脊。

1995 年冬天营造无性系对比试验林,试验设计按 4 株小区,4 次重复随机排列。整地方式为“带+穴”,整地规格为 50 cm × 50 cm × 50 cm,株行距为 2 m × 4 m,造林密度为 1 250 株/hm^2,造林方式为截干造林。造林后第 1 年调查其高生长,以后每年年底或第二年年初调查其高生长(H)和胸径生长(D)。根据高生长和胸径生长量调查结果,求算其材积生长量。

从河南省气象局收集 1996~2003 年洛宁县降水量、≥10 ℃积温和日照时数,见表 3-8。

表 3-8 洛宁县 1995~2003 年各年度气候因子

气候因子	1996 年	1997 年	1998 年	1999 年	2000 年	2001 年	2002 年	2003 年
降水量(mm)	656	479	824	439	607	521	570	906
干旱期降水量(mm)	70	216	159	103	71	115	86	167
日照时数(h)	2 303	2 549	2 364	2 266	2 063	1 798	2 140	1 977
积温数(h·℃)	4 473	4 902	4 933	5 016	4 843	4 961	4 912	4 575

注:干旱期指当年 12 月至翌年 4 月。

年降水量(降水高峰降水量)、积温和日照时数的量纲不同,且具体值较大,数据处理不方便,因此需要对其进行标准化处理。数据标准化采用 0~1 阈值法,即把所有观测量都标准化到 0~1 的范围之内。该方法是把正在标准化的数值或观测量除以最大值。标准化后的观测量的值均大于零而小于 1。气象数据标准化处理结果见表 3-9。

由表 3-9 可以看出,各气象因子中年降水量变化幅度较大,在 0.48~1,冬春干旱期降水量变化幅度更大,在 0.33~1;其次,日照时数变化幅度在 0.71~1;而年积温的变化幅度最小,在 0.89~1。

表 3-9　气象数据标准化处理结果

年度	降水量	日照	积温	干旱期降水量
1996	0.724 062	0.903 492	0.891 746	0.324 074
1997	0.528 698	1	0.977 273	1
1998	0.909 492	0.927 423	0.983 453	0.736 111
1999	0.484 547	0.888 976	1	0.476 852
2000	0.669 978	0.809 337	0.965 510	0.328 704
2001	0.575 055	0.705 375	0.989 035	0.532 407
2002	0.629 139	0.839 545	0.979 266	0.398 148
2003	1	0.775 598	0.912 081	0.773 148

树龄是影响林木生长量的最主要因子，在研究林木生长和气候因子关系时，其他因子的影响显得微乎其微。因此，在研究气候因子对林木生长量的影响时，应将树龄的影响尽量降低，生长量指标采用林木生长增长率，而不是生长量的绝对值。林木生长增长率计算方法如下：

$$A_r = \frac{A_n - A_{n-1}}{A_{n-1}} \times 100 \tag{3-12}$$

式中：A_r 为林木生长增长率；A_n 为林木第 n 年的生长值；A_{n-1} 为 $n-1$ 年的生长值。

参试无性系连年生长量和增长率计算结果见表 3-10～表 3-12。

表 3-10　刺槐无性系胸径连年生长量和增长率

无性系	1998 年		1999 年		2000 年		2001 年		2002 年		2003 年	
	生长量(cm)	增长率(%)	生长量(cm)	增长率(%)	生长量(cm)	增长率(%)	生长量(cm)	增长率(%)	生长量(cm)	增长率(%)	生长量(cm)	增长率(%)
3-I	1.26	72	0.87	29	0.88	23	0.99	21	0.63	11	0.86	13
L5	0.81	127	1.73	119	1.64	52	1.10	23	0.97	16	0.54	8
箭杆	0.85	61	1.50	67	1.88	50	1.02	18	0.90	14	1.35	18
R5	1.08	127	1.53	79	1.52	44	0.75	15	0.75	13	1.12	17
8062	1.20	90	1.50	59	1.95	48	1.06	18	1.19	17	0.93	11
A05	1.16	85	1.37	54	1.34	34	1.03	20	0.68	11	1.44	21
鲁 10	0.96	73	1.45	64	1.46	39	0.92	18	0.88	14	0.90	13
G1	1.28	71	1.15	37	1.70	40	0.93	16	0.82	12	1.23	16
84023	1.12	59	1.51	50	1.76	39	1.11	18	0.54	7	1.39	18
8048	1.30	70	1.33	42	1.50	33	1.02	17	0.67	10	1.34	17

表 3-11　刺槐无性系树高连年生长量和增长率

无性系	1997 年		1998 年		1999 年		2000 年		2001 年		2002 年		2003 年	
	生长量（m）	增长率（%）	生长量（m）	增长率（%）	生长量（m）	增长率（%）	生长量（m）	增长率（%）	生长量（m）	增长率（%）	生长量（m）	增长率（%）	生长量（m）	增长率（%）
3-I	0.77	44	1.00	40	1.23	35	0.90	19	0.33	6	0.86	14	2.04	30
L5	0.22	17	1.20	78	1.35	49	1.29	32	0.45	8	1.21	21	1.05	15
箭杆	0.46	33	1.45	78	1.47	44	1.75	37	0.83	13	0.50	7	1.66	21
R5	0.66	65	1.39	83	1.59	52	1.27	27	0.45	8	0.75	12	1.20	17
8062	0.77	51	1.43	63	1.47	40	1.66	32	0.64	9	0.73	10	1.99	24
A05	0.72	46	1.28	56	1.06	30	1.52	33	0.59	10	0.56	8	1.30	18
鲁 10	0.9	63	1.38	59	1.40	38	1.21	24	0.31	5	0.65	10	1.53	21
G1	0.75	42	1.43	56	0.58	15	1.28	28	0.51	9	1.03	16	1.61	22
84023	0.73	46	1.49	64	1.40	37	1.22	23	0.74	12	0.35	5	1.93	26
8048	0.76	46	1.44	60	1.35	35	1.26	24	0.84	13	0.52	7	1.17	15

表 3-12　刺槐无性系胸径连年生长量和增长率

无性系	1998 年		1999 年		2000 年		2001 年		2002 年		2003 年	
	生长量（cm）	增长率（%）	生长量（cm）	增长率（%）	生长量（cm）	增长率（%）	生长量（cm）	增长率（%）	生长量（cm）	增长率（%）	生长量（cm）	增长率（%）
3-I	0.001 2	271	0.001 8	112	0.002 5	71	0.002 9	49	0.003 4	38	0.007 5	61
L5	0.000 3	936	0.001 8	516	0.003 7	178	0.003 3	57	0.005 3	58	0.004 5	31
箭杆	0.000 7	312	0.002 4	260	0.006 1	183	0.004 9	52	0.004 9	35	0.011 8	62
R5	0.000 6	695	0.002 1	333	0.004 0	145	0.002 6	39	0.003 7	39	0.007 3	56
8062	0.001 0	414	0.002 8	220	0.006 8	168	0.005 1	47	0.007 3	46	0.011 5	49
A05	0.001 0	368	0.002 2	182	0.004 3	125	0.004 0	51	0.003 6	31	0.009 9	65
鲁 10	0.000 8	328	0.002 4	233	0.004 3	125	0.003 2	42	0.004 3	39	0.007 7	50
G1	0.001 5	306	0.002 0	103	0.005 3	135	0.003 9	42	0.005 4	41	0.010 9	59
84023	0.001 3	276	0.003 3	183	0.006 2	122	0.005 6	50	0.003 2	19	0.013 4	67
8048	0.001 5	312	0.003 0	153	0.005 4	109	0.005 1	49	0.002 2	14	0.012 3	69

选择气象因子年降水量、年日照总时数、>10 ℃年积温和树龄为自变量，以林木生长率[胸径增长率(D_r)、树高增长率(H_r)和材积增长率(V_r)]为因变量，进行线形回归分析，得出林木生长率与气象因子关系的经验公式：

$$A_r = C_1 + a_1 N + b_1 S + c_1 CT + d_1 R \tag{3-13}$$

式中：C 为常数项；a, b, c, d 为线性方程系数；N 为树龄；S 为年积温时数；CT 为>10 ℃年积温；R 为年降水量。

事实上,豫西丘陵山区的气候特点为冬、春季干旱,其间降水量比全年降水量变动幅度更大,对林木生长量比全年降水量影响更大,是影响造林成活和林木生长的重要因素。以冬、春降水量(HR)取代全年降水量(R),进行刺槐林木生长和气象因子关系拟合更能反映实际情况。刺槐生长量与林龄及年日照时数、年积温和冬春降水量线性关系拟合结果见表 3-13。

表 3-13　刺槐林木生长与拟和气象因子关系

无性系	方程	R
3-I	$D=45.254-9.667N+24.180S-15.127CT+56.676HR$	0.957
	$H=109.536-2.517N+108.199S-177.595CT+21.320HR$	0.956
	$V=126.341-32.278N+276.594S-206.435CT+228.195HR$	0.973
8048	$D=266.883-12.230N+38.631S-220.156CT+25.753HR$	0.998
	$H=426.063-12.544N-3.379S-363.449CT+45.608HR$	0.995
	$V=1\,052.598-53.630N+214.423S-950.743CT+196.878HR$	0.994
8062	$D=298.497-15.969N+89.596S-253.862CT+4.730HR$	0.998
	$H=348.736-10.530N+74.867S-342.221CT+17.757HR$	1.000
	$V=1\,168.863-69.934N+484.957S-1\,135.152CT+140.111HR$	0.992
84023	$D=379.552-13.155N+14.943S-295.985CT-0.261HR$	0.986
	$H=250.440-9.972N+54.643S-245.248CT+46.669HR$	1.000
	$V=1\,094.605-51.195N+214.454S-959.785CT+114.615HR$	0.999
A05	$D=183.131-13.303N+66.922S-156.992CT+45.609HR$	1.000
	$H=410.583-10.981N+37.854S-368.176CT+16.962HR$	0.991
	$V=852.635-58.324N+361.555S-834.060CT+215.922HR$	0.991
R5	$D=145.088-19.324N+177.001S-175.452CT+64.418HR$	1.000
	$H=67.121-10.768N+146.878S-124.503CT+45.940HR$	1.000
	$V=-201.648-93.650N+1\,078.418S-256.054CT+541.103HR$	0.993
箭杆	$D=421.343-13.906N+48.726S-340.854CT-29.483HR$	0.953
	$H=403.476-14.504N+57.752S-362.883CT+26.493HR$	0.999
	$V=1\,605.786-65.212N+325.261S-1\,399.652CT-8.858HR$	0.989
鲁 10	$D=139.145-12.321N+86.032S-113.821CT+9.552HR$	0.989
	$H=181.725-7.885N+108.983S-223.567CT+27.718HR$	1.000
	$V=384.810-50.254N+493.422S-468.980CT+141.105HR$	0.998
*G*1	$D=403.236-13.516N+35.758S-339.678CT+6.582HR$	0.983
	$H=317.780-7.199N+63.550S-324.072CT+15.686HR$	0.873
	$V=1\,494.726-52.515N+230.409S-1\,374.737CT+99.351HR$	0.941
L5	$D=-104.648-20.024N+199.985S+86.885CT+42.153HR$	0.978
	$H=-48.103-15.607N+239.816S-77.837CT+103.609HR$	0.956
	$V=-1\,513.556-120.295N+1\,594.462S+776.749CT+739.635HR$	0.998

由以上拟合结果可知,大部分无性系拟合方程结构都非常相似。有以下共同特征:

(1)方程中的常数项(C)大部分为正数,C 表示无性系生长量增长率的遗传特征,C 值越大说明刺槐无性系遗传生长量增长率高,表现较好的无性系,如 8062、8048、84023 和 G1 等,拟和方程 C 值非常高;而表现较差的无性系,如 L5、R5 的 C 值较低,甚至为负值,其遗传增长率本身就较低。

(2)方程中的林龄系数(a)均为负值,说明林木生长量增长率与林龄呈负相关,随着林龄的增加林木生长增长率不断下降,这是树木的自然生长规律。同时,材积系数大于胸径系数,胸径系数大于树高系数,说明生长量随林龄变化下降幅度,以材积最快,胸径其次,树高最慢。不同无性系间,系数变化较大,表现较好的无性系,如 8062、G1 等系数较小;而表现较差的无性系,如 L5、R5 等,林龄系数比较高。

(3)方程中年日照时数系数(b)均为正值,说明林木生长增长率与光照呈正相关关系,增加年光照时数将提高林木生长增长率,促进林木生长。从方程可以看出,表现较好无性系,日照系数较低,而表现较差的无性系,日照系数则较高。

(4)方程中>10 ℃年积温系数(c)均为负值,说明刺槐无性系生长增长率与年积温成反比,年>10 ℃ 年积温越高,其林木生长增长率越小,反之其林木生长增长率越大,高积温将抑制林木生长。

(5)方程中降水量系数(d)均为正值,说明刺槐无性系生长增长率与冬、春降水量成正比,冬春季降水量增加将促进林木生长。表现较差的无性系,降水系数较高,其生长率受降水量影响较大,耐旱性较差;表现较好无性系,其系数较低,受降水量影响较小,耐旱性较强。

在豫西丘陵山区刺槐生长量增长率与林龄和年积温成反比,与年日照时数和冬春季降水量成正比。在气象因子中,积温对刺槐无性系生长率影响最大,日照时数次之,干旱期降水量影响相对较小。但由于降水量年度间变化较大,因此其对年生长率也具有非常重要的影响,表现较好的无性系,如 84023、G1 的降水量系数均较小,具有较强的抗旱性;而表现较差的无性系,如 R5、L5 的降水量系数较高,耐旱性较差。

3.6 刺槐生物质能源评价

3.6.1 无性系的枝干生物量及热值对比分析

刺槐(*Robinia pseudoacacia* L.)作为世界上造林面积仅次于桉树的速生阔叶树种,因其抗性强、生长速度快、薪材产量和热值均较高而成为许多地区的重要燃料型能源树种(蔡宝军等,2008)。虽然之前对刺槐的生物量有所研究(张国君等,2010;万子俊等,2010),但是关于刺槐无性系间生物量与热值关系的研究极少。本研究以在河南陕县栽种的 3-I 等 4 个刺槐无性系为对象,测定其灰分含量和热值,同时开展生物量调查以比较不同无性系单株能量差异及刺槐不同部位的能量差异,以期筛选出灰分含量低、热值高的无性系,为合理利用和开发刺槐生物质能源提供科学依据。

试验地点位于河南省陕县张汴乡寺园村一片山凹,地势为梯田,较平,西南向,土壤为褐土,土层厚度达数米。位于河南省西部,地处北纬 34°34′,东经 111°08′,平均海拔 800

m。属暖温带大陆性气候。全年无霜期 210 天，年均降水量 600～800 mm，平均日照 2 354.4 h，平均气温 11.3 ℃，昼夜温差大。

2004 年 3 月在河南省陕县栽种刺槐试验林，造林密度为 2.5 m × 1.5 m，栽培苗木为当年生苗，无性系分别为 3-I（2003 年通过河南省科技厅鉴定）、豫刺槐 1 号（2000 年通过河南省品种委员会审定）、匈牙利四倍体（从匈牙利引进），以一般刺槐为对照（CK），一般刺槐为实生苗。试验林设计为大样本，每个无性系面积为 3 亩。

2009 年 4 月每无性系随机抽取 100 株调查胸径、树高、冠幅等指标，得出平均数，以各项指标的平均数作为样木标准，其中豫刺槐 1 号平均胸径 6.0 cm、树高 6.8 m、冠幅 4.3 m^2，3-I 平均胸径 6.6 cm、树高 7.1 m、冠幅 5.35 m^2，匈牙利四平均胸径 4.5 cm、树高 4.8 m、冠幅 2.2 m^2，CK 平均胸径 6.5 cm、树高 7.5 m、冠幅 5.15 m^2。每个无性系选取标准木 5 株，共选样木 20 株。标准样木砍伐后，树干部分以 2 m 为一区分段，靠近地面的为下部，顶部的为上部，中间 2 m 为中部，如果总长超过 6 m，取靠近上部的 2 m 作为中部，总长不够 6 m 时，上、中、下部平均分段，各段切割好后称其鲜重（kg）。同时用电子秤称量每株样木的枝重。试验标准样枝按每株样木所有枝条的平均枝粗选取，枝粗以本枝中部粗度计。标准样木采取后自然干燥保存，于 2010 年 7 月对样木各段树干、树枝作热值和灰分测定。

检测项目：主要检测样品的全水分、工业分析、发热量。继而得出干重热值（kcal/kg，即每千克干物质在完全燃烧条件下所释放的总热量）、去灰分热值（kcal/kg）和灰分含量（%）。其中干重热值以收到基低位发热量表示，去灰分热值＝干重热值/（1-灰分含量），灰分含量＝灰分重量/样品重量×100%。同时测定样木各段、枝的干重（kg，绝对干重），以比较不同无性系间的单株能量（kcal）差异。并据鲜重和干重，得出树干和树枝的含水率（%），其中含水率＝（鲜重-干重）/鲜重×100%。

检测方法：样品的检测在河南省节能及燃气具产品质量监督检验站进行。所有样品在 85℃恒温下烘干至恒重（每小时测定一次重量，相邻两次测定结果相差在 2 mg 范围内时，后者为恒重），并称其干重。作项目检测的样品经粉碎机粉碎后充分混合。全水分检测按 GB/T 211—2007 的空气干燥一步法进行；工业分析检测按 GB/T 211—2008 进行，其中水分测定按其标准中的空气干燥法进行，灰分测定按快速灰化法 B 进行；全硫检测按 GB/T 214—2007 的库仑滴定法进行；发热量检测按 GB/T 213—2008 的恒温式热量计法进行。

数据分析用 DPSv7.05 软件对数据进行统计分析，用 LSD 检验法进行多重比较。

3.6.1.1　不同无性系树干和枝的生物量

本研究对 5 年生刺槐树干和枝的鲜重及干重进行了调查，结果见图 3-37 和图 3-38。

由图 3-37 可见，在相同的立地条件下，刺槐四个无性系间树干及枝的鲜重差异均极显著。树干鲜重以豫刺槐 1 号为最大，以匈牙利四倍体为最小，豫刺槐 1 号分别较 CK、匈牙利四倍体高 106%、276%，3-I 分别较 CK、匈牙利四倍体高 60%、191% ，由大到小排序为：豫刺槐 1 号>3-I>CK>匈牙利四倍体。树枝鲜重以 3-I 为最大，以匈牙利四倍体为最小，3-I 分别较豫刺槐 1 号、CK 高 52%、13%，由大到小排序为：3-I>CK>豫刺槐 1 号>匈牙利四倍体。枝干（树干和枝的合计简称）总鲜重以豫刺槐 1 号为最大，以匈牙利四倍体为最小，豫刺槐 1 号分别较 CK、匈牙利四倍体高 54%、214%，3-I 分别较 CK、匈牙利四倍体

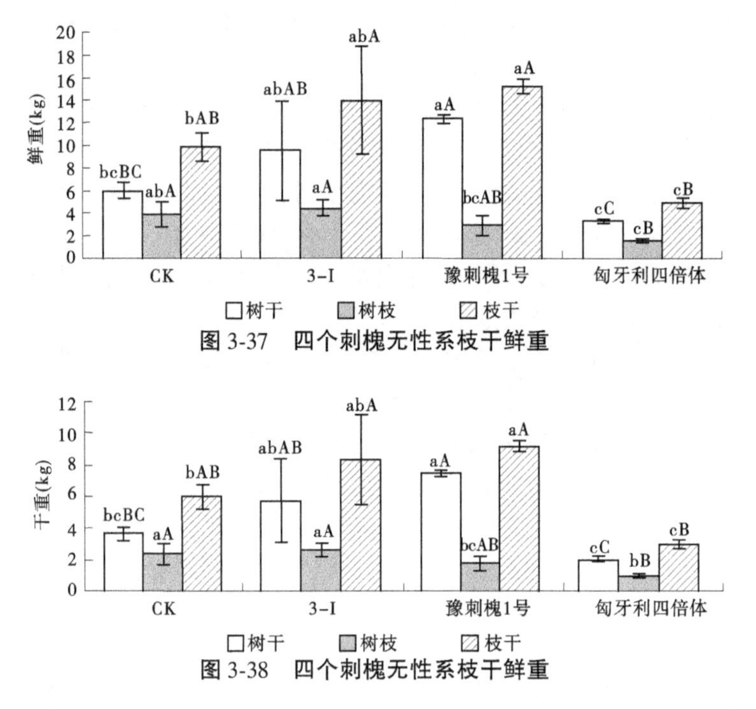

图 3-37　四个刺槐无性系枝干鲜重

图 3-38　四个刺槐无性系枝干鲜重

高 41%、189%，由大到小排序为：豫刺槐 1 号>3-I>CK>匈牙利四倍体。从图 3-37、图 3-38 可以看出，在四个刺槐无性系中，树干和枝干总干重总体对比结果与其鲜重一致，树枝干重对比结果与其鲜重略有区别，3-I 与豫刺槐 1 号差异不显著。

3.6.1.2　不同无性系树干和枝的含水率

通过树干及枝的鲜重和干重比较，得出相应的含水率，由图 3-39 可知，四个刺槐无性系树干的含水率在 39%～40%，树枝含水率在 40%～41%，差异均不显著（$P>0.05$）。四个刺槐无性系间的树枝含水率均大于对应的树干含水率。

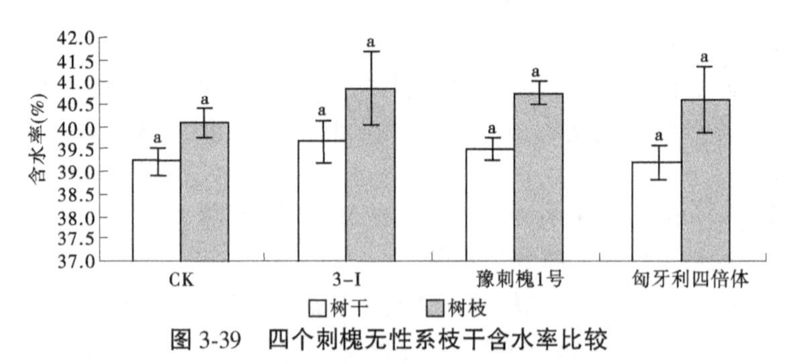

图 3-39　四个刺槐无性系枝干含水率比较

3.6.1.3　灰分含量分析

1. 刺槐不同无性系的灰分含量差异

以刺槐树干上、中、下三部位及树枝的平均灰分含量进行无性系间灰分含量比较。从图 3-40 可以看出，刺槐四个无性系的平均灰分含量值在 0.8%～1.2%，含量高低排序为：3-I>匈牙利四倍体>豫刺槐 1 号>CK，经方差分析，差异不显著（$P>0.05$）。

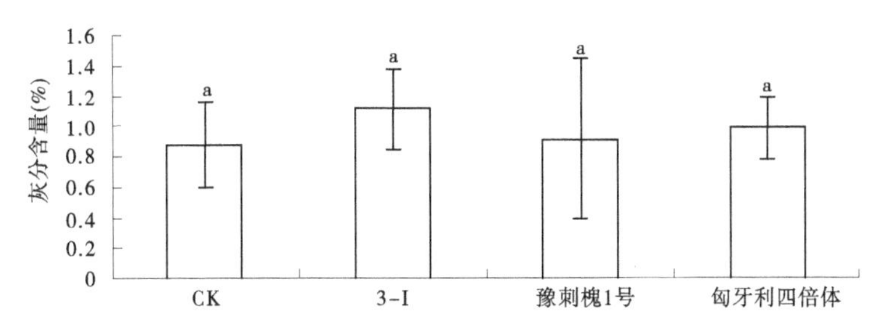

图3-40 四个刺槐无性系的灰分含量

2. 刺槐不同部位的灰分含量差异

本试验对树干的上、中、下三个部位及树枝的灰分含量进行了比较,由图3-41可知,它们的灰分含量值在0.6%~1.4%,树干中部最低,树枝含量最高,分别较树干上部、中部高出61%、83%,差异极显著。含量高低排序为:树枝>树干下部>树干上部>树干中部。

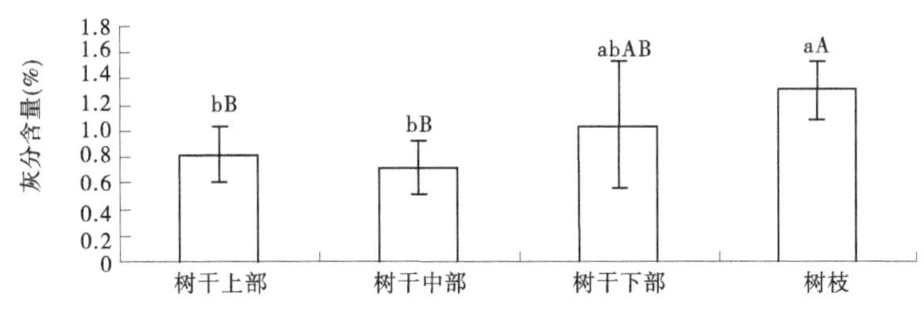

图3-41 不同部位的灰分含量

3.6.1.4 热值分析

1. 刺槐不同无性系的单位热值比较

植物生物量转化成相应的能量用干重热值表示(周群英等, 2009)。以刺槐树干上、中、下三部位及树枝的平均干重热值进行无性系间单位干重热值比较。从图3-42的结果看,刺槐四个无性系的单位干重热值在3 750~3 950 kcal/kg,最高的为3-I,显著高于最低的匈牙利四倍体,3-I分别较匈牙利四倍体、CK高出4.6%、1.8%。由高到低排列顺序为:3-I > CK >豫刺槐1号>匈牙利四倍体。说明对刺槐进行高热值选择是可行的。为了消除不同无性系灰分含量的差异对热值的影响,植物热值用去灰分热值来表示。由图3-42可知,刺槐四个无性系的单位去灰分热值在3 800~4 000 kcal/kg,最高的为3-I,显著高于最低的匈牙利四倍体,3-I分别较匈牙利四倍体、CK高出4.8%、2%。由高到低排列顺序为:3-I>CK >豫刺槐1号>匈牙利四倍体。去除灰分后,热值的高低排列顺序与干重热值相同。这点和周群英的研究结果不同,可能是无性系间灰分含量差异不显著的缘故。

2. 刺槐不同无性系的单株枝干热值比较

为更好地比较不同无性系单株热值的差异,根据生物量调查结果,计算出单株枝干热值。由图3-43可知,在相同立地条件下,刺槐四个无性系的单株枝干干重热值在10 900~35 000 kcal/株,差异极显著,以豫刺槐1号为最大,以匈牙利四倍体为最小,豫刺槐1号分别较CK、匈牙利四倍体高52%、219%,3-I分别较CK、匈牙利四倍体高43%、201%,CK较匈牙利四倍体高110%。单株枝干干重热值由高到低变化趋势为:豫刺槐1号>3-I>

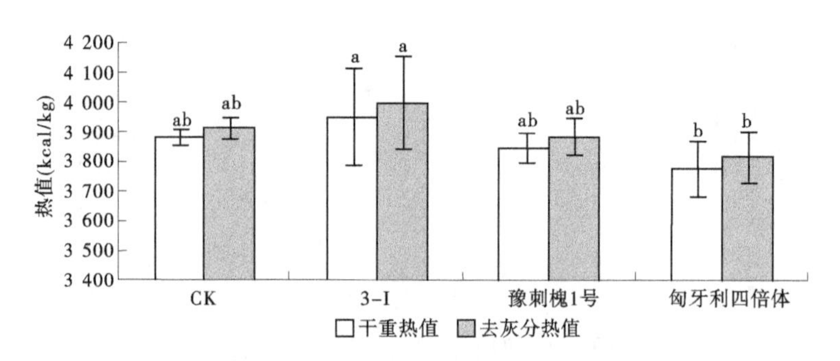

图 3-42　无性系的单位干重热值和去灰分热值

CK>匈牙利四倍体。单株枝干去灰分热值在 11 000~35 500 kcal/株,变化趋势和单株枝干干重热值相同,并与枝干总生物量变化趋势相同,说明生物量较大程度上影响着单株热值,对刺槐能源林经营进行高生物量品种选择是可行的。

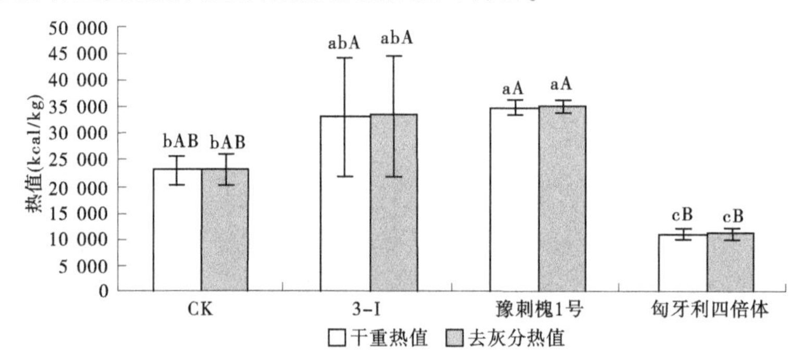

图 3-43　四个刺槐无性系的单株枝干干重热值和去灰分热值

3. 刺槐不同部位的单位热值比较

本研究对刺槐树干上、中、下三个部位及树枝的单位热值进行了测定。从图 3-44 的结果看,刺槐四个部位的单位干重热值在 3 800~3 960 kcal/kg,最高的为树干中部,最低的为树干下部,四个部位的单位去灰分热值在 3 840~4 000 kcal/kg,仍以树干中部为最大,树干下部为最小。四个部位的单位干重热值及去灰分热值的高低排列顺序均为:树干中部 >树枝>树干上部>树干下部。经方差分析,四个部位之间的单位干重热值及去灰分热值差异均不显著($P>0.05$)。

3.6.1.5　结论与讨论

(1)在相同时间和相同立地条件下,刺槐枝干生物量四个刺槐无性系中豫刺槐 1 号生物量最大,3-I 次之,匈牙利四倍体最小。刺槐四个无性系的单株枝干干重热值和去灰分热值的变化趋势均为:豫刺槐 1 号>3-I>CK>匈牙利四倍体,并且无性系间差异极显著。说明选择高生物量、高热值的刺槐无性系是可行的。综合影响植物能量的热值、灰分、生物量等因素,无性系豫刺槐 1 号选作能源刺槐树种栽培最为理想,3-I 次之,匈牙利四倍体为最差。

(2)刺槐四个无性系中,3-I 灰分含量最高,CK 灰分含量最低。刺槐各部位中,树枝

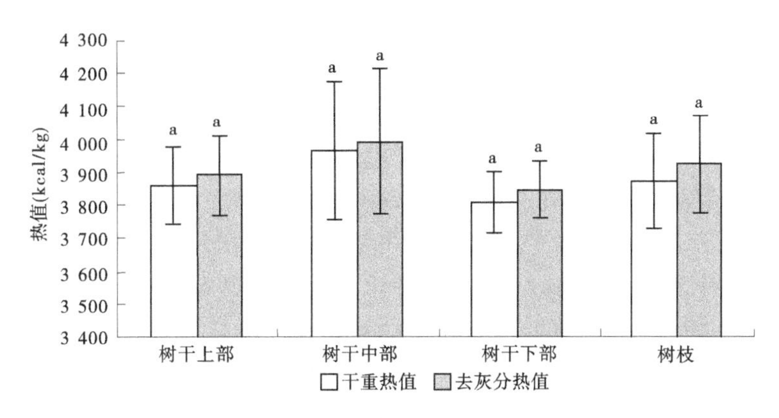

图 3-44　刺槐不同部位的单位干重热值和去灰分热值

灰分含量最高,树干中部灰分含量最低。灰分含量的高低能反映不同植物对矿质元素选择吸收与积累的特点(郝朝运等, 2006),无性系 3-I 及刺槐树枝灰分含量较高表明其富集元素的能力较强。刺槐四个无性系间的灰分含量在 0.8%~1.2%,与海南东寨港的红树植物(2.43%~5.17%)、福建东山的木麻黄(*Casuarinn equiestifolia*)(3.06%~5.98%)、福建华安的竹类植物(8.05%~28.14%)、广西北海市海岸砂土木麻黄(4.53%)、海南尖峰岭热带山地雨林 46 种乔木(平均灰分含量为 6.8%)、福建厦门的三种棕榈植物(2.78%~9.11%)、广东东莞的五种桉树(1.75%~3.96%)(周群英等, 2009)、新疆克拉玛依四种杨树(0.62%~2.13%)(刘灿等, 2010)相比,处于相当低的水平上,而低灰分含量是理想燃料的主要指标之一。同时刺槐四个无性系的单位干重热值在 3 750~3 950 kcal/kg,远高于木材的平均低位发热量 3 298.2 kcal/kg(黄素逸等, 2004)的水平,也是刺槐作为能源树种的重要依据。

(3)刺槐四个无性系间单株枝干热值排序和单株枝干总生物量的排序一致,而与单位热值排序不一致,加上刺槐四个部位间的单位热值差异不显著,说明区别刺槐无性系间和部位间的热量,单位热值不是主要影响因子,生物量的差异应该重点考虑。刺槐四个无性系单位干重热值和去灰分热值的高低排列顺序相同,均为:3-I>CK>豫刺槐 1 号>匈牙利四倍体。刺槐四个部位单位干重热值和去灰分热值的高低排列顺序均为:树干中部>树枝>树干上部>树干下部。从单位热值来说,无性系 3-I 和树干中部是比较理想的能源刺槐无性系和部位。说明选择单位干重热值高的品种是可行的。单位干重热值和去灰分热值的高低排列顺序相同,这与周群英(2009)等研究桉树的结果不一致,可能是无性系间灰分含量差异不显著的缘故。

(4)作为刺槐全株能量研究,刺槐的根和叶片灰分含量和热值的分析有待下一步进行研究。此外,造林密度能显著影响林分生物量,一般而言,单株生物量随密度的增大而明显减小。本研究的试验林造林密度为 2.5 m × 1.5 m,当密度增加或减小时,研究结论也许会有所不同。因此,在营造能源林时,应根据实际需要选择合适的造林密度。

(5)作为一种可再生的"清洁"能源,林业生物质能源在我国能源结构及经济社会发展中的作用和地位应该得到进一步提高,林业生物质能源的研究和开发利用工作应该得到进一步加强,林业生物质能转化利用技术水平有待进一步提升。为应对我国燃料型生物质能源利用的工业化,需要建立能源林基地来维持原料的持续供应。

3.6.2 立木地上生物量方程模型研建

长期以来,生物量估计都是森林生产力和营养物质分布的优先研究领域。根据文献统计,全世界已经建立的生物量(包括总量和各分量)模型超过 2 300 个,涉及的树种在 100 个以上。其中 TER-MIKAELIAN 等关于北美立木生物量方程的综述和 ZIANIS 等关于欧洲树干材积和生物量方程的综述,涉及的生物量方程就达 1 400 多个,涉及 100 个左右树种。国内对森林生物量的研究主要是针对不同森林类型或典型森林生态系统开展的研建大尺度范围立木生物量模型的报道很少。

刺槐(*Robinia pseudoacacia* L.)是世界上引种最成功的三大树种之一,刺槐研究在良种选育、抗旱造林技术、混交林造林技术、薪炭林与饲料林管理技术、防护林及生态效益分析等领域开展了广泛而深入的工作,但在刺槐生物量模型研究方面还处于起步阶段。本试验以刺槐生物量为研究对象,通过对生物量的实测与数学回归,对其生物量模型的建立进行探讨,以期为刺槐林木生物量和生产力的计算提供参考。

试验地位于河北省平泉县,试验地点位于阳坡。试验材料为 2010 年 4 月在河北省平泉县东山栽植的菌料刺槐试验林,栽植密度为 2 m × 2 m,设 4 个重复小区,每小区 4 株,共计 18 个无性系 288 株,管理中不进行修枝抚育,自然生长。

2014 年 4 月对该试验林进行生长量调查,调查内容包括地径(D)、树高(H)、冠幅(CD)。调查后,对该试验林从基部进行皆伐,每伐一株,称取整株生物量,由于部分刺槐无性系抗冻能力差,被冻死,处于自然风干状态,为了统一评价,生物量均以自然风干的生物量即自然风干质量计算。对自然风干的植株直接记数;对没有处于自然风干状态的植株,先称取整株鲜质量,同时选取 3 个枝条,称其鲜质量,待 30 天后,枝条风干,计算其自然含水率,由于树干和枝条含水率差异不显著,将称取的整株鲜质量折算成自然风干质量,统一评价。由于调查时没有树叶,所以该自然风干质量不包括树叶,即地上生物量只包括树干和枝条,以下所称生物量均指地上生物量(不含树叶)。

仅以地上生物量和生长量为对象,进行模型拟合。选用常见的线性方程 $y=a+bx$、对数函数 $y=a+b\ln x$、复合函数 $y=ab^x$、逻辑函数 $y=(\mu^{-1}+abx)^{-1}$、逆函数 $y=a+bx^{-1}$、幂函数 $y=ax^b$,以及二次多项式 $y=a+bx+cx^2$、三次多项式 $y=a+bx+cx^2+dx^3$ 回归方程构建生物量估测模型,采用决定系数 R^2 和 SEE 值进行模型拟合效果检验,并以总相对误差(RS)、平均相对误差(EE)、平均相对误差绝对值(RMA)和预估精度(P)进行预测精度验证,进而选出标准误差较小、拟合性较好且相关性密切的生物量估测模型。计算公式为:

$$R^2 = 1 - \sum_{i=1}^{n}(y_i - \hat{y}_i)^2 / \sum_{i=1}^{n}(y_i - \bar{y}_i)^2 \tag{3-14}$$

$$SEE = \sqrt{\sum_{i=1}^{n}(y_i - \hat{y})^2/(n - T)} \tag{3-15}$$

$$RS = \sum_{i=1}^{n}(y_i - \hat{y}_i) / \sum_{i=1}^{n}\hat{y}_i \times 100\% \tag{3-16}$$

$$EE = \frac{1}{n}\sum_{i=1}^{n}\left(\frac{y_i - \hat{y}_i)}{\hat{y}_i}\right) \times 100\% \tag{3-17}$$

$$RMA = \frac{1}{n}\sum_{i=1}^{n}\left|\frac{y_i - \hat{y}_i}{\hat{y}_i}\right| \times 100\% \tag{3-18}$$

$$P = \left[1 - \frac{t_\alpha\sqrt{\sum_{i=1}^{n}(y_i - \hat{y}_i)^2}}{\bar{\hat{y}}\sqrt{n(n-T)}}\right] \times 100\% \tag{3-19}$$

式中：y_i 为实际观测值；$\hat{y}_i$ 为模型预估值；$\bar{y}_i$ 为样本平均值；$\bar{\hat{y}}_i$ 为平均预估值；n 为样本单元数；T 为参数个数；t_α 为置信水平 α 时的 t 值。

由表3-14可见，生物量与树高、地径、冠幅之间均呈极显著正相关，与冠幅之间的相关系数高达0.922，与树高之间的相关系数最低，为0.703。因此，可用树高、地径、冠幅作为预报因子预测生物量。同时，树高、地径、冠幅相互之间也呈极显著正相关，冠幅与地径的相关系数高达0.905，冠幅与树高的相关系数最低，为0.695，说明用生长量的一个因子可以预测其他因子的大小。

表3-14　生物量与生长最因子之间的相关性分析

因子	树高	地径	冠幅
生物量	0.703**	0.875**	0.922**
冠幅	0.695**	0.905**	1
地径	0.854**	1	
树高	1		

注： ** 为在0.01水平(双侧)上显著相关。

由于地径平方与树高的乘积(D^2H)与生物量有相关性，因此以生物量为因变量，以树高、地径、冠幅及地径平方与树高的乘积为自变量，用常见的线性、对数、复合、逻辑、逆、幂函数及二次多项式、三次多项式回归方程构建生物量估测模型，综合拟合结果，初选出20个生物量估算模型进行分析。同时以地径为自变量，以冠幅、树高为因变量，拟合出冠幅和树高的线性回归模型。

由表3-15可知，生物量与冠幅之间的回归模型决定系数 R^2 最大，为0.850，*SEE* 值最小，为0.992；与树高之间的回归模型决定系数 R^2 最小，为0.495，*SEE* 值最大，为1.818。对于模型的选择通常要求 R^2 大、*SEE* 值小，可见用冠幅线性预测生物量更为准确。同时，对树高、地径和冠幅之间进行回归分析可知，冠幅、树高分别与地径之间存在线性关系，线性回归方程见表3-16，冠幅与地径之间的回归模型决定系数 R^2 达0.818，*SEE* 值也很低，为0.212；树高与地径的回归模型决定系数 R^2 小于0.8，说明用地径预测冠幅比预测树高更为准确。

表 3-15　生物量线性回归模型

y	x	线性回归方程	R^2	SEE
生物量(kg/株)	树高(m)	$y=3.564x-11.752$	0.495	1.818
	地径(cm)	$y=1.405x-2.528$	0.765	1.240
	冠幅(m)	$y=4.746x-8.278$	0.850	0.992
	D^2H	$y=0.020x+1.974$	0.834	1.040
冠幅(m)	地径(cm)	$y=0.282x+1.296$	0.818	0.212
树高(m)		$y=0.271x+3.339$	0.730	0.262

表 3-16　生物量非线性回归模型

函数类型	y	x	回归方程	R^2	SEE
幂函数	生物量(kg/株)	树高(m)	$y=x^{1.082}$	0.971	1.764
		地径(cm)	$y=0.587x^{1.272}$	0.791	1.230
		冠幅(m)	$y=0.451x^{2.309}$	0.811	0.977
		D^2H	$y=0.341x^{0.544}$	0.787	1.269
对数函数	生物量(kg/株)	树高(m)	$y=17.287\ln x-21.676$	0.486	1.833
		地径(cm)	$y=7.517\ln x-7.308$	0.668	1.472
		冠幅(m)	$y=14.867\ln x-10.210$	0.815	1.101
		D^2H	$y=3.198\ln x-10.444$	0.659	1.494
复合函数	生物量(kg/株)	树高(m)	$y=1.416^x$	0.977	1.770
		地径(cm)	$y=1.426\times1.252^x$	0.810	0.992
		冠幅(m)	$y=0.665\times2.029^x$	0.779	1.110
		D^2H	$y=3.038\times1.003^x$	0.790	0.964
逆函数	生物量(kg/株)	树高(m)	$y=22.785-82.821x^{-1}$	0.474	1.854
		地径(cm)	$y=12.354-35.987x^{-1}$	0.562	1.693
		冠幅(m)	$y=20.918-43.925x^{-1}$	0.760	1.254
		D^2H	$y=8.204-306.589x^{-1}$	0.443	1.908

由表 3-16 可知,幂函数模型中,以树高作自变量时决定系数 R^2 最大,为 0.971,SEE 值也最大,为 1.764;以冠幅作自变量时 R^2 次之,为 0.811,SEE 值最小,为 0.977。对数函数模型中,以冠幅作自变量时 R^2 最大,为 0.815,SEE 值最小,为 1.101;以树高作自变量时 R^2 最小,为 0.486,SEE 值最大,为 1.833。复合函数模型中,以树高作自变量时 R^2 最大,为 0.977,SEE 值也最大,为 1.770;以地径作自变量 R^2 次之,为 0.810,SEE 值较小,为 0.992;以地径平方与树高的乘积作自变量时虽然 SEE 值最小,为 0.964,但也较 R^2 也较

小,为 0.790。逆函数模型中,决定系数 R^2 总体都不大,均小于 0.8,以冠幅作自变量时最大,也仅为 0.760。根据曾慧卿等的观点,模型的选择通常要求 R^2 大、*SEE* 值小。因此,由 R^2 和 *SSE* 值的大小可以判断,以冠幅作自变量,用幂函数和对数函数预测生物量更为准确;以地径作自变量,用复合函数预测生物量更为准确。

通过以上生物量与树高、地径、冠幅及地径平方与树高的乘积之间的线性和非线性回归模型对比,优选出 4 个回归模型,分别是以冠幅作自变量的线性方程、幂函数、对数函数和以地径作自变量的复合函数,其决定系数 R^2 均在 0.8 以上,*SEE* 值均处于较低水平。

为检验优选出的生物量估测模型,进而在实际运用中取得良好的估测效果,将取样预留的实测数据值代入优选出的生物量回归方程中,获取生物量估测值。以总相对误差(*RS*)、平均相对误差(*EE*)和平均相对误差绝对值(*RMA*)及预估精度(*P*)进行预测效果比较,结果见表 3-17。由表 3-17 可知,4 个回归模型的 *RS*、*EE* 值均小于 2%,处于很低水平上,*RMA* 值最大也不超过 16%,*P* 值均在 95% 以上,以冠幅作自变量的幂函数 *P* 值最大,其次是线性方程。*RS*、*EE* 和 *RMA* 值越接近 0,*P* 值越接近 1,说明拟合模型预测效果越好;一般 *RS*、*EE* 和 *RMA* 值小于 30%,*P* 大于 80%,说明拟合的生物量模型比较符合实际。由此可见,以上 4 个回归模型均可用来预测生物量,但综合评价可以得出,用以冠幅作自变量的幂函数预测生物量更为准确,预测精度更高,线性方程次之。

表 3-17 生物量最优模型验证结果

函数类型	*RS*	*EE*	*RMA*	*P*
线性方程(CD)	0.005	0.561	13.622	96.303
幂函数(CD)	0.892	1.361	14.215	96.325
对数函数(CD)	-0.002	1.841	15.916	95.895
复合函数(D)	1.304	0.345	12.425	96.254

第 4 章　刺槐良种选育研究

刺槐具有多种利用价值,适生范围广。刺槐枝叶繁茂,花香浓郁,具有很高的绿化观赏价值;刺槐木材属于中硬级,具有坚韧、抗冲击、耐腐朽、耐水湿等优良特性,是重要的建筑、矿柱、车辆、造船、农具用材;刺槐木材热值高,燃烧速度慢,是优质薪炭材;刺槐的花粉可酿蜜,枝叶可用作牲畜饲料及绿肥,是优良蜜源树种和饲料树种;刺槐具有生物固氮功能,林分土壤含氮量比其他林分高 1 倍,是改良土壤和适宜混交的好树种。刺槐对气候条件有广泛的适应性,在年平均气温 5~15 ℃、年平均降水量 500~2 000 mm 的地区均能正常生长,耐极端最高气温 35 ℃和极端最低气温- 35 ℃。刺槐对土壤条件要求不严,耐干旱瘠薄,在中性土、石灰性土、酸性土、轻盐碱土上均能生长良好,是保持水土、改良土壤、绿化荒山及盐碱荒滩的优良树种。

国外刺槐育种起步较早并且成效显著的国家首属匈牙利。R. 伏莱希曼于 1930 年开始刺槐育种工作,B. 凯莱斯台舍等从 1951 年开始把刺槐育种引入盛期,以改良材质和提高产量为主要目标,同时也选育蜜源、薪材和饲料品种。1973 年匈牙利植物育种材料鉴定委员会评审通过了 4 个无性系,1979 年又评审了 5 个无性系,1982 年预备鉴定的无性系有 13 个,到 1988 年国家刺槐试验区(哥道罗树木园内)面积为 16. 3 hm^2,品种达 110 个。韩国于 20 世纪 80 年代中期培育出四倍体刺槐品种,用于生产饲料。美国从刺槐实生苗中选育出叶色淡黄的品种“Dean Rossman”,并于 1990 年登记注册了植物品种权。新西兰从刺槐实生苗中选育出半直立、植株矮小的品种“Lace Lady”,并于 1996 年注册了品种权。澳大利亚通过刺槐属内种间杂交培育出叶色金黄的品种“Unigold”,并于 1998 年注册了品种权。

中国自 20 世纪 70 年代初开始进行刺槐遗传育种研究,国家投入大量资金和技术,并且作为我国“主要速生丰产树种良种选育”专题被列入国家“六五”“七五”“八五”重点科技攻关计划。在 20 世纪 80~90 年代我国刺槐育种取得了显著成就,选育了一大批干型好、生长速度快、出材率高的优良无性系,对改良刺槐的遗传品质、提高刺槐林分生产力具有显著效益。但是自 20 世纪 90 年代中后期,我国刺槐造林面积大量减少,刺槐速生优良品种的利用率降低,刺槐育种研究的技术力量和资金支持也大量萎缩。同时,由于刺槐在我国有广泛的地理分布,各种环境条件的影响和长期的自然繁殖,使刺槐种内不同群体和同一群体内的不同个体之间发生了广泛的遗传变异。选择表现型优良的个体和群体开展遗传测定与评价,对于改良刺槐的遗传品质、提高刺槐木材产量和质量具有重要意义。针对刺槐造林生产中存在的主干低矮、弯曲、生长缓慢的问题,以提高生长量、改良干型为育种目标,从 20 世纪 70 年代初至 80 年代中后期,我国北方许多省区选育出第一批刺槐速生优良无性系。河南省林业科学研究院刺槐良种选育协作组于 1988 年选育出以 8048、8033 为代表的速生优良无性系,称为第一期刺槐无性系选择。“六五”“七五”期间,全国刺槐良种选育科技攻关协作组从鲁、辽、京、豫、苏、皖、冀、宁 8 个省(区、市)选出 980 个刺槐优良单株,在 10 个(区、市)选择 24 个试验点建立无性系测定林,经过 7 年的区域化试验和综合评定,选育出 11 个速生无性系,材积增益达 50%以上;选育出 6 个耐寒抗旱无性系,材积增益达 50%以上。

进入 20 世纪 90 年代,“刺槐建筑材、矿柱材优良无性系选育”被列入国家“八五”科技攻关计划,河南省林业科学研究刺槐良种选育协作组,从 80 年代后期开始进行第二期改良选育研究,经过多年多点试验,于 1996 年选育出 4 个速生、优质、抗逆性强的优良无性系,适宜做工业用材新无性系。

自 21 世纪以来,随着我国经济建设的快速稳定发展和城乡生态建设水平的进一步提高,对刺槐的园林绿化和观赏价值有了更高的要求,国内林业科研、教学和生产单位开始从欧美国家引进如红花刺槐、金叶刺槐、伞刺槐等观赏刺槐品种,从韩国引进饲料型和速生型四倍体刺槐品种,从匈牙利引进刺槐速生用材品种,河南省林业科学研究院于 2004 年选育出刺槐速生用材无性系 3-I,材积生长量超过对照 22%。同期从匈牙利引进适用于生产牲畜饲料的多倍体刺槐品种。

我国开展刺槐遗传育种研究近 30 多年以来,以优良无性系选育为主,在种源选择、家系选择、无性系选择 3 个层面上都取得了显著成就,获得了一大批优良无性系、优良家系及优良次生种源。

4.1　我国刺槐遗传改良的回顾

回顾刺槐遗传改良过程,可分为四个阶段。

4.1.1　引种阶段

1898 年由德国人将刺槐第一次引入中国山东省青岛市。20 世纪 40 年代初日本人将刺槐第二次引入辽宁省东部盖县一带,40 年代末联合国救济总署从美国调种,分发到中国陕西天水、湖南长沙等地。60 年代我国从朝鲜调入多批种子在华北等地造林,河南的刺槐来源于朝鲜。从引种到 1972 年,是刺槐发展的原始阶段,刺槐生产均以一般种子(包括引种种子)育苗、造林。

4.1.2　良种发展阶段

1972~1980 年,是刺槐遗传改良的初始阶段。人们开始重视良种的作用,从自然界选择优良单株、优良类型建立种子园,从单株或种子园采种育苗、造林。河南省、山东省林业专家对刺槐进行了选优和自然类型划分,并在调查各类型生长速度的基础上,选出了箭杆刺槐、细皮刺槐、瘤皮刺槐等优良类型,在生产上进行一定的推广应用。

1980~1990 年,刺槐遗传改良走向无性系改良时代。由于 20 世纪 70 年代进行的类型划分选出的优良类型在具体操作时不宜精确把握,难以在生产上大面积推广。建立的无性系种子园,也存在着结实率低、种子产量小、价格高等问题,种子园种子不能适应林业生产的需要;同时,所建初级种子园的后代增益有限,不易被人们所接受,限制了向生产的推广。随着林木无性系育种新理论的提出和发展,在解决优树无性繁殖技术的基础上,对 20 世纪 70 年代选出的优树进行无性系化,并建立无性系对比试验林,于 1985~1990 年选出了鲁 1、A05、豫刺槐 1 号等为代表的 20 余个优良无性系,应用于林业工程造林项目。

这些良种均是以速生为目的选育的,来满足社会对木材的需求,其他指标很少考虑。

4.1.3 刺槐良种的定向培育及多用途开发阶段

20 世纪 90 年代以来,随着经济的发展,社会对科技提出了新的要求,刺槐育种进入以速生优质、定向培育、高抗逆性为目标的无性系选择和引种阶段。在“八五”国家重大科技攻关中,我国开始走向以定向培育为主,“九五”期间国家林业局有两个“948”项目,即四倍体刺槐引种、金叶刺槐等的引种,刺槐育种向观赏、饲用等多用途方向发展。河南省的刺槐良种研究一直处于持续研究状态,先后承担了国家林业局重点项目“刺槐抗逆性良种区试”、“十一五”和“十二五”科技支撑、林业行业公益等重大项目,定向选育出一批速生型、饲料型、能源型等多用途良种。

4.2 刺槐有性与无性改良研究

试验材料源于 20 世纪 70 年代末在河南省各地用优势木对比法选出的 63 株优树,1983 年分别从各优树上采种和挖根,并分系号育出 14 个优树的家系苗和 42 个优树的根插苗,1984 年在相邻地段营造无性系和家系比较试验林,两种比较林均用随机区组设计,4 株方形小区,6 次重复,株行距 4 m × 4 m。造林后浇水,头几年进行施肥、除草、防治蚜虫,林木保存率95%以上。家系林用 2 份未改良种子苗作对照,无性系林以所有参试无性系的平均值作对照。在研究两试验林中 9 个共有系号的有性和无性选择改良效果时,则以该 9 个无性系和家系的平均表现值作为各自选择增益计算的对照,以使比较标准一致。

试验地设在河南省民权县民权林场,地理坐标为北纬 34°51′,东经 115°09′,海拔 60.9 m,年均气温 14.0 ℃,绝对最低气温-16.0 ℃,大于 10 ℃积温 4 700 ℃,无霜期 213 天,年均降水量 679 mm,属大陆性季风气候区。试验林地土壤为黄河冲积而形成的潮土类细沙土,pH7.5~8.0,地下水位 1.5~4.0 m。

1994 年为更全面评价试验效果,增加了主干高,还计算了单株材积。以无性系或家系小区的平均值为基础,对这 4 个生长指标做了方差分析,计算了表型和遗传变异系数、遗传力、相对遗传进度、绝对增益和遗传增益。表 4-1 列出了两种试验林 4 个性状方差分析的结果。

表 4-1 家系、无性系林全体材料方差分析

材料	变因	自由度	树高		胸径		主干高		材积	
			均方	F	均方	F	均方	F	均方	F
无性系	无性系	41	7.759 4	4.85**	22.916 4	7.993**	3.045 1	2.86**	0.018 3	7.32**
	无性系机误	205	1.604 0		2.867 0		1.065 5		0.002 5	
家系	家系	15	0.759 6	1.07	4.034 5	2.497**	0.454 5	1.709	0.000 5	1.67
	家系机误	75	0.710 2		1.615 5		0.265 9		0.000 3	

注:* *代表差异达 1%的显著水平,下同。

由表 4-1 可看到:无性系比较林中各无性系在 4 个性状上的差异均达 1%极显著水

平，而家系比较林中各家系仅胸径差异达 1%水平，在树高、主干高和材积上家系间差异都不显著。

表 4-2 给出了 9 个共有系号和总体平均值的有性子代和无性系 4 性状方差分析结果。

表 4-2　同系号材料方差分析

材料	变因	自由度	树高		胸径		主干高		材积	
			均方	*F*	均方	*F*	均方	*F*	均方	*F*
无性系	无性系	9	6.410 5	4.516**	1.189	9.756**	2.472 1	1.970	0.016 72	10.10**
	无性系机误	45	1.419 5		1.992 1		1.254 6		0.001 655	
家系	家系	9	0.780 4	1.189	3.877 0	2.019	0.487 6	2.11*	0.000 5	1.443
	家系机误	45	0.656 4		1.882		0.231 1		0.000 3	

注：*、** 分别表示差异达 5%、1%的显著水平。

由表 4-2 可以看到：①尽管参试无性系数减少至 9 个，但无性系在树高、胸径和材积上的差异仍达极显水平（1%），这与 41 个无性系计算的结果一致，只是无性系在主干高度上差异降至 5%水平；②家系间在树高、胸径、单株材积等三性状上差异均未达统计学显著水平，只有主干高度在 5 %水平上显著，但与无性系林计算的主干高均方比值十分接近。对照表 4-1 的数值，不论是用参加试验的总体，还是用 9 个共有材料，方差分析结果都表明无性系比较林中各处理间的差异十分明显，家系间的差异不明显，甚或极小。可见相同一批优树的有性子代和无性系在表现上是不一致的，无性系间差异大于有性子代。证明对刺槐实行无性系选择和直接利用比实行在家系选择基础上再通过营建种子园利用的育种策略有更好的改良效果。

变异是有效选择的基础，而遗传力又影响着遗传进度和增益大小，因增益是选择差和遗传力的函数。为探讨两种繁殖方式的遗传学差异，分别计算了家系林和无性系林 4 个选择性状的变异系数、遗传力、相对遗传进度等。相对遗传进度是按对 9 个共有系号 20%入选率（$k=1.33$）计算的，结果见表 4-3。

表 4-3　有性、无性材料遗传学研究

性状	平均值		遗传方差		表型变异系数		遗传变异系数		遗传力		相对遗传力	
	无性系	家系	无性系	家系	无性系	家系	无性系	家系	无性系	家系	无性系	家系
树高	15.12	14.78	0.831 8	0.015 1	6.66	2.43	6.03	0.83	0.779	0.103 4	7.08	0.36
胸径	16.96	16.67	2.970 7	0.218 2	11.18	4.54	10.16	6.86	0.900 7	0.338	12.82	2.17
主干高	5.79	4.53	0.202 9	0.042 8	10.5	5.94	7.78	4.57	0.492 5	0.526 3	7.26	4.4
材积	0.192 3	0.186 4	0.002 5	0.000 2	26.04	11.23	26.06	7.06	0.904 7	0.344 8	42.85	5.52

注：材积按形数 0.543 6 计算。

变异系数比较。从表 4-3 变异系数可看出:①无性系 4 个性状的表型变异系数因性状不同要比家系间的大 76. 77%~174. 07%、遗传变异系数则高出 70. 20%~625. 51%,即再次表明优树直接无性系化后形成的无性系间的遗传变异要比优树通过有性重组形成的实生子代群(家系)间差异大。所以,对优树实行无性系测验和利用要比经子代测验实行各种形式的种子园方式利用时改良效果好。②两类繁殖后代中都以单株材积的变异幅度最大,胸径和主干高的中等,树高性状最小。因而,按材积进行选择效果将最好,按树高选择效果最差。之所以如此,似乎与试验林林龄已越过了树高明显分化期,进入了粗生长明显分化期有关。

遗传力和相对遗传进度比较。由表 4-3 遗传力和相对遗传进度看,无性系林各性状的遗传力都显著高于家系林相应性状的。同一家系各个体的基因型都可能有巨大差异。相对遗传进度是评价选种策略生物学合理性和育种学经济合理性的依据,根据这一参数可看出:①对优树作无性系测验和选择因性状不同遗传进度比家系选择时大 65. 00%~1 866. 67%。②采用无性系选择策略,材积的遗传进度达 42. 85%、胸径为 12. 82%,树高和主干高最小;而家系选择时树高选择几乎无效,其他 3 个性状的改良效果也极低,不超过 5%。

由表 4-4 有性、无性后代生长结果可看出:①无性系林树高、胸径、材积平均生长量大于家系林 1. 74%~4. 17%,差异不显著,说明同样优树无性繁殖与有性繁殖后代总体水平差异不大。②主干平均高度无性系林超过家系林 26. 70%,这是因为无性繁殖的种根营养远大于种子,说明无性繁殖利于提高树木的主干高度。

表 4-4　共有系号有性、无性后代生长结果

系号	树高		胸径		主干高		材积	
	无性系	家系	无性系	家系	无性系	家系	无性系	家系
8003	14. 80	15. 25	15. 92	18. 09	6. 80	4. 76	1 610	2 279
8026	15. 90	14. 19	19. 42	16. 69	6. 68	4. 42	2 558	1 756
8027	13. 10	14. 59	14. 45	16. 31	5. 29	3. 96	1 197	1 745
8028	15. 06	14. 87	15. 88	15. 58	5. 75	4. 39	1 621	1 577
8033	16. 98	15. 25	20. 23	17. 74	6. 22	4. 52	2 975	2 122
8034	14. 17	14. 72	15. 39	16. 41	5. 73	4. 82	1 474	1 771
8035	15. 79	14. 35	17. 57	15. 94	4. 73	4. 94	2 101	1 690
8036	15. 03	14. 93	17. 62	16. 82	5. 66	4. 48	2 034	1 875
8037	15. 23	14. 73	16. 20	16. 44	5. 24	4. 82	1 736	1 804
总平均	15. 12	14. 78	16. 96	16. 67	5. 79	4. 57	1 923	1 846

分别 4 个性状对 9 个共有系号做了有性子代和无性系表现的位次排序，按序号相同或前后差 2 位的算作表现一致，超过 2 位以上作为不同，以此进行两种后代表现关系分析，结果看到 9 个系号的两种子代有 3 种表现形式：①基本相似；②家系表现好，无性系表现不好；③无性系表现好，家系表现不良。在 4 个性状中，胸径有 7 个系号表现一致，树高和材积性状有 5 个表现一致，主干高度仅 3 个系号表现一致。因此，可以认为胸径可能是两种繁殖方式子代表现优劣的相互预测指标，其他 3 个性状难以相互预测，这似乎又与胸径的遗传力一般较高有关。

按入选率 20% 对两种试验林中 9 个共有系号进行选择，无性系林中 8026、8033 因树高、胸径、材积均居第 1、2 位入选，家系林中 8033、8003 也因树高、胸径、材积居第 1、2 位而入选。两者不一致的原因是 8033 的两种繁殖方法形成的子代表现均优，8003 的无性系表现一般，而有性子代却好，8026 则相反。以两种试验林的总平均值作为评价选择策略的标准（对照）计算出两种林分入选系号的增益见表 4-5。

表 4-5　共有系号入选无性系家系增益比较

性状	增益	无性系			家系		
		8033	8026	平均	8019	8012	平均
树高	绝对增益	12.30	5.16	8.73	3.18	3.18	3.18
	遗传增益	9.58	4.02	6.80	0.03	0.03	0.03
胸径	绝对增益	19.87	14.50	17.19	8.52	6.42	7.47
	遗传增益	17.90	13.06	15.48	2.88	2.17	2.52
主干高	绝对增益	7.43	15.37	11.40	4.16	-1.09	1.54
	遗传增益	3.66	7.57	5.62	2.19	-0.57	0.81
材积	绝对增益	54.71	33.02	43.87	23.46	14.95	19.21
	遗传增益	49.50	29.87	39.68	8.09	5.15	6.62

由表 4-4、表 4-5 看出：①无性系林入选系号的树高、胸径、主干高、材积生长量依次大于家系林入选系号 7.80%、10.66%、39.01%、25.72%；②无性系选择的增益各性状都大于家系选择的，这与前面计算出的家系间遗传差异比无性系间小一致；③不同性状的改良效果不同，这与它们的遗传力大小有关。胸径和单株材积的直接选择效果最高，这是因为材积受胸径的影响大于树高所致，对家系做主干高选择几乎无效。本研究以实测数据证实了 20 世纪 70 年代我们提出对刺槐实行选优和优树直接无性系化、测验及再选择利用的改良策略是合理的。

4.3　刺槐良种选育研究

我国从 1972 年开始对刺槐进行遗传改良,于“六五”“七五”“八五”列入国家攻关项目,由山东省林科所主持,河南省林科所参加。“九五”以来,全国从事刺槐选择育种的科研单位仅剩河南省林科所一家,“十五”“十一五”期间,承担有国家林业局重点项目和科技支撑计划项目。河南省林科院在刺槐研究上积累了最丰富的育种材料和经验。1988 年至今选出了以速生为目标的 8048、8033(分别被河南省良种审定委员会定名为豫刺槐 1 号、豫刺槐 2 号)、3-I、3-K 等良种,选育出饲料型刺槐优良品种——长叶刺槐,并保存了世界上最为完整的刺槐基因库,建立了较为完整的刺槐良种选育系统,刺槐良种不断更新,已引起国内外同行的极大关注。2000 年以来,匈牙利国家林科院、荷兰金龙公司、中国林科院、山东省林科所、内蒙古林科院、四川林科院、甘肃省林科所、江苏省海防林研究所、西北农林科技大学等单位均进行了较大规模的河南刺槐品种引进。

4.3.1　用材型良种选育

优树选择采用 5 株优势木对比法。选出优势木挖根,繁殖苗木,建立基因库和试验林,试验林采用 4~6 株小区,4~6 次重复,4 m × 4 m 株行距,随机区组排列,对照用造林地区一般树木根繁的无性系苗。

4.3.1.1　**第一期良种选育(8048、8033)**

20 世纪 70 年代的优树根繁苗木,于 80 年代初在代表河南不同立地条件类型区的民权、济源、南阳三地建立试验林,民权试点 15 年生(1997 年调查结果)试验林的研究结果见表 4-6。

表 4-6　树高、胸径、材积、主干通直度方差分析

变异来源	自由度	树高		胸径		材积		主干通直度	
		均方	F	均方	F	均方	F	均方	F
无性系间	41	7.74	3.77**	22.34	6.29**	0.103 7	5.85**	0.748 8	3.90**
区组间	3	10.82	5.28**	4.98	1.40	0.035 2	1.98	0.260 0	1.35
误差	123	2.05		3.55		0.017 7		0.192 0	

注: *、** 分别表示差异达 5%、1%的显著水平。

表 4-6 说明无性系间树高、胸径、材积、主干通直度差异达 1%的极显著水平。选择有效。

为了检验无性系间的差异是否显著,特作 q 检验,结果见表 4-7、表 4-8。

表 4-7　无性系树高、胸径差异显著性检验(5%水平)

树高			胸径		
无性系	平均值(m)	检验	无性系	平均值(cm)	检验
8033	20.73		8055	24.16	
鲁箭干	20.46		8033	23.59	
8014	19.99		民特1号	23.20	
8048	19.89		8048	22.94	
鲁12	19.86		8026	22.14	
8049	19.76		8049	22.00	
8026	19.69		鲁12	21.26	
8045	19.45		8037	21.10	
民特1号	19.40		8018	21.05	
鲁细皮	19.37		鲁石林	20.76	
8021	19.28		8053	20.59	
8047	19.27		8016	20.53	
8042	19.22		鲁箭干	20.48	
8016	19.05		8014	20.44	
8020	19.01		8046	20.40	
8055	18.95		8020	20.31	
8024	18.90		8047	20.14	
8050	18.88		8036	20.05	
8046	18.77		8007	20.04	
8003	18.64		8024	19.66	
8007	18.59		8045	19.56	
中牟2号	18.58		8008	19.42	
8008	18.48		CK	19.22	
CK	18.24		8056	19.15	
8053	18.20		8050	19.04	
8018	18.19		8021	18.96	
鲁石林	17.74		鲁细皮	18.79	
8056	17.73		8042	18.51	
8054	17.52		8003	18.20	
8037	17.34		8013	17.80	
8029	17.32		8035	17.66	
8035	17.17		中牟2号	17.58	
8058	17.09		8054	17.21	
8015	16.94		8027	16.65	
8034	16.93		8034	16.55	
8036	16.80		8031	16.48	
8013	16.80		8015	16.19	
8041	16.74		8058	16.19	
8017	16.37		8017	15.90	
8031	16.27		8009	15.77	
8027	16.05		8029	15.71	
8009	14.88		8041	15.63	

表 4-8　无性系材积、通直度差异显著性检验(5%水平)

材积			通直度		
无性系	平均值(m^3)	检验	无性系	平均值	检验
8033	0.496 6		8029	1.00	
8055	0.479 2		8027	1.00	
8048	0.449 3		8017	1.00	
民特1号	0.446 2		8046	1.13	
8026	0.415 6		8033	1.19	
8049	0.415 0		8016	1.19	
鲁12	0.384 4		8056	1.23	
鲁箭干	0.372 5		8049	1.25	
8014	0.362 8		8045	1.33	
8018	0.353 4		鲁箭干	1.33	
8007	0.350 9		8008	1.33	
8016	0.350 5		8058	1.38	
8047	0.342 9		8034	1.42	
8020	0.342 7		8021	1.44	
8053	0.336 2		8024	1.48	
8045	0.336 1		8014	1.48	
鲁石林	0.330 8		鲁12	1.50	
8008	0.330 6		8020	1.50	
8037	0.330 5		鲁石林	1.56	
8024	0.314 9		鲁细皮	1.58	
8021	0.303 7		中牟2号	1.58	
CK	0.303 1		CK	1.66	
8050	0.301 3		8048	1.69	
鲁细皮	0.300 1		民特1号	1.69	
8036	0.294 1		8050	1.74	
8042	0.290 4		8015	1.75	
8046	0.286 4		8054	1.77	
8056	0.282 0		8013	1.81	
8003	0.268 3		8026	1.81	
8013	0.262 9		8047	1.88	
中牟2号	0.253 2		8007	1.88	
8035	0.229 0		8003	2.00	
8054	0.226 8		8053	2.00	
8034	0.206 1		8041	2.02	
8027	0.200 7		8042	2.04	
8058	0.195 6		8018	2.04	
8029	0.194 0		8035	2.06	
8015	0.192 7		8009	2.21	
8031	0.192 7		8036	2.34	
8017	0.179 8		8037	2.50	
8041	0.177 6		8055	2.61	
8009	0.162 6		8031	2.75	

由表 4-7 可看出:①树高显著超过对照的无性系只有 8033。其他系号与对照差异不显著,但前 5 位还有鲁箭干、8014、8048、鲁 12。②胸径显著超过对照的无性系有 8055、8033、民特 1 号、8048。

由表 4-8 可看出:①材积显著超过对照的无性系有 8033、8055、8048、民特 1 号。②主干通直度无性系与对照之间差异均不显著,但无性系间有差异显著的。主干通直的无性系有 8029、8027、8017、8046、8033、8016,8048、民特 1 号的主干也表现出较为通直。

综合上述分析,表现既速生、干型又直的无性系是 8033、8048、民特 1 号。8055 虽然生长速度快,但由于干型弯而不能入选。把 8048 命名为豫刺槐 1 号,8033 命名为豫刺槐 2 号。

综合表现优良的豫刺槐 1 号、豫刺槐 2 号、民特 1 号三者与对照比的增益情况见表 4-9。

表 4-9　优良无性系增益　(%)

无性系	树高	胸径	材积	主干高	主干通直度
豫刺槐 2 号	13.65	22.74	63.85	3.8	28.3
豫刺槐 1 号	9.05	22.07	48.22	12	-1.8
民特 1 号	6.4	19.35	47.2	3.7	-1.8

由表 4-9 可看出,豫刺槐 1 号、豫刺槐 2 号、民特 1 号 3 个品种 15 年生材积增益 47.2%~63.85%;主干通直度豫刺槐 2 号超对照 28.3%,豫刺槐 1 号、民特 1 号与对照基本一致。这是因为该两品种主干高,易于在树干个别地方形成小弯,而对照主干一般较低。

对无性系对比林 15 年生时的树高、胸径、材积与 2 年生、3 年生、4 年生、5 年生、6 年生和 12 年生各无性系的树高、胸径、材积进行了年度间秩次相关分析,相关系数见表 4-10。

表 4-10　民权无性系对比林秩次相关系数

年份	1997(15 年生)		
	胸径	树高	材积
1984 年(2 年生)	0.46	0.37	0.40
1985 年(3 年生)	0.65	0.46	0.61
1986 年(4 年生)	0.67	0.52	0.67
1987 年(5 年生)	0.76	0.62	0.75
1988 年(6 年生)	0.89	0.82	0.91
1994 年(12 年生)	0.90	0.79	0.87

注:$r(0.05,40)=0.3044$,$r(0.01,40)=0.3578$,$r(0.05,40)=0.3044$,$r(0.01,40)=0.3578$。

由表 4-10 看出,秩次相关系数呈上升趋势,2 年生刺槐无性系与 15 年生秩次已达显著相关水平,说明刺槐无性系 2 年生的生长结果便可推算以后的生长结果,但以 4 年生的秩次与 15 年生时的相关关系更加显著。

4.3.1.2　第二期无性系选择(83002、84023)

选择目标是适合坑木生产的良种。优树选择方法是"实生全龄,目测比较"选择。于1983~1985年选出270株优树,在河南的郑州、南阳、民权林场进行一级筛选,一级筛选情况见表4-11。

表4-11　一级筛选林概况

地点	土壤	造林时间(年)	株行距(m×m)	重复(次)	参试系号(个)	入选系号(个)
中牟林场	细沙土	1986	2×2	4	53	5
南阳县苗圃	粉沙土	1986	2×2	4	43	2
民权林场	细沙土	1986	2×2	4	174	0

根据3年生刺槐无性系与7年生时呈显著相关结论,当一级筛选林生长到3年生时进行初选。于1988年初选出83002、84023、84006、84017、84037、8532、8542无性系进入二级筛选。

1989年对初选优良无性系育苗,1990年在开封、焦作、南阳营造无性系对比林。对照有豫刺槐1号、A05、一般生产用种。

1995年底对无性系试验林材料分析结果表明,三试点主要经济性状无性系间差异达5%显著水平,无性系对不同地点的互作达1%的显著水平,结果见表4-12。

表4-12　互作方差分析

变因	自由度	树高		胸径		主干材积	
		均方	*F*	均方	*F*	均方	*F*
区组	9	0.629	2.21**	5.751	6.78**	316 942	1.79
地点	5	110.76	390.0**	216.6	253.1**	31 717 034	179.8**
无性系	9	3.009	10.6**	12.79	15.1**	2 483 895	14.1**
无性系×地点	18	0.838	2.95**	1.746	2.06*	445 581	2.52**
机误	81	0.284		0.848		176 449	

注:*、**分别表示差异5%、1%的显著水平。

由表4-13可看出,83002、84023的树高、胸径、主干材积均显著(5%水平,下同)超过A05和CK;83002的胸径、主干材积,84023的胸径显著超过豫刺槐1号;豫刺槐1号、A05(胸径除外)的树高、胸径、主干材积显著超过CK,说明83002、84023是比豫刺槐1号、A05生长更快的无性系。而豫刺槐1号、A05与一般刺槐相比也具有显著的速生性。

表 4-13　三试点树高、胸径、主干材积差异显著性检验

树高			胸径			主干材积		
无性系	均值(m)	5%	无性系	均值(cm)	1%	无性系	均值(m^3)	5%
83002	6.75		84023	9.01		83002	0.022 19	
84023	6.66		83002	8.97		84023	0.019 23	
豫刺槐1号	6.61		84017	7.95		84017	0.016 87	
84006	6.43		豫刺槐1号	7.80		豫刺槐1号	0.016 00	
84037	6.22		84037	7.75		84006	0.015 74	
84017	5.99		84006	7.49		84037	0.015 05	
A05	5.93		A05	7.22		A05	0.012 98	
8542	5.68		8532	6.80		8532	0.010 47	
8532	5.55		CK	6.29		CK	0.008 83	
CK	5.34		8542	5.85		8542	0.007 88	

采用 Ю. E. 布尔津方法，对无性系的树高、胸径、主干高、主干材积、主干中径进行综合评价，结果见表 4-14。

由表 4-14 可看出，三个试点表现优良的无性系是 83002，8048、84023、84006 均为两个试点表现优良，考虑到 84006 的生长量相对较小，故选 84023 作为优良品种推出。把 83002 命名为豫刺槐 7 号，84023 命名为豫刺槐 8 号。

表 4-14　三试点无性系生长量综合评价

无性系	孟县	开封	南阳
豫刺槐 1 号	4.822 8*	3.739	4.486 7*
L2	3.420 4	3.267 3	
CK	3.406 5	2.407 7	3.671 3
A05	4.144 1	3.615 9	3.810 3
83002	4.916 0*	5.000 0*	4.608 8*
84023	4.311 7	4.295 9*	4.721 8*
8532	3.762 1	2.873	4.234 1
8542	3.777 4	2.846 5	3.354 4
84037	4.229 1	3.665 7	4.289 2
84006	4.605 2*	4.301 5*	3.516 1
84017	4.638 2*	3.572 9	4.334 9
r		3.645 1	
平均	4.184 9	3.602 5	1.103 3
N_{max}	4.525 9	4.057 6	4.406 3
N_{min}	3.843 8	301 475	3.800 3

注：有“ * ”符号者为优良无性系。

遗传增益分析见表4-15。可见豫刺7号、豫刺8号与A05比,平均主干材积遗传增益达51%。

表4-15　遗传增益　(%)

无性系	主干高		主干材积	
	对照CK	对照A05	对照CK	对照A05
豫刺槐7号	45.6	22.8	152.3	51.0
豫刺槐8号	33.4	13.1	108.6	33.6
豫刺槐1号	21.2	3.4	93.5	18.6

第二期刺槐遗传改良的目标是多生产坑木材。国家标准要求坑木小头直径要达8 cm以上,长度2 m。按此标准,对无性系主干8 cm以下干高进行测量。以孟州试点材料为例,无性系间8 cm以下干高差异显著。各无性系坑木出材情况见图4-1。

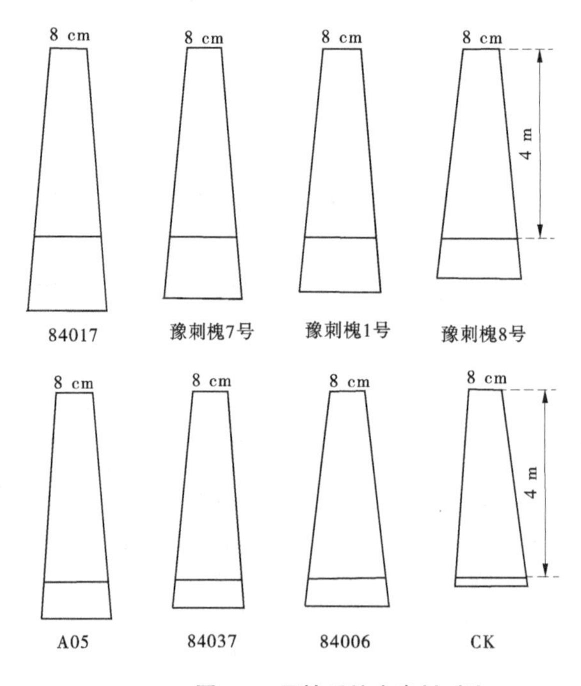

图4-1　无性系坑木出材对比

由图4-1可看出,多数无性系6年生时可截取2根坑木,但截取2根坑木后,84017、豫刺槐7号剩余部分材积,比豫刺槐1号依次大32.0%、10.4%,84017、豫刺槐7号、豫刺槐1号、豫刺8号比A05依次大146.9%、106.9%、87.4%、31.5%,比CK大的更多。可见84017、豫刺槐7号、豫刺槐1号、豫刺槐8号比A05更适合用于坑木造林,84017、豫刺槐7号又比豫刺槐1号更适宜于坑木造林。

4.3.1.3　第三期良种(3-I、3-K)

1. 试验设计

无性系选育研究的材料均来自国内优良无性系和优树,共100多个,经一级筛选选出

30 个,对初步入选的 30 个无性系于 1993 年开始挖根后集中于河南省林科所统一育苗,分别于 1994 年、1995 年、1996 年在代表河南省不同气候区的开封市农林科研所、嵩县大坪乡、洛宁县中河乡营造无性系对比试验林,均为截干造林,挖穴规格 50 cm × 50 cm × 50 cm。各试点试验林设计情况和自然条件分别见表 4-16 和表 4-17。

表 4-16　三试点试验林设计情况一览表

地点	造林时间	无性系数量	小区设计	株行距(m)	重复数
洛宁中河	1996 年 3 月	20	4 株单行小区	3×4	3
嵩县大坪	1995 年 3 月	18	4 株方形小区	2×2	4
开封农林所	1994 年 3 月	8	4 株方形小区	4×3.5	3

表 4-17　三试点自然条件概况

地点	东经	北纬	地形	土壤	土层	年均温(℃)	绝对最低温(℃)	年降水(mm)	生长期(天)
洛宁	111°40′	34°23′	山脊	碳酸盐褐土	薄	13.7	−12.8	550	213
嵩县	112°05′	34°09′	山凹	黄垆土	厚	14.0	−14.2	650	202
开封	114°20′	34°46′	平地	粗沙土	厚	14.1	−19.7	703	216

造林后,每年树木生长停止后调查树高、胸径,2001 年、2002 年调查内容增加了主干高、枝下高、主干中径、主干弯度(1、2、3 分别表示直、较直、弯)、冠幅、大于 8 cm 主干高(矿柱材小头直径最低要求)等。

2. 单性状方差分析

对所观测性状,采用 Bartlett 测验法对小区平均数进行方差齐性和正态分布检验,满足方差分析要求时,按双因素随机区组试验的固定模型进行方差分析和新复极差(LSR)法的差异显著性检验;若不满足方差分析条件,进行数据转换,若转换后仍不能满足方差分析条件,就进行无性系性状值与总体平均值的 t 检验。

遗传参数估计:

遗传变异系数(GV):

$$GV = \frac{\sqrt{\delta_g^2}}{\overline{X}} \tag{4-1}$$

重复力(H^2):

$$H^2 = \frac{\delta_g^2}{\frac{1}{n}\delta_e^2 + \delta_g^2} \tag{4-2}$$

相对遗传进度(GS):

$$GS = \frac{k\sqrt{H^2} \cdot \sqrt{\delta_g^2}}{\overline{X}} \tag{4-3}$$

$$\text{绝对增益} = \frac{\text{选择差}}{\text{对照平均值}} \tag{4-4}$$

$$遗传增益 = 绝对增益 \times H^2 \tag{4-5}$$

式中：δ_g^2 为性状遗传方差；δ_e^2 为性状机误方差；$\overline{X}$ 为性状表型平均数；n 为重复次数；k 为选择强度一定时的系数。

3. 无性系综合评价

综合评价公式：

$$N = \overline{\sum a_i} \pm \frac{2}{3}S \tag{4-6}$$

$$N_{max} = \overline{\sum a_i} + \frac{2}{3}S \tag{4-7}$$

$$N_{min} = \overline{\sum a_i} - \frac{2}{3}S \tag{4-8}$$

式中：N 为综合评价值；N_{max} 为优良无性系低限值；N_{min} 为劣等无性系高限值；a_i 为各性状最优值除所有无性系对应性状值；$\sum a_i$ 为各性状 a_i 值的和；$\overline{\sum a_i}$ 为 $\sum a_i$ 的平均数；S 为 $\sum a_i$ 的标准差。

评价标准：优良无性系，$N > N_{max}$；中等无性系，$N_{min} < N < N_{max}$；劣等无性系，$N < N_{min}$。

均采用国内优良无性系、优树和引进的匈牙利刺槐品种。

(1)开封、洛宁、嵩县三个刺槐试验点无性系生长性状的统计分析。

开封试验点的无性系生长情况见表4-18。

表4-18　开封刺槐无性系生长性状值

无性系	树高(m)	胸径(cm)	主干高(m)	主干中径(cm)	枝下高(m)	冠幅(m^2)	树高中径(cm)	8 cm干高(m)	材积(m^3)
1-C	8.37	11.47	3.57	10.97	2.40	12.56	8.00	4.17	0.044 0
豫刺槐1号	9.23	12.27	3.43	12.13	2.57	16.64	7.60	4.40	0.061 8
3-I	11.33	15.63	5.07	13.83	3.33	21.42	10.10	6.87	0.107 0
83002	10.50	15.60	4.93	14.13	3.23	24.68	10.17	6.03	0.106 8
CK	8.10	13.20	3.87	11.43	2.60	15.02	9.83	4.47	0.051 0
4-G	7.53	9.00	2.70	7.13	2.53	7.75	6.00	3.07	0.028 7
5-E	9.17	11.03	4.40	10.23	3.03	9.60	7.30	4.60	0.051 0
2-F	7.90	10.23	3.33	10.03	2.47	10.91	7.10	3.63	0.036 9
均值	9.02	12.30	3.91	11.24	2.77	14.82	8.26	4.66	0.060 9

由表4-18可见，树高的均值为9.02 m，变幅为11.33~7.53 m，树高最高与最低的两个无性系差为3.80 m。胸径均值为12.30 cm，变幅为15.63~9.00 cm，胸径最大与最小的两个无性系差6.63 cm。主干高的均值为3.91 m，变幅为5.07~2.70 m，主干高的最高与最低两个无性系差值达2.37 m。主干中径的均值为11.24 cm，最大值为14.13 cm，最小值为7.13 cm，主干中径的最大值与最小值差为7.00 cm。枝下高的均值为2.77 m，变幅为3.33~2.40 m，枝下高的最大值与最小值的差为0.93 m。冠幅的均值为14.82 m^2，

变幅为 24. 68~7. 75 m^2, 冠幅的最大值与最小值的差为 16. 93 m^2。树高中径的均值为 8. 26 cm, 变幅为 10. 17~6. 00 cm, 树高中径的最大值与最小值的差为 4. 17 cm。8 cm 主干高的均值为 4. 66 m, 变幅为 6. 87~3. 07 m, 最大值与最小值的差为 3. 80 m。材积的均值为 0. 060 9 m^3, 变幅为 0. 107 0~0. 028 7 m^3, 最大材积与最小材积的差为 0. 078 3 m^3。

洛宁试验点的无性系生长结果见表 4-19。

表 4-19　洛宁刺槐无性系生长性状值

无性系	树高 (m)	胸径 (cm)	主干高 (m)	枝下高 (m)	冠幅 (m^2)	材积 (m^3)
8041	7. 03	7. 24	4. 20	2. 67	5. 01	0. 021 6
8042	5. 62	5. 54	2. 87	2. 25	3. 45	0. 008 4
84023	7. 52	7. 93	4. 92	3. 09	5. 24	0. 023 6
豫刺槐 1 号	7. 03	7. 68	3. 58	2. 81	5. 86	0. 020 0
8062	8. 20	8. 24	4. 99	3. 29	6. 81	0. 024 8
83002	7. 14	6. 58	4. 05	2. 71	5. 15	0. 014 9
A05	7. 31	6. 95	3. 92	2. 82	5. 18	0. 0108 4
G	7. 38	7. 46	3. 42	3. 08	5. 69	0. 019 9
3-K	7. 38	7. 68	4. 28	2. 77	4. 30	0. 026 2
L5	7. 03	6. 89	3. 88	2. 88	5. 47	0. 016 8
R5	6. 98	6. 42	4. 87	3. 63	4. 41	0. 015 2
R7	6. 81	5. 79	3. 97	3. 05	3. 87	0. 010 9
X5	7. 19	6. 69	4. 20	2. 98	5. 75	0. 015 8
2-F	6. 76	6. 68	3. 39	2. 81	5. 11	0. 016 4
3-I	6. 84	6. 38	3. 91	2. 67	3. 89	0. 015 3
京 1	5. 42	5. 02	3. 11	2. 28	2. 95	0. 006 4
京 13	6. 08	6. 67	3. 53	2. 75	3. 32	0. 014 2
京 24	6. 20	6. 73	4. 45	3. 03	3. 97	0. 014 6
鲁 10	6. 90	6. 63	4. 17	2. 79	4. 49	0. 016 2
箭杆	7. 60	7. 81	4. 67	3. 07	7. 77	0. 024 9
均值	6. 92	6. 85	4. 02	2. 87	4. 88	0. 017 2

由表 4-19 可见树高的均值为 6. 92 m, 变幅为 8. 20~5. 42 m, 树高最高与最低的两个无性系差为 2. 78 m。胸径均值为 6. 89 cm, 变幅为 8. 24~5. 02 cm, 胸径最大与最小的两个无性系间差为 3. 57 cm。主干高的均值为 4. 02 m, 变幅为 4. 99~2. 87 m, 主干高的最高与最低两个无性系差值达 2. 12 m。枝下高的均值为 2. 87 m, 变幅为 3. 63~2. 25 m, 枝下高的最大值与最小值的差为 1. 38 m。冠幅的均值为 4. 88 m^2, 变幅为 7. 77~2. 95 m^2, 冠幅的最大值与最小值的差为 4. 82 m^2。材积的均值为 0. 017 2 m^3, 变幅为 0. 026 2~0. 006 4 m^3, 最大材积与最小材积的差为 0. 019 8 m^3。

嵩县试验点无性系生长结果见表 4-20。

表 4-20　嵩县刺槐无性系生长性状值

无性系	树高(m)	胸径(cm)	主干高(m)	主干中径(cm)	枝下高(m)	冠幅(m^2)	8 cm 干高(m)	材积(m^3)
83002	11.66	9.73	3.76	9.16	2.96	5.74	3.12	0.049 1
豫刺槐 1 号	11.45	9.69	4.42	9.37	3.86	4.75	4.18	0.046 9
8062	11.28	10.01	4.03	9.55	4.92	3.17	3.97	0.051 8
84023	11.48	9.66	4.45	9.20	3.36	4.63	3.79	0.047 1
8033	10.53	9.03	3.73	8.76	4.00	5.42	2.69	0.037 6
2-F	11.13	10.18	4.12	9.82	2.96	3.24	4.14	0.051 2
3-I	11.02	9.85	4.11	9.49	3.74	4.13	3.74	0.045 5
K3	10.34	9.04	2.70	8.24	4.43	3.33	2.53	0.039 2
K4	10.35	9.51	4.08	9.12	3.35	4.22	3.13	0.042 5
G	9.89	9.38	4.04	8.72	4.01	2.14	2.61	0.037 4
3-K	12.26	11.19	3.91	10.69	3.28	3.75	4.90	0.069 9
L5	11.88	9.52	4.57	8.88	3.81	4.39	3.83	0.047 3
R7	10.60	9.14	3.00	9.05	2.79	3.18	2.51	0.041 6
X5	11.14	10.08	4.18	9.80	3.51	4.02	3.88	0.052 0
A05	11.97	9.64	5.05	8.96	3.81	5.34	3.31	0.048 8
CT	11.26	8.07	5.28	7.95	3.58	5.38	3.68	0.056 4
京 24	11.98	10.52	4.60	9.62	3.70	3.13	4.52	0.065 1
箭杆	11.67	9.54	3.61	9.54	4.31	2.73	3.60	0.036 6
均值	11.22	9.65	4.09	9.22	3.69	4.04	3.56	0.048 1

由表 4-20 可看出,嵩县试点树高的均值为 11.22 m,变幅为 12.26~9.89 m,树高最高与最低的两个无性系差为 2.37 m。胸径均值为 9.65 cm,变幅为 11.19~8.07 cm,胸径最大与最小的两个无性系差 3.12 cm。主干高的均值为 4.09 m,变幅为 5.28~2.70 m,主干高的最高与最低两个无性系差值达 2.58 m。主干中径的均值为 9.22 cm,最大值为 10.6 cm,最小值为 7.95 cm,主干中径的最大值与最小值的差为 2.65 cm。枝下高的均值为 3.69 m,变幅为 4.92~2.79 m,枝下高的最大值与最小值的差为 2.13 m。冠幅的均值为 4.04 m^2,变幅为 5.74~2.14 m^2,冠幅的最大值与最小值的差为 3.60 m^2。8 cm 径干高的均值为 3.56 m,变幅为 4.90~2.51 m,最大值与最小值的差为 2.39 m。材积的均值为 0.048 1 m^3,变幅为 0.069 9~0.036 6 m^3,最大材积与最小材积的差为 0.033 3 m^3。

由以上各试验点结果可以看出,各无性系间的生长性状存在差异,为进一步了解其差异的显著性,对各性状进行方差分析。

采用 Bartlett 测验法对小区平均数进行方差齐性和正态分布检验,结果表明:开封试点树高、胸径、主干高、主干中径、8 cm 干高和材积数据均满足方差分析条件,而嵩县、洛宁两试点树高、胸径、主干高、8 cm 干高和材积数据不能满足方差分析的要求,需进行数据转换,采用开平方根、对数等方法转换数据后检验仍不能满足方差分析要求。

(2)开封试点无性系对比试验林结果分析。

开封无性系试点生长性状方差分析结果见表 4-21。

表 4-21　开封试点生长性状方差分析

变因	自由度	树高		胸径		主干高		F 理论	
		均方	F	均方	F	均方	F	0.05	0.01
无性系	7	5.29	9.94**	17.25	6.01**	2.04	3.30*	2.76	4.28
误差	2	0.53		2.87		0.62			

变因	自由度	主干中径		8 cm 干高		材积		F 理论	
		均方	F	均方	F	均方	F	0.05	0.01
无性系	7	15.15	4.60**	4.59	5.94**	0.002 7	13.5**	2.76	4.28
误差	2	3.28		0.77		0.000 2			

注:* * 表示 1%显著水平,* 表示 5%显著水平。

由表 4-21 可看出,开封试验点 8 个无性系间树高、胸径、主干中径、8 cm 干高、材积差异达到 1%显著水平,主干高达到 5%显著水平。

性状遗传参数对林木育种有重要的指导作用。对开封试验点的 8 个刺槐无性系的生长性状的遗传参数进行了估算,结果见表 4-22。

表 4-22　开封刺槐无性系生长性状遗传参数估算

性状	遗传方差	重复力	遗传增益(%)	遗传变异系数(%)	相对遗传进度(%)
树高	1.586 5	0.899 5	23.04	13.96	27.69
胸径	4.796 0	0.833 7	42.56	21.16	67.60
主干高	0.475 2	0.701 5	20.81	17.62	14.91
主干中径	3.952 0	0.782 8	20.16	17.69	48.19
枝下高	0.111 3	0.814 6	16.47	12.04	5.73
8 cm 干高	1.271 3	0.831 7	39.44	24.20	39.71
材积	0.000 8	0.933 3	70.65	47.70	80.64

性状的遗传变异系数越大,说明选择的潜力越大。从遗传变异系数来看,材积的变异系数最大达 47.70%;胸径、主干高、主干中径、8 cm 干高的遗传变异系数中等,处于 17.62%~24.20%;枝下高、树高的遗传变异系数最小,仅为 12.04%~13.96%。

重复力是无性系性状重复出现的能力。从重复力看,树高、材积的重复力最大为 0.899 5~0.933 3;枝下高、胸径、8 cm 干高的重复力达中等水平,为 0.814 6~0.833 7;主干高、主干中径的重复力最小,仅为 0.701 5~0.782 8。

相对遗传进度就是选择的效果,也是最终目的。这里计算的相对遗传进度是按选择率 10%时的选择强度(K=1.75)计算出来的。选择强度一定时,性状相对遗传进度受性状遗传变异系数和重复力的制约。由表 4-22 中可看出,材积、胸径的相对遗传进度较大,达67.60%~80.64%,说明对其进行性状改良将会有良好的效果;主干中径、树高、8 cm干高的相对遗传进度中等,达27.69%~48.19%,对这些性状直接进行选择也将会有不错效果;枝下高、主干高的相对遗传进度较小,为5.73%~14.91%,对这几个性状进行直接选择,效果较差。

对开封试点无性系各性状的差异进行显著性检验(LSR),结果见表4-23。根据无性系间的差异显著性检验结果,下面分别对该试点无性系的生长量性状、坑木出材量和其他性状进行比较。

生长量性状比较:根据表4-23,对树高、胸径和材积三个生长量性状进行比较。表4-23已对无性系在各性状上的表现由优到劣进行了排序,其中,树高占前两位的无性系是:3-I、83002,胸径占前两位的是3-I、83002,材积占前两位的是3-I、83002,可以看出,3-I、83002的生长量指标均居前两位,从表4-23各性状差异显著性检验结果可知,二者差异不显著。尤其是3-I在开封试点生长量性状表现最突出,三个生长量指标均超过83002、豫刺槐1号、CK,为该试点表现速生的无性系。

坑木出材量比较:坑木是刺槐主要用途之一,现就开封试点9年生材料分析无性系间坑木产量差异。按国家标准对试验林主干粗8 cm以下的干高进行测量,无性系间的差异结果见图4-2。由图4-2可看出,3-I主干粗8 cm以下的干高最高,其次是83002,二者差异不显著,9年生均可出3根坑木,比豫刺槐1号、CK多出1根,即多出33.3%。

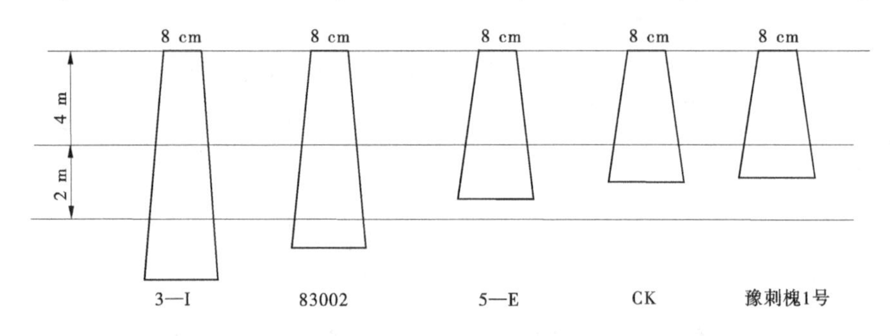

图4-2　无性系坑木出材对比

对3-I来讲,平均年生长大于8 cm干高为0.76 m,11年生时产4根坑木;而豫刺槐1号,平均年生长大于8 cm干高5.28 m,还不够3根坑木,要到13年生才能生产3根坑木。所以就生产坑木而言,3-I是最好的优良无性系,在平原沙区可实现11年采伐,产4根坑木,而豫刺槐1号需要13年生时采伐,仅产3根坑木,低于3-I。所以3-I是平原沙区最适宜的刺槐坑木材品种,11年采伐效益较好。

主干高、冠幅比较:根据表4-23,对主干高和冠幅进行比较。树干是植株直接利用的部分,干形好坏直接影响木材利用率,其中主干高反映的是主干的顶端优势,这里对主干高进行LSR检验,可以看出,主干高占前三位的无性系是3-I、83002、5-E,它们的差异不显著。

冠幅与生长的关系较为复杂,从单位面积效益考虑,冠幅小利于密植,但冠幅太小营养面积就小,又不利于树木生长。所以,优良无性系的冠幅以中等为好。根据表4-23,冠幅大的无性系有84023、3-I,差异不显著。冠幅大的无性系营养面积大,这也许是其生长快的原因之一。

表 4-23　开封试点无性系间各性状差异显著性检验(LSR)结果

无性系	树高(m)		无性系	胸径(cm)		无性系	主干高(m)		无性系	材积(m^3)		无性系	冠幅(m^2)		无性系	8 cm 干高(m)	
	平均值	5%水平		平均值	5%水平		平均值	5%水平		平均值	5%水平		平均值	5%水平		平均值	5%水平
3-I	11.33		3-I	15.63		3-I	5.07		3-I	0.107 0		83002	24.68		3-I	6.87	
83002	10.50		83002	15.60		83002	4.93		83002	0.106 8		3-I	21.42		83002	6.03	
豫刺槐 1 号	9.23		CK	13.20		5-E	4.40		豫刺槐 1 号	0.061 8		豫刺槐 1 号	16.64		5-E	4.60	
5-E	9.17		豫刺槐 1 号	12.27		CK	3.87		5-E	0.051 0		CK	15.02		CK	4.47	
1-C	8.37		1-C	11.47		1-C	3.57		CK	0.051 0		1-C	12.56		豫刺槐 1 号	4.40	
CK	8.10		5-E	11.03		豫刺槐 1 号	3.43		1-C	0.044 0		2-F	10.91		1-C	4.17	
2-F	7.90		2-F	10.23		2-F	3.33		2-F	0.036 9		5-E	9.60		2-F	3.63	
4-G	7.53		4-G	9.00		4-G	2.70		4-G	0.028 7		4-G	7.75		4-G	3.07	

(3)嵩县、洛宁试点无性系对比林结果分析。

由于洛宁、嵩县试点数据方差不齐性,不能满足方差分析条件,采用无性系的小区平均值与总体平均值比较,进行主要性状 t 检验,结果见表 4-24。

表 4-24　洛宁、嵩县试点无性系与总体 t 检验值

无性系	洛宁				无性系	嵩县			
	树高	胸径	主干高	材积		树高	胸径	材积	8 cm 干高
8041	0.12	0.35	0.24	0.59	83002	0.67	0.10	0.11	0.58
8042	1.53	1.23	1.61	1.22	豫刺槐 1 号	0.35	0.04	0.14	0.79
84023	0.68	0.99	1.20	0.86	8062	0.09	0.48	0.40	0.53
豫刺槐1号	0.11	0.77	0.65	0.38	84023	0.39	0.01	0.11	0.29
8062	1.49	1.29	1.37	1.04	8033	1.03	0.84	1.17	1.14
83002	0.24	0.25	0.03	0.32	2-F	0.12	0.71	0.34	0.77
A05	0.44	0.09	0.16	0.44	3-I	0.30	0.27	0.29	0.23
G	0.52	0.56	0.87	0.36	K3	1.30	0.83	1.12	1.34
3-K	0.52	0.72	0.35	1.16	K4	1.32	0.19	0.69	0.55
L5	0.12	0.04	0.21	0.06	G	2.01*	0.37	1.21	1.26
R5	0.06	0.39	1.09	0.27	3-K	1.53	2.04*	2.31*	1.69*
R7	0.14	0.98	0.11	0.87	L5	1.01	0.18	0.09	0.38
X5	0.31	0.15	0.24	0.19	R7	0.88	0.67	0.69	1.49
2-F	0.19	0.16	0.91	0.12	X5	0.11	0.57	0.42	0.41
3-I	0.10	0.43	0.18	0.26	A05	1.11	0.02	0.07	0.32
京 1	1.57	1.51	1.33	1.50	CT	0.07	1.97*	0.88	0.15
京 13	0.98	0.16	0.70	0.41	京 24	1.16	1.16	1.90*	1.25
京 24	0.83	0.11	0.69	0.36	箭杆	0.69	0.16	1.28	0.05
鲁 10	0.03	0.19	0.19	0.14					
箭杆	0.92	0.89	1.29	1.06					

由表 4-24 可看出,洛宁试点中,各无性系与总体间均未达到显著差异;嵩县试点中,无性系 3-K 的胸径、材积、8 cm 干高均与总体间达到显著差异,无性系 G 的树高、CT 的胸径、京 24 的材积与总体间达到显著差异。

洛宁、嵩县试点无性系间性状差异不显著或差异达显著的性状少的主要原因是该两试点所选无性系均为省内外、国内外的优良无性系,没有设计一般对照,造成林木生长的整体水平提高,无性系间差异不易达到显著水平。

生长量性状比较:对嵩县、洛宁试点的树高、胸径和主干材积三个生长量性状的调查分析,结果见表 4-25。

表 4-25　嵩县、洛宁试点生长性状比较表

地点	性状	排序（优 → 劣）
嵩县	树高	3-K、京 24、A05、L5、箭杆、83002、84023、豫刺槐 1 号、8062、CT、X5、2-F、3-I、R7、8033、K4、K3、G
	胸径	3-K、京 24、2-F、X5、8062、3-I、83002、豫刺槐 1 号、84023、A05、箭杆、L5、K4、G、R7、K3、8033、CT
	材积	3-K、京 24、CT、X5、8062、2-F、83002、A05、L5、84023、豫刺槐 1 号、3-I、K4、R7、K3、8033、G、箭杆
洛宁	树高	8062、箭杆、84023、3-K、G、A05、X5、83002、8041、L5、豫刺槐 1 号、R5、鲁 10、3-I、R7、2-F、京 24、京 13、8042、京 1
	胸径	8062、84023、箭杆、豫刺槐 1 号、3-K、G、8041、A05、L5、京 24、X5、2-F、京 13、鲁 10、83002、R5、3-I、R7、8042、京 1
	材积	3-K、箭杆、8062、84023、8041、豫刺槐 1 号、G、A05、L5、2-F、鲁 10、X5、3-I、R5、83002、京 24、京 13、R7、8042、京 1

由表 4-25 可以看出，嵩县试验点树高占前五位的是 3-K、京 24、A05、L5、箭杆，胸径占前五位的是 3-K、京 24、2-F、X5、8062，材积占前五位的是 3-K、京 24、CT、X5、8062。其中，3-K、京 24 的生长量指标均排在前两位。

洛宁试验点树高占前五位的是 8062、箭杆、84023、3-K、G，胸径占前五位的是 8062、84023、箭杆、豫刺槐 1 号、3-K，材积占前五位的是 3-K、箭杆、8062、84023、8041。其中，8062、箭杆、84023、3-K 的生长量指标均排在前五位。

由上可知，3-K 在两试验点均表现突出，说明该无性系表现稳定，表现出优良的速生性和较强的适应性。

主干高、冠幅比较：主干高反映的是主干的顶端优势；冠幅与生长的关系较为复杂，优良无性系的冠幅以中等为好。这里对嵩县和洛宁两试点各无性系主干高和冠幅进行比较，结果见表 4-26。

表 4-26　嵩县、洛宁试验点主干高、冠幅比较

地点	性状	排序（大→小）
嵩县	主干高	CT、A05、京 24、L5、84023、豫刺槐 1 号、X5、2-F、3-I、K4、G、8062、3-K、83002、8033、箭杆、R7、K3
	冠　幅	83002、8033、CT、A05、豫刺槐 1 号、84023、L5、K4、3-I、X5、3-K、K3、2-F、R7、8062、京 24、箭杆、G
洛宁	主干高	8062、84023、R5、箭杆、京 24、3-K、X5、8041、鲁 10、83002、R7、A05、3-I、L5、豫刺槐 1 号、京 13、G、2-F、京 1、8042
	冠　幅	箭杆、8062、豫刺槐 1 号、X5、G、L5、84023、A05、83002、2-F、8041、鲁 10、R5、3-K、京 24、3-I、R7、8042、京 13、京 1

由表4-26可以看出,嵩县试验点主干高占前五位的是CT、A05、京24、L5、84023,说明其主干顶端优势强;冠幅占前五位的是83002、8033、CT、A05、豫刺槐1号。

洛宁试验点主干高占前五位的是8062、84023、R5、箭杆、京24,说明其主干顶端优势强;冠幅占前五位的是箭杆、8062、豫刺槐1号、X5、G。

嵩县试点无性系坑木出材量比较:就嵩县试点8年生材料分析无性系间坑木产量差异。按国家坑木标准规定,对试验林各无性系主干粗8 cm以下的干高进行测量,可出2根坑木的无性系干高由高到低依次为:3-K、京24,豫刺槐1号、2-F,结果见图4-3。

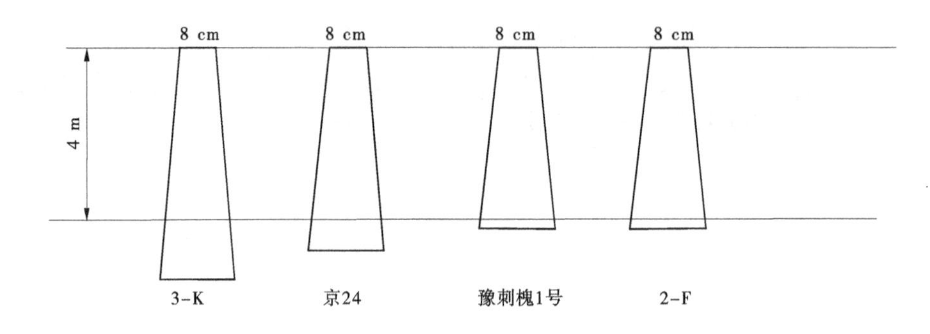

图4-3 不同无性系坑木出材对比

若以大于8 cm干高年均生长量计算,试验等生长到10年时,3-K大于8 cm干高为6.13 m,可截取3根坑木,而豫刺槐1号、83002、匈牙利5号只能取2根,即3-K可多出33.3%。所以,无性系3-K为适宜山区坑木造林优良无性系品种,山区坑木林10年采伐效益较好。

(4)三试验点无性系综合评价。

在同一地点,由于无性系不同性状的优劣表现不一致,致使依据不同性状评价同一无性系的结果不完全一致,所以对无性系进行多性状的综合评价尤为重要。参加综合评定的生长指标有树高、胸径、主干高、材积,结果见表4-27。

表4-27 三试验点无性系综合评价表

无性系	开封试点生长量	嵩县试点生长量	洛宁试点生长量
8041			3.404 2
8042			2.252 0
8033		2.908 8	
豫刺槐1号	2.854 5	3.307 4	3.267 8
8062		3.317 8	3.945 3*
83002	3.895 7*	3.235 1	3.049 6
84023		3.316 4	3.765 9*
1-C	2.587 1		
2-F	2.354 0	3.330 9	2.939 8

续表 4-27

无性系	开封试点生长量	嵩县试点生长量	洛宁试点生长量
3-I	4.000*	3.208 2	2.974 7
4-G	2.041 8		
5-E	2.859 1		
A05		3.491 5*	3.221 5
CK	2.798 4		
CT		3.446 2*	
G		2.945 4	3.250 1
3-K		3.739 8*	3.690 4*
K3		2.722 6	
K4		3.073 6	
L5		3.361 8	3.112 5
R5			3.187 1
R7		2.844 9	2.742 8
X5		3.344 0	3.132 9
京 1			2.136 9
京 13			2.800 9
京 24		3.719 2*	3.021 5
箭杆		3.012 3	3.760 5*
鲁 10			3.098 5
平均	2.923 8	3.240 3	3.137 7
N_{max}	3.384 6	3.427 3	3.443 4
N_{min}	2.463 1	3.053 4	2.832 0

注：* 为优良无性系。

由表 4-27 可以看出，开封试点生长量符合优等无性系的有 3-I 和 83002，嵩县试点生长量符合优等无性系的有 3-K、京 24、A05 和 CT，洛宁试点生长量符合优等无性系的有 3-K、8062、84023 和箭杆。

综合上述分析，豫西山区洛宁、嵩县试点表现突出的公有新无性系是 3-K，平原沙区表现突出的新无性系是 3-I。

(5)适生优良无性系增益。

由综合评价结果可知，3-I 是平原沙区高产、表现突出的优良无性系；3-K 是豫西山区表现突出的优良无性系。三试验点适生无性系增益分别见表 4-28、表 4-29。

表 4-28　平原沙区适生无性系增益　(%)

无性系	树高		胸径		材积	
	对照 豫刺槐 1 号	对照 CK	对照 豫刺槐 1 号	对照 CK	对照 豫刺槐 1 号	对照 CK
3-I	22.75	39.88	27.38	18.41	73.14	109.8
83002	13.76	29.63	27.14	18.18	72.82	109.41
平均值	18.25	34.75	27.46	18.29	72.98	109.6

由表 4-28 可以看出,3-I 在适生发展区树高、胸径、材积比豫刺槐 1 号(第一期鉴定品种)分别增益 22.75%、27.38%、73.14%,比一般刺槐分别增益 39.88%、18.41%、109.80%。

由表 4-29 可以看出,3-K 在适生发展区树高、胸径、材积比豫刺槐 1 号(第一期鉴定品种)分别增益 6.02%、7.74%、25.83%,比 A05(原林业部鉴定品种)分别增益 1.69%、13.29%、37.12%。

表 4-29　豫西山区适生无性系(3-K)增益　(%)

无性系	树高		胸径		材积	
	对照 豫刺槐 1 号	对照 CK	对照 豫刺槐 1 号	对照 CK	对照 豫刺槐 1 号	对照 CK
洛宁	4.98	0.96	0	10.50	2.62	31.0
嵩县	7.07	2.42	15.48	16.08	49.04	43.24
平均值	6.02	1.69	7.74	13.29	25.83	37.12

(6)选育评价。

3-I 是平原沙区高产、表现突出的优良无性系;在适生发展区 9 年生树高、胸径、材积比豫刺槐 1 号分别增益 22.75%、27.38%、73.14%,比一般刺槐分别增益 39.88%、18.41%、109.80%。是耐旱性强、暗呼吸弱的无性系,苗期能耐水淹 18 天。

3-K 是豫西山区表现突出的优良无性系。在适生发展区树高、胸径、材积比豫刺槐 1 号分别增益 6.02%、7.74%、25.83%,比 A05 分别增益 1.69%、13.29%、37.12%。

开封试点 8 个无性系(9 年生)均可截取 2 根坑木,唯独 3-I、83002 可出 3 根,均超过豫刺槐 1 号(2 根)33.3%。若生长到 11 年采伐,3-I 可截 4 根坑木,而豫刺槐 1 号等可截取 3 根。所以,3-I 是比 CK、豫刺槐 1 号更适合于坑木造林的优良无性系,且 11 年采伐为宜。嵩县试点 3-K(8 年生)大于 8 cm 干高为 4.9 m,高于豫刺槐 1 号(4.18 m)、83002(3.12 m),在满足同出 2 根坑木的条件下,若 10 年采伐 3-K 可取 3 根坑木,超豫刺槐 1 号(2 根)、83002(2 根)、匈牙利 5 号、A05 33.3%,所以 3-K 是适合山区的坑木材优良无性系,采伐年龄 10 年为宜。

材积、胸径的相对遗传进度较大,达 67.60%~80.64%,说明对其进行性状改良将会有良好的效果;主干中径、树高、8 cm 干高的相对遗传进度中等,达 27.69%~48.19%,对这些性状直接进行选择也将会有不错效果。

4.3.1.4　第四期良种(X5、X9、豫刺 9 号)

无性系选育研究的材料均来自近年国内优良无性系和优树,来自匈牙利的用材无性系 X1、X2、X3、X4、X5、X6、X7、X8、X9 等,来自国内的豫刺槐 9 号,对照用豫刺槐 1 号。分别于 2003 年、2004 年在代表不同立地条件区的辽宁省盘锦市(滨海盐渍型土)、开封县(沙土)营造无性系对比试验林,均为截干造林,挖穴规格 50 cm × 50 cm × 50 cm。各试点试验林设计情况和自然条件分别见表 4-30。

表 4-30　试点试验林设计情况一览表

地点	造林时间	无性系数量	小区设计	株行距(m×m)	重复数
盘锦	2003 年 5 月	10	4 株方形小区	3×3	4
开封	2004 年 3 月	10	4 株方形小区	2×4	3

开封试验地位于开封西部的杏花营镇,北纬 34°46′,东经 114°20′,海拔 76 m。属于华北暖温带半湿润气候区,年平均气温 14.1 ℃,年降水量 700 mm 左右,多集中在 6~9 月,年相对湿度 70%左右,无霜期 215~218 天,土壤质地为沙土,保水、保肥能力较差。

盘锦试验点属暖温带大陆性半湿润季风气候,年平均日照时数为 2 786 h,年平均气温 8.4 ℃,无霜期 175 天,大于等于 10 ℃积温 3 428~3 448 ℃,年平均降水量 634 mm。土壤类型是滨海盐渍型土,耕层土壤 pH 值 7.6,全盐含量 3.0 g/kg。

造林取苗按由粗到细的顺序,尽量减小重复内误差,提高试验精度,截干造林后浇水,造林成活率确保在 95%以上。造林当年生长季节及时抹芽,6 月中旬保证每棵苗上留 1 个萌条。死亡株于造林次年补齐,确保试验林不缺株。每年生长季节防治蚜虫 1~2 次。除第一年修除竞争枝外,对试验树木不做修枝处理,以观测各无性系自然生长状态的干型、冠形等。

无性系综合评价方法同第三期良种。

(1)开封试验点无性系生长情况。

根据表 4-31,对树高、胸径和材积三个生长量性状进行比较。其中,树高占前 3 位的无性系是 X9、豫刺 9 号、X5,胸径占前 3 位的是 X9、X5、豫刺 9 号,材积占前三位的是 X9、豫刺 9 号、X5。

表 4-31　开封刺槐无性系生长性状值

无性系	胸径(cm)	排序	树高(m)	排序	主干高(m)	排序	材积(m^3)	排序
豫刺槐 1 号	16.20	5	11.50	7	7.25	5	0.060 7	6
豫刺 9 号	19.07	2	13.06	1	9.13	2	0.079 2	2
3-1	16.35	4	11.78	5	7.27	4	0.072 2	4
X2	15.04	6	12.21	4	6.98	7	0.061 4	5
X3	13.84	7	10.46	9	6.23	9	0.046 7	8
X4	13.70	8	11.47	8	7.10	6	0.049 0	7

续表 4-31

无性系	胸径(cm)	排序	树高(m)	排序	主干高(m)	排序	材积(m^3)	排序
X5	18.98	3	12.86	2	7.57	3	0.076 7	3
X7	12.01	9	11.61	6	6.70	8	0.044 7	9
X9	19.20	1	12.45	3	9.20	1	0.117 6	1
匈四倍体	10.73	10	7.80	10	5.00	10	0.024 3	10

树高、胸径、主干高、材积方差分析见表 4-32~表 4-35,可见,开封试验点 10 个无性系间树高、主干高、胸径、材积在 5%水平上差异显著。

表 4-32　树高方差分析

差异源	*SS*	*df*	*MS*	*F*	$F_{0.05}$
无性系	62.996 4	9	6.999 6	6.124 2	2.456 3
重复	3.761 5	2	1.880 8	1.645 5	3.554 6
误差	20.573 0	18	1.142 9		
总计	87.331 0	29			

表 4-33　胸径方差分析

差异源	*SS*	*df*	*MS*	*F*	$F_{0.05}$
无性系	113.172 4	9	12.574 7	2.504 7	2.456 3
重复	10.311 0	2	5.155 5	1.026 9	3.554 6
误差	90.367 3	18	5.020 4		
总计	213.850 7	29			

表 4-34　主干高方差分析

差异源	*SS*	*df*	*MS*	*F*	$F_{0.05}$
无性系	41.749 8	9	4.638 8	8.993 736	2.456 3
重复	5.863 7	2	2.931 8	5.684 227	3.554 6
误差	9.284 2	18	0.515 7		
总计	56.897 7	29			

表4-35　材积方差分析

差异源	SS	df	MS	F	$F_{0.05}$
无性系	0.026 0	9	0.002 9	2.636 4	2.456 3
重复	0.002 5	2	0.001 3	1.160 9	3.554 6
误差	0.019 7	18	0.001 1		
总计	0.048 2	29			

(2)盘锦试验点无性系生长情况。

盘锦区试林的生长量调查结果见表4-36,由表可知,X5、X9、豫刺槐9号在盘锦试验点表现突出,表现出优良的速生性和较强的耐盐渍适应性。

表4-36　盘锦区试林的生长量调查结果

系号	胸径(cm)	排序	树高(m)	排序	材积(m^3)	排序
豫刺槐1号	13.17	6	8.83	7	0.064 6	6
8033	9.78	10	7.93	10	0.030 1	10
豫刺槐9号	15.46	3	9.27	5	0.097 8	3
3-1	12.00	9	9.01	6	0.050 9	9
X9	15.80	2	10.10	3	0.095 8	2
X7	12.23	7	8.37	8	0.053 4	7
X5	16.83	1	10.33	2	0.121 8	1
X4	14.08	5	9.75	4	0.076 8	5
二乔	15.40	4	10.40	1	0.103 5	4
CK	12.10	8	8.10	9	0.051 9	8
平均值	13.68		9.21		0.074 6	

由表4-37~表4-39可见,盘锦试验点10个无性系间树高、胸径、材积在5%水平上差异显著。

表4-37　树高方差分析

差异源	SS	df	MS	F	$F_{0.05}$
重复	8.936	2	4.468	3.955	3.554 6
无性系	29.534 7	9	3.281 6	2.904	2.456 3
误差	20.337 3	18	1.129 9		
总变异	58.808	29			

表 4-38　胸径方差分析

差异源	SS	df	MS	F	$F_{0.05}$
重复	3.628 6	2	1.814 3	0.341 7	3.554 6
无性系	123.920 3	9	13.768 9	2.593 4	2.456 3
误差	95.563 7	18	5.309 1		
总计	223.112 6	29			

表 4-39　材积方差分析

差异源	SS	df	MS	F	$F_{0.05}$
无性系	0.038 6	9	0.004 3	2.866 7	2.456 3
重复	0.000 3	2	0.000 1	0.090 9	3.554 6
误差	0.026 6	18	0.001 5		
总计	0.065 5	29			

(3)无性系综合评价。

参加综合评定的生长指标有树高、胸径、材积,结果见表 4-40、表 4-41。

表 4-40　开封试验点无性系综合评价

无性系	胸径	树高	材积	主干高	合计
豫刺槐 1 号	0.774 1	0.867 9	0.516 2	0.788 0	2.946 2
豫刺槐 9 号	0.851 7	0.985 8*	0.660 5	0.992 0*	3.490 0*
3-I	0.857 8*	0.888 9	0.673 0	0.789 9	3.209 6
X2	0.777 5	0.921 4	0.522 1	0.759 1	2.980 1
X3	0.699 4	0.789 3	0.397 2	0.677 5	2.563 4
X4	0.712 6	0.865 8	0.416 8	0.771 7	2.766 9
X5	0.858 0	0.895 2	0.854 1	0.852 5	3.459 8*
X7	0.687 4	0.876 3	0.379 8	0.728 3	2.671 8
X9	1.000 0*	1.000 0*	1.000 0*	1.000 0*	4.000 0*
匈四倍体	0.543 7	0.588 7	0.207 2	0.543 5	1.883 1
均值	0.773 2	0.867 9	0.538 7	0.787 2	2.967 1
N_{max}	0.855 4	0.944 8	0.683 1	0.877 4	3.345 7
N_{min}	0.691 0	0.791 1	0.394 3	0.697 1	2.588 5

注:* 为优良无性系。

由表 4-40 可以看出，开封试点生长量综合评价符合优等无性系的是 X9、豫刺槐 9 号、X5。

表 4-41　盘锦试验点无性系综合评价

无性系	胸径	树高	材积	合计
豫刺槐 1 号	0.782 6	0.849 4	0.530 9	2.162 8
8033	0.581 5	0.762 8	0.246 5	1.590 8
豫刺槐 9 号	0.918 9	0.891 3	0.803 7	2.613 9*
3-I	0.713 2	0.866 3	0.417 8	1.997 3
X9	0.911 3	0.971 2	0.786 8	2.669 3*
X7	0.727 1	0.804 5	0.439 1	1.970 7
X5	1.000 0	0.993 3	1.000 0	2.993 3*
X4	0.836 6	0.937 5	0.630 7	2.404 8
二乔	0.939 1	1.000 0	0.850 2	2.789 2
CK	0.719 2	0.778 8	0.426 1	1.924 1
均值	0.812 9	0.885 5	0.613 2	2.311 7
N_{max}	0.899 9	0.944 1	0.773 0	2.612 1
N_{min}	0.726 0	0.826 9	0.453 5	2.011 3

注：* 为优良无性系。

由表 4-41 可以看出，盘锦试点生长量综合评价符合优等无性系的是 X5、X9、豫刺槐 9 号。

(4)优良无性系增益。

由综合评价结果可知，X9 是平原沙区高产、表现突出的优良无性系；X5 是滨海盐渍区表现突出的优良无性系。适生无性系增益分别见表 4-42、表 4-43。

表 4-42　平原沙区适生无性系增益　(%)

无性系	树高	胸径	材积
X9/8048	15.21	29.18	93.73
X5/8048	3.13	6.93	27.18
豫刺槐 9 号/8048	13.93	13.57	27.84

由表 4-42 可以看出，在平原沙区，与豫刺槐 1 号(8048)相比，X9、豫刺槐 9 号、X5 树高、胸径、材积均超过 8048。X9 比豫刺槐 1 号(8048) 材积增益 93.79%，表现尤为突出。

表 4-43 滨海盐渍区适生无性系增益 (%)

无性系/对照	树高	胸径	材积
X5/CK	27.53	39.05	134.29
X5/8048	16.98	27.8	88.54
X9/CK	24.7	26.7	84.58
X9/8048	14.38	16.40	48.29
豫刺槐 9 号/CK	14.44	27.76	88.44
豫刺槐 9 号/8048	4.98	17.38	51.39

由表 4-43 可以看出,在滨海盐渍区,与豫刺槐 1 号(8048)相比,X5、豫刺槐 9 号、X9 的树高、胸径和材积增益均超过 8048 和当地对照刺槐,材积增益超 8048 达 48%以上,超当地对照 84%以上,表现出较强的适应性。X5 最为突出,在盐渍区表现出良好的适应性。

4.3.2 饲料型刺槐(长叶刺槐)选育

木本饲料的一个显著优势是具有较高的营养成分,特别是蛋白质和钙的含量。有关研究表明,木本饲料的粗蛋白含量比禾草饲料高 54.4%,钙的含量比禾草饲料高 3 倍。木本饲料的可消化养分也远远高于作物秸秆,受益时间非常长,大多数木本饲料树一经种植,经过 5~10 年就进入盛产期,只要经营得当,每年都有较高而稳定的收获,同等面积上饲料林的产量可比草本高 2~4 倍。

刺槐作为一个多用途树种,在我国已有近 100 年的栽培历史,栽植范围很广,多项研究表明,刺槐叶是优良的动物饲料,粗蛋白含量为干叶重的 11.3%~14.4%,是玉米粗蛋白的 2 倍,利用率也很高,甚至被认为达到了补充蛋白质的饲料添加剂水平。且适口性好,营养丰富,可部分替代精饲料。饲料型刺槐可以部分解决畜牧业发展所需蛋白质饲料紧缺问题和能量饲料不足的困难,对于节约粮食,缓解人畜争粮矛盾,发展节粮畜牧业有着非常重要的作用,是种植业结构调整和生态环境建设中林牧结合最为密切的树种之一,对山区发展畜牧业有着重要的作用。

国内外学者多项研究表明,刺槐是合适的木本饲料之一。为此,科研工作者从国内外引进和选育出多个饲料型刺槐品种,如 1997 年从韩国引进韩国四倍体刺槐 2 号、5 号,2003 年从匈牙利引进匈牙利多倍体刺槐,河南省林科院从"九五"开始选育饲料型刺槐优良无性系,自行选育出长叶刺槐等新品种。以发掘刺槐的多种价值为我国林业及农民的增产增收服务。

试验材料为长叶刺槐、韩国四倍体、匈牙利四倍体和普通刺槐的 4 个无性系。2004 年 3 月将一年生的长叶刺槐、韩国四倍体、匈牙利四倍体和对照苗木栽植于河南省林科院实验林场。

2004 年 9 月 10 日、2005 年 7 月 15 日、8 月 15 日、9 月 15 日和 2006 年 5~9 月分别采集长叶刺槐、韩国四倍体、匈牙利四倍体刺槐等叶片,采集后先在烘箱中 105 ℃条件将叶片烘 10 min,然后 70 ℃烘干至恒重,将样品送到郑州农业部农产品质量监督检验测试中心测定刺槐叶片粗蛋白含量。根据刺槐无性系叶片粗蛋白含量评价刺槐的叶用蛋白价值。刺槐叶片粗蛋白分析测试结果见表 4-44。

表 4-44　2004 年和 2005 年不同采样时间刺槐叶片粗蛋白含量　(%)

品种	2004 年 9 月 24 日	2005 年 7 月 15 日	2005 年 8 月 15 日	2005 年 9 月 15 日	2005 年极差	2005 年平均值
长叶刺槐	23.38	23.60	26.17	25.34	2.57	25.04
匈牙利四倍体	21.76	21.92	21.90	21.46	0.46	21.76
韩国四倍体	22.09	18.11	17.37	19.52	2.15	18.33
CK	15.58		17.10	18.00	0.90	17.55

从表 4-44 中可以看出,长叶刺槐在 2004 年和 2005 年的 4 种刺槐叶片粗蛋白检测中均为最高,蛋白含量分别达到 23.38%和 25.04%,依次高出对照 50.06%和 42.67%。另外,长叶刺槐在 2005 年 7 月、8 月和 9 月 3 个时期的叶蛋白含量中 8 月的最高,7 月的最低。匈牙利四倍体在 2004 年和 2005 年的叶蛋白测试中蛋白含量比较稳定,叶片粗蛋白含量在 7 月、8 月和 9 月蛋白含量变化不大。叶片平均粗蛋白含量为 21.76%,在四种刺槐中叶片蛋白含量居第 2 位。韩国四倍体叶片粗蛋白含量 2005 年平均叶蛋白含量为 18.33%。在 7 月、8 月和 9 月叶片粗蛋白含量均表现为 8 月最低,9 月最高。

2006 年 5~9 月 3 个刺槐无性系叶片粗蛋白含量测定结果见表 4-45。

表 4-45　2006 年不同采样时间刺槐叶片粗蛋白含量　(%)

品种	5 月 15 日	6 月 15 日	7 月 15 日	8 月 15 日	9 月 15 日	极差	2006 年平均值	变异系数
长叶刺槐	24.90	24.38	21.04	21.50	21.88	3.86	22.84	25.32
匈牙利四倍体	24.30	21.53	22.12	23.11	21.52	2.78	22.51	12.35
韩国四倍体	25.36	21.25	19.99	18.06	16.29	9.07	20.19	44.92

从表 4-45 可以看出:①刺槐在一年中不同月份间叶片蛋白含量表现出一定的差异,其中匈牙利四倍体刺槐叶片粗蛋白含量表现相对稳定,变异系数仅 12.35%,长叶刺槐次之,韩国四倍体表现最不稳定,变异系数达 44.92%,但基本上在 5 月蛋白含量均为最高。②刺槐叶片粗蛋白含量差异较大,长叶刺槐粗蛋白含量最高,超过韩国四倍体 13.12%。

综合饲料型刺槐三年叶片粗蛋白含量结果可以看出:①不同无性系间叶片粗蛋白含量差异明显,其中长叶刺槐是目前叶片粗蛋白含量最高的无性系;②同一无性系不同年度间、不同月份间叶片粗蛋白含量有差异,匈牙利四倍体刺槐表现相对稳定,长叶刺槐变化居中,韩国四倍体变化最大。

根据以上分析,长叶刺槐是目前叶片粗蛋白含量最高的无性系,叶片粗蛋白平均含量为 23.85%,超过一般刺槐、韩国四倍体刺槐、匈牙利多倍体刺槐依次为 39.66%、17.57%、7.90%。研究还发现刺槐叶片的粗蛋白含量不同年度、同年度不同季节间差异很大,具体栽培时要根据不同品种来确定收获时间。

4.3.3 能源型刺槐优良无性系选育

在我国,生物质能源是仅次于煤炭、石油和天然气的第四种能源,是唯一一种可再生的能源。同时,自19世纪末我国开始引种刺槐以来,由于其适生性强,面积已达1.5亿亩,已经成为我国引种最成功的树种之一。为能更好地解决我国能源短缺问题,根据我国研究刺槐确定的方向,利用现有刺槐资源,开发能源型新品种很有必要。

生产实践中,单株刺槐燃烧值主要是指地上部分树枝和树干的总热值。刺槐单株燃烧值等于单位干质量热值乘以单株生物量。研究显示,刺槐单位干质量热值在3 750~3 960 kcal/kg,在品种间差异不显著,单株生物量是关系刺槐单株热值大小的决定性因素,单株生物量越大,单株热值越大。因此,本研究以单株生物量大小代替单株热值大小,来选择能源新品种。

依据杨芳绒博士论文《河南洛宁浅山区刺槐能源林生物量与热值研究》中对乔木生物量计算模型的研究结果,本研究的生物量计算公式为:$W=0.0518(D^2H)^{1.004}$($R^2=0.99$)(W为生物量,D为胸径,H为树高)。

根据能源型刺槐选优要求,2007年3月在洛宁县范围内,共选出刺槐优树98株,对优树标注识别号,采根后集中在吕村林场苗圃基地进行繁育,共繁育2 300株幼苗。2008年3月对98个刺槐无性系一年生苗的生长性状进行观察和测量,从中优选出19个优良无性系。对选出来的19个优良无性系,采集根部在同一基地繁殖,共繁育1 100株幼苗。

2009年3月对繁育的19个优良无性系一年生幼树进行截干,按照区域试验要求,在代表不同立地条件的荥阳广武镇、民权林场、洛宁林场营造无性系对比试验林,每个试验地设计规则一样,均为4株小区,4次重复,密度3 m×3 m,挖穴规格50 cm×50 cm×50 cm,试验林对照用豫刺槐1号。试验林营造时,按由粗到细的顺序取苗,尽量减小重复内误差,提高试验精度,截干造林后浇水,造林成活率确保95%以上。由于参试苗木数量有限,民权林场、洛宁林场试验区的参试无性系不到19个。造林当年生长季节及时抹芽,6月中旬保证每棵苗上留1个萌条。死亡株于造林次年补齐。每年生长季节防治蚜虫1~2次。除第一年修除竞争枝外,对试验树木不做修枝处理,以观测各无性系自然生长状态的干型、冠形等。试验林营造后,每年树木生长停止后调查树高、胸径,计算出生物量。

4.3.3.1 豫刺槐3号品种选育

(1)三个试验区生长量及生物量对比见表4-46。

表4-46 民权刺槐无性系生长量及生物量比较

无性系	胸径(cm)	树高(m)	生物量(kg)	排序
5	7.19	6.81	18.68	11
20	7.30	7.32	20.72	9
15	10.04	8.26	44.32	3
3-I	9.93	8.62	45.22	2
14	7.03	6.55	17.14	13

续表 4-46

无性系	胸径(cm)	树高(m)	生物量(kg)	排序
8	6.76	6.87	16.63	14
意大利	7.29	6.58	18.56	12
豫刺槐 3 号	9.90	8.87	46.24	1
11	7.95	7.22	24.22	8
8044	9.59	8.16	39.92	5
84023	9.71	8.41	42.18	4
豫刺槐 1 号	8.16	7.54	26.67	6
19	7.86	7.77	25.51	7
9	7.46	6.98	20.64	10
平均值	8.30	7.57	27.68	

由表 4-46 可见,胸径均值为 8.30 cm,变幅为 6.76~10.04 cm;树高均值为 7.57 m,变幅为 6.58~8.87 m;生物量的均值为 27.68 kg,变幅为 16.63~46.24 kg。对生物量性状进行比较,豫刺槐 3 号、3-I、15、84023、8044 号无性系较好。以树高和胸径计算生物量,在民权沙区试验区豫刺槐 3 号生物量最大。

由表 4-47 看出,荥阳广武镇试点胸径均值为 10.68 cm,变幅为 7.71~11.75 cm;树高均值为 8.63 m,变幅为 6.50~11.33 m;生物量的均值为 53.46 kg,变幅为 20.49~68.96 kg。对生物量性状进行比较,23、15、13、10、14 号无性系较好。

表 4-47　荥阳刺槐无性系生长量比较

系号	胸径(cm)	树高(m)	生物量(kg)	排序
意大利	7.71	6.50	20.49	19
20	10.81	7.37	45.82	14
19	11.31	8.07	54.96	6
豫刺槐 1 号	10.14	9.05	49.52	10
8044	10.62	7.90	47.41	12
3-I	9.32	6.80	31.36	18
18	10.23	9.28	51.67	9
14	10.45	10.28	59.83	5
8	9.78	10.50	53.50	7
9	9.14	9.20	40.86	16
84023	9.59	8.00	39.13	17
3	9.42	9.75	46.01	13
11	10.84	8.30	51.93	8

续表 4-47

系号	胸径(cm)	树高(m)	生物量(kg)	排序
5	10.20	8.88	49.12	11
23	11.75	9.38	68.96	1
10	11.46	8.70	60.89	4
15	10.44	11.33	65.79	2
豫刺槐 3 号	11.31	9.15	62.78	3
24	10.84	6.67	41.70	15
平均值	10.68	8.63	53.46	

由表 4-48 可见,胸径均值为 6.05 cm,变幅为 4.42~7.27 cm;树高均值为 6.52 m,变幅为 5.33~7.43 m;生物量的均值为 13.07 kg,变幅为 5.50~19.04 kg。对生物量性状进行比较,3、14、15、84023、8 号无性系较好。

表 4-48　洛宁刺槐无性系生长量比较

无性系	胸径(cm)	树高(m)	生物量(kg)	排序
3-I	5.30	6.58	9.78	11
8	6.51	7.43	16.69	5
24	6.39	6.78	14.66	6
11	5.14	6.08	8.50	13
22	4.42	5.33	5.50	14
14	7.08	7.01	18.62	2
18	5.60	6.67	11.09	9
豫刺槐 1 号	5.77	6.31	11.11	8
13	6.37	6.61	14.19	7
8044	5.48	6.16	9.77	12
3	7.27	6.80	19.04	1
84023	6.80	6.87	16.83	4
10	5.73	5.79	10.06	10
15	6.85	6.91	17.19	3
平均值	6.05	6.52	13.07	

(2)三个试验区适生无性系增益见表 4-49。

表 4-49　三个试验区适生无性系增益　(%)

生物量	民权	荥阳	洛宁
13/豫刺槐 1 号	73.34	25.94	27.68

由表 4-49 可以看出，13 号无性系在民权发展区生物量比豫刺槐 1 号增益 73.34%，在荥阳发展区生物量比豫刺槐 1 号增益 25.94%，在洛宁发展区生物量比豫刺槐 1 号增益 27.68%。

从连续几年的测量结果看，豫刺槐 3 号具有新品种的遗传稳定性、一致性，所繁育的苗木生长发育正常，均表现出与来源优株相同的性状，特异性状保持稳定，树高及胸径在沙区一直保持较大，且具有适应性强、易繁殖、生长旺盛等优点，是一个很有发展前景的沙丘区能源型刺槐新品种，能在立地条件不好的沙丘区域良好地生长。

4.3.3.2　豫刺槐 4 号品种选育

（1）三个试验区生长量及生物量对比见表 4-50～表 4-52。

表 4-50　荥阳刺槐无性系生长量比较

系号	胸径(cm)	树高(m)	生物量(kg)	排序
意大利	7.71	6.50	20.49	19
20	10.81	7.37	45.82	14
19	11.31	8.07	54.96	6
豫刺槐 1 号	10.14	9.05	49.52	10
8044	10.62	7.90	47.41	12
3-1	9.32	6.80	31.36	18
18	10.23	9.28	51.67	9
14	10.45	10.28	59.83	5
8	9.78	10.50	53.50	7
9	9.14	9.20	40.86	16
84023	9.59	8.00	39.13	17
3	9.42	9.75	46.01	13
11	10.84	8.30	51.93	8
5	10.20	8.88	49.12	11
23	11.75	9.38	68.96	1
10	11.46	8.70	60.89	4
豫刺槐 4 号	10.44	11.33	65.79	2
13	11.31	9.15	62.78	3
24	10.84	6.67	41.70	15
平均值	10.68	8.63	53.46	

由表 4-50 可看出，荥阳广武镇试点胸径均值为 10.68 cm，变幅为 7.71～11.75 cm；树高均值为 8.63 m，变幅为 6.50～11.33 m；生物量的均值为 53.46 kg，变幅为 20.49～68.96 kg。对生物量性状进行比较，23、豫刺槐 4 号、13、10、14 号无性系较好。

表 4-51　民权刺槐无性系生长量比较

无性系	胸径(cm)	树高(m)	生物量(kg)	排序
5	7. 19	6. 81	18. 68	11
20	7. 30	7. 32	20. 72	9
豫刺槐 4 号	10. 04	8. 26	44. 32	3
3-I	9. 93	8. 62	45. 22	2
14	7. 03	6. 55	17. 14	13
8	6. 76	6. 87	16. 63	14
意大利	7. 29	6. 58	18. 56	12
13	9. 90	8. 87	46. 24	1
11	7. 95	7. 22	24. 22	8
8044	9. 59	8. 16	39. 92	5
84023	9. 71	8. 41	42. 18	4
豫刺槐 1 号	8. 16	7. 54	26. 67	6
19	7. 86	7. 77	25. 51	7
9	7. 46	6. 98	20. 64	10
平均值	8. 30	7. 57	27. 68	

由表 4-51 可见,胸径均值为 8. 30 cm,变幅为 6. 76~10. 04 cm;树高均值为 7. 57 m,变幅为 6. 58~8. 87 m;生物量的均值为 27. 68 kg,变幅为 18. 68~46. 24 kg。对生物量性状进行比较,13、3-I、豫刺槐 4 号、84023、8044 号无性系较好。

表 4-52　洛宁刺槐无性系生长量比较

无性系	胸径(cm)	树高(m)	生物量(kg)	排序
3-I	5. 30	6. 58	9. 78	11
8	6. 51	7. 43	16. 69	5
24	6. 39	6. 78	14. 66	6
11	5. 14	6. 08	8. 50	13
22	4. 42	5. 33	5. 50	14
14	7. 08	7. 01	18. 62	2
18	5. 60	6. 67	11. 09	9
豫刺槐 1 号	5. 77	6. 31	11. 11	8
13	6. 37	6. 61	14. 19	7
8044	5. 48	6. 16	9. 77	12
3	7. 27	6. 80	19. 04	1
84023	6. 80	6. 87	16. 83	4

续表 4-52

无性系	胸径(cm)	树高(m)	生物量(kg)	排序
10	5.73	5.79	10.06	10
豫刺槐 4 号	6.85	6.91	17.19	3
平均值	6.05	6.52	13.07	

由表 4-52 可见，胸径均值为 6.05 cm，变幅为 4.42~7.27 cm；树高均值为 6.52 m，变幅为 5.33~7.43 m；生物量的均值为 13.07 kg，变幅为 5.50~19.04 kg。对生物量性状进行比较，3、14、豫刺槐 4 号、84023、8 号无性系较好。

(2)三个试验区适生无性系增益见表 4-53。

表 4-53　三个试验区适生无性系增益　(%)

生物量	荥阳	民权	洛宁
豫刺槐 4 号/豫刺槐 1 号	32.55	66.19	54.73

由表 4-53 可以看出，豫刺槐 4 号无性系在荥阳发展区生物量比豫刺槐 1 号增益 32.55%，在民权发展区生物量比豫刺槐 1 号增益 66.19%，在洛宁发展区生物量比豫刺槐 1 号增益 54.73%。

(3)抗性。

根据各地试栽情况的调查，植株表现生长健壮，树势强健，枝叶繁茂。抗性强，未发现病虫害；无冻害，耐低温。

(4)稳定性及一致性。

稳定性：经过多年的选育观察，植株生长正常，树高及胸径的特异性状保持稳定。单株植物间特异性完全一致。

一致性：连续多年在民权、荥阳、洛宁等地进行区域试验，采用根繁所扩繁的苗木均表现出与来源优株相同的性状，充分说明豫刺槐 4 号具有新品种的遗传稳定性和一致性。

从连续几年的测量结果看，豫刺槐 4 号具有新品种的遗传稳定性、一致性，所繁育的苗木生长发育正常，均表现出与来源优株相同的性状，特异性状保持稳定，树高及胸径在三个试验区均较大，且具有适应性强、易繁殖、生长旺盛等优点，是一个很有发展前景的能源型刺槐新品种，能在河南省大部分区域良好生长。

第 5 章　美国引进种质资源收集与评价

刺槐自 18 世纪末从欧洲引入青岛栽培,现中国各地已广泛栽植,刺槐已经成为我国重要的生态、用材等多用途树种。但目前国内的刺槐均为次生种源,不清楚其原产地,不能掌握其遗传信息与基础,在遗传改良方面存在着瓶颈问题,限制了刺槐改良的进一步发展和提高,难以提供出优良品种为我国生态建设工程服务。虽然已从国内刺槐群体中选出不少刺槐品种,为生产提供了重要技术支撑,但是,刺槐品种改良要想有新的发展,必须对原产地的刺槐地理变异规律进行系统研究,对适于国内发展的种源进行系统选择,弥补多少年来该做未做的工作,为刺槐系统育种提供坚实基础。同时,刺槐作为外来树种,而且刺槐原产地是在两个完全不相连接的地域分布,变异丰富,从中可选育出不同用途的新品系。因此,从刺槐原产地美国引进野生种源作为育种群体,对育种群体进行系统研究,对于今后开展刺槐良种选育和进一步的深入研究等都具有十分重要的意义。

5.1　原产地种质资源收集情况

5.1.1　收集方法

每个市地为 1 个种源,每个种源原则上选择 7 棵优树(实际有部分少于 7 棵),每 2 棵树间距>500 m,树木生长正常,树木胸径>20 cm。对每棵树采集树冠外围果实,采集后对果实做标记,干燥保存,对果实采集有关信息后再取出种子,每个种源采集种子 200 g 以上。每棵优树的种子为 1 个家系,种子以家系为单位保存,每棵树采集果实量以 1 000 粒种子为标准。引进美国 19 个州 33 个地区的刺槐种源,同时收集国内 5 个地市的刺槐次生种源(作为对比)。

5.1.2　种源地基本情况

美国种源地及国内种源地基本情况和美国种源地地理分布见表 5-1 和图 5-1。

表 5-1　刺槐种源地基本情况表

种源号	种源地	家系号	纬度	经度	海拔(m)
1	Black Burg	1～7	37°26′	80°45′	2 121
2	New River Gorge	8～15	38°04′	81°03′	1 770
3	Big Beaver Blvd	16～25	40°33′	80°16′	1 140
4	Cadiz piedmont	26～32	40°01′	81°16′	1 016
5	Fisher	33～39	39°56′	85°54′	851
6	Bloomington	40～45	40°28′	89°01′	770

续表 5-1

种源号	种源地	家系号	纬度	经度	海拔(m)
7	Brulington	46~52	40°05′	91°08′	635
8	Hannidal	53~59	39°43′	91°21′	584
9	Old National Pike	60~66	39°42′	78°02′	889
10	Bedford	67~73	40°07′	78°03′	1 278
11	Morgantown	74~80	39°37′	79°57′	1 056
12	West Huntington	81~87	38°23′	82°29′	703
13	Mt sterling	88~94	38°03′	84°02′	1 004
14	Georgetown	95~101	38°17′	85°55′	853
15	Elberfeld	102~108	38°01′	87°26′	424
16	ST James	109~116	38°00′	91°31′	911
17	Toe Exit	117~123	39°03′	88°04′	622
18	Riverton	124~131	37°06′	94°42′	812
19	Bowling Green	139~145	37°00′	86°17′	585
20	Upper Elkton RD	146~152	34°56′	86°53′	846
21	MS/AL Border	153~159	34°11′	88°06′	617
22	Colt	160~167	35°06′	90°46′	375
23	Independence	168~174	36°37′	81°07′	2 527
24	Huntersille	175~182	35°25′	80°51′	778
26	Blue Ridge Lake	190~196	34°51′	84°19′	1 803
27	Knoxville	197~203	35°52′	83°57′	848
28	Cincinati	204~210	39°03′	84°31′	708
29	Wicklife	218~223	37°01′	89°03′	372
30	Sardis	224~230	34°26′	89°53′	330
31	Waverlg	231~237	35°53′	87°39′	504
32	Washington DC	238~245	38°28′	76°03′	86
33	Pryor	132~138	36°19′	95°18′	599
34	Kenturky Lake	211~217	36°59′	88°28′	455
35	延安	ya2-39			
36	青岛	q21-42			
37	银川	yc7-28			
38	平泉	p			
39	洛阳	CK			

美国种源地理分布见图 5-1。

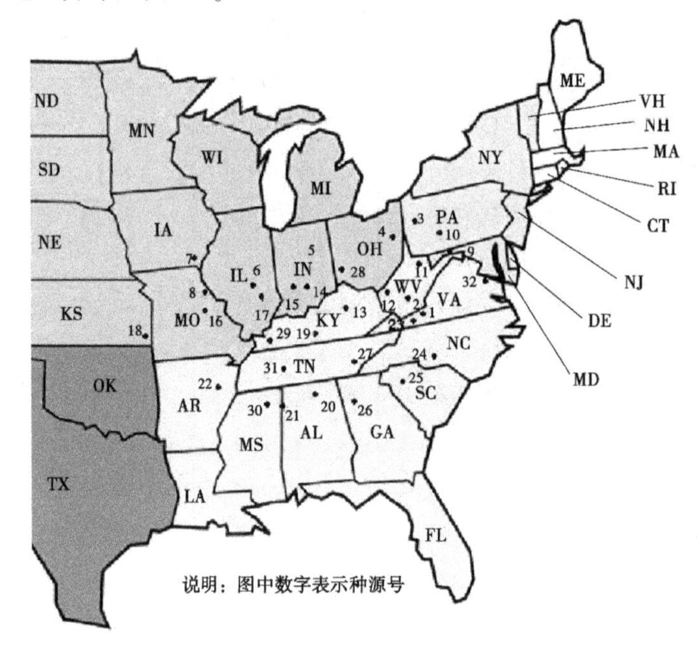

图 5-1　刺槐种源地在美国地理分布

5.2　原产地刺槐种质资源评价研究

5.2.1　原产地果实(种子)性状评价

5.2.1.1　不同种源单果种子数对比

刺槐不同种源单果种子数对比结果见表 5-2。

由表 5-2 可知,不同种源间及同一种源内不同家系单果种子数和单果好种子数差异均极显著。单果种子数最多的种源是 28 号,单果种子数为 19. 35 个;其次是 21 号,单果种子数为 18. 72 个;最少的是 8 号,单果种子数为 12. 32 个;28 号、21 号的单果种子数分别是 8 号的 157%、152%。单果好种子数最多的种源是 6 号,单果好种子数为 8. 48 个;其次是 28 号,单果好种子数为 8. 32 个;最少的是 21 号,单果好种子数为 1. 89 个;6 号、28 号的单果好种子数分别是 21 号的 446%、440%。由此可知,28 号种源的单果种子数及单果好种子数都比较多,该种源是提供大量种子的良好种源。

5.2.1.2　刺槐不同种源单果长宽度及面积对比

刺槐不同种源间单果长宽度及面积比较见表 5-3。

本试验对单果的长宽度和面积(用投影面积表示)进行了测量和比较,由比较结果(见表 5-3)可知,不同种源间及同一种源内不同家系单果长宽度和面积差异均极显著。单果长度最大的种源是 5 号,单果长度为 9. 47 cm;其次是 31 号,单果长度为 9. 36 cm;最

表 5-2　刺槐不同种源间单果种子数比较

种源	单果种子数	单果好种子数	种源	单果种子数	单果好种子数
1	16. 03±0. 26JKLM	6. 89±0. 4ABCD	17	18. 02±0. 22CD	5. 41±0. 83ABCDEF
2	15. 99±0. 32JKLM	5. 15±0. 56ABCDEF	18	16. 23±0. 24IJKLM	6. 16±0. 23ABCDE
3	15. 71±0. 26MN	4. 57±0. 32BCDEF	19	16. 95±0. 3EFGH	8. 2±0. 19AB
4	16. 85±0. 28FGHI	6. 3±0. 4ABCD	20	17. 41±0. 34CDEF	7. 41±0. 32ABC
5	15. 87±0. 3KLMN	7. 14±0. 52ABC	21	18. 72±0. 31AB	1. 89±0. 1F
6	16. 45±0. 38GHIJKL	8. 48±0. 25A	22	17±0. 25EFGH	4. 46±0. 67BCDEF
7	17. 96±0. 44CD	5. 91±0. 5ABCDE	23	17. 53±0. 27CDEF	4. 59±0. 62BCDEF
8	12. 32±0. 55P	7. 85±0. 38AB	24	15. 79±0. 28LMN	6. 96±0. 64ABCD
9	14. 82±0. 39O	4. 54±0. 11BCDEF	25	16. 8±0. 26FGHI	3. 33±0. 83EF
10	15. 24±0. 53NO	5. 89±0. 21ABCDE	26	17. 61±0. 33CDE	4. 69±0. 32BCDEF
11	17. 96±0. 19CD	7. 65±0. 26ABC	27	16. 52±0. 25GHIJK	7. 66±0. 51ABC
12	17. 03±0. 28EFG	6. 89±0. 28ABCD	28	19. 35±0. 25A	8. 32±0. 38A
13	17. 33±0. 28DEF	4. 51±0. 27BCDEF	29	17. 39±0. 57CDEF	3. 77±0. 89DEF
14	18. 18±0. 23BC	7. 66±0. 24ABC	30	17. 58±0. 48CDE	2. 99±0. 85F
15	16. 61±0. 28GHIJ	5. 09±0. 34ABCDEF	31	16. 34±0. 28HIJKLM	8. 07±0. 55AB
16	17. 01±0. 29EFGH	5. 88±0. 51ABCDE	32	16. 26±0. 17IJKLM	7. 8±0. 05AB

注:表内不同大写字母表示差异极显著,下同。

表 5-3　刺槐不同种源间单果长宽度及面积比较

种源	单果长度(cm)	单果宽度(cm)	单果面积 (cm^2)
1	7. 33±0. 26CDEFGH	1. 04±0. 07BCD	6. 89±0. 44DEFG
2	9. 19±0. 15AB	0. 84±0. 08D	7. 43±0. 38EFGH
3	6. 47±0. 29FGHI	1. 07±0. 15BCD	6. 52±0. 57DEFG
4	8. 48±0. 18ABC	1. 12±0. 08ABC	9. 03±0. 43AB
5	9. 47±0. 23A	1. 03±0. 1BCD	9. 24±0. 51AB
6	7. 33±0. 11CDEFGH	1. 1±0. 06ABCD	7. 66±0. 48DEFG
7	7. 13±0. 16DEFGH	1. 15±0. 07ABC	7. 6±0. 47DEFG
8	7. 56±0. 17CDEFG	1. 08±0. 03BCD	7. 51±0. 41EFG
9	6. 82±0. 16EFGHI	0. 97±0. 05CD	5. 84±0. 33DEFG
10	6. 78±0. 14EFGHI	1±0. 06CD	6. 28±0. 42DEFG

续表 5-3

种源	单果长度(cm)	单果宽度(cm)	单果面积 (cm^2)
11	7. 84±0. 13BCDE	1. 03±0. 04CD	7. 97±0. 31CDE
12	7. 86±0. 2BCDE	1. 09±0. 04BCD	8. 12±0. 4CD
13	6. 29±0. 14HI	1. 05±0. 06BCD	6. 37±0. 33DEFG
14	7. 7±0. 18BCDEF	1. 09±0. 04BCD	7. 95±0. 41DEF
15	7. 43±0. 2CDEFGH	0. 94±0. 05CD	6. 89±0. 36DEFG
16	6. 44±0. 1FGHI	1. 07±0. 06BCD	6. 04±0. 32DEFG
17	7. 17±0. 17CDEFGH	1. 09±0. 05BCD	7. 82±0. 47DEFG
18	6. 43±0. 1FGHI	1. 07±0. 06BCD	6. 63±0. 3DEFG
19	7. 24±0. 15CDEFGH	1. 1±0. 05BCD	7. 9±0. 46DEF
20	7. 7±0. 2BCDEF	1. 21±0. 14AB	8. 62±0. 56BC
21	5. 12±0. 07I	0. 89±0. 04D	4. 35±0. 29DEFG
22	6. 38±0. 17GHI	1. 01±0. 04CD	6. 49±0. 38DEFG
23	6. 33±0. 21GHI	1. 05±0. 1BCD	6. 49±0. 43DEFG
24	7. 02±0. 27DEFGH	1. 05±0. 03BCD	7. 32±0. 45FGHI
25	7. 37±0. 05CDEFGH	1±0. 02CD	7. 41±0. 36EFGHI
26	7. 15±0. 08CDEFGH	1. 01±0. 05CD	7. 25±0. 41DEFG
27	7. 32±0. 13CDEFGH	1. 09±0. 03BCD	7. 97±0. 36CDEF
28	7. 9±0. 14BCDE	1. 31±0. 01A	9. 65±0. 44A
29	8. 2±0. 18ABCD	1. 1±0. 06BCD	8. 66±0. 42BC
30	7. 3±0. 13CDEFGH	1. 11±0. 05ABC	7. 52±0. 3EFG
31	9. 36±0. 28A	1. 03±0. 05BCD	9. 41±0. 38A
32	7. 24±0. 03CDEFGH	1. 09±0. 01BCD	7. 44±0. 16EFGH

短的是 21 号,单果长度为 5. 12 cm;5 号、31 号的单果长度分别是 21 号的 185%、183%。单果宽度最大的种源是 28 号,单果宽度为 1. 31cm;其次是 20 号,单果宽度为 1. 21 cm;最小的是 2 号,单果宽度为 0. 84 cm;28 号、20 号的单果宽度分别是 2 号的 156%、144%。单果面积最大的种源是 28 号,面积为 9. 65 cm^2;其次是 31 号,单果面积为 9. 41 cm^2,最小的是 21 号,单果面积为 4. 35 cm^2;28 号、31 号的单果面积分别是 21 号的 222%、216%。综合单果的长度、宽度和面积,28 号、31 号种源是具有容纳较多种子潜力的种源。

5.2.1.3 不同种源种子性状对比研究

千粒重和面积是种子的重要性状指标,试验对刺槐不同种源的千粒重和千粒种子面积(用投影面积表示,以下简称千粒面积)进行了测算和比较,比较结果见表 5-4。

表 5-4 不同种源间种子性状比较

种源	千粒重(g)	千粒面积(cm^2)	种源	千粒重(g)	千粒面积(cm^2)
1	16.96±0.25BCDEFGH	68.31±1.32EF	17	19.35±0.50ABCDE	105.77±1.52ABC
2	16.70±0.20BCDEFGH	78.66±0.83CDEF	18	13.01±0.48EFGH	84.64±0.89ABCDEF
3	22.49±0.29ABC	99.00±0.30ABCD	19	26.58±1.71A	79.60±1.08CDEF
4	16.96±0.25BCDEFGH	86.98±0.69ABCDEF	20	17.69±0.20BCDEFGH	93.89±1.29ABCDE
5	22.02±0.29ABC	91.21±0.68ABCDE	21	13.51±0.11EFGH	67.94±1.00EF
6	20.83±0.18ABCD	109.51±1.01AB	22	14.16±0.81EFGH	104.38±0.75ABC
7	17.93±0.64BCDEFG	107.12±1.05ABC	23	18.30±0.42BCDEFG	86.81±1.08ABCDEF
8	18.76±0.71BCDE	98.25±0.85ABCD	24	16.47±0.68BCDEFGH	91.56±1.02ABCDE
9	17.15±0.56BCDEFGH	89.51±1.56ABCDE	25	12.50±0.53FH	72.59±1.45CDEF
10	16.09±0.23CDEFGH	81.64±0.76CDEF	26	18.19±0.21BCDEFG	96.58±0.82ABCDE
11	18.22±0.46BCDEFG	95.81±0.63ABCDE	27	17.15±0.36BCDEFGH	83.25±0.92BCDEF
12	18.34±0.40BCDEF	86.41±0.78ABCDEF	28	15.87±0.24CDEFGH	105.68±1.13ABC
13	16.35±0.33CDEFG	74.21±0.77CDEF	29	18.40±0.35BCDEF	113.87±0.67A
14	17.92±0.33BCDEFG	87.19±0.92ABCDEF	30	15.53±0.47CDEFGH	78.82±0.93CDEF
15	15.60±0.36CDEFGH	90.18±1.02ABCDE	31	23.30±0.18CDEFGH	92.03±0.39ABCDE
16	14.08±0.30EFGH	65.47±1.30F	32	16.64±0.49BCDEFGH	89.30±0.68ABCDE

由表 5-4 可知,不同种源间及同一种源内不同家系种子千粒重和千粒面积差异均极显著。千粒重最高的种源是 19 号,千粒重为 26.58 g;其次是 31 号,千粒重为 23.3 g;最低的是 25 号,千粒重为 12.5 g;19 号、31 号的千粒重分别是 1 号的 213%、186%。千粒面积最大的是 29 号,千粒面积为 113.87 cm^2;其次是 6 号,千粒面积为 109.51 cm^2;最小的是 16 号,千粒面积为 65.47 cm^2;29 号、6 号的千粒面积分别是 16 号的 174%、167%。由此可知,19 号、31 号种源是千粒重比较大的种源,29 号、3 号种源是种子面积比较大的种源。

5.2.1.4 不同种源种子发芽率、发芽势对比研究

对不同种源不同家系的刺槐种子进行发芽测定后,进行发芽率和发芽势对比,处理结

果见表 5-5。

表 5-5　不同种源间种子发芽率与发芽势比较

种源	发芽率(%)	发芽势(%)	种源	发芽率(%)	发芽势(%)
1	55. 50±5. 26I	14. 50±7. 19L	17	81. 87±10. 72ABCDEFG	70. 27±19. 00ABCD
2	77. 10±11. 27BCDEFG	31. 20±16. 29HIJKL	18	66. 67±11. 02EFGHI	60. 00±10. 39BCDEF
3	74. 80±12. 73BCDEFGH	24. 90±9. 63HKL	19	88. 92±6. 70ABCD	73. 14±10. 42ABCD
4	80. 00±6. 68ABCDEFG	37. 42±17. 10GHIJK	20	79. 17±7. 83ABCDEFG	62. 36±13. 33BCDEF
5	74. 50±4. 04DEFGH	14. 00±4. 49L	21	84. 50±0. 71ABCDEF	63. 00±2. 83BCDEF
6	91. 56±2. 99ABC	72. 19±7. 86ABCD	22	70. 67±8. 08EFGHI	56. 67±11. 37CDEFG
7	87. 50±4. 36ABCD	80. 40±6. 38AB	23	76. 38±16. 01BCDEFGH	61. 37±17. 03BCDEF
8	74. 78±15. 33CDEFGH	29. 08±15. 94HIJKL	24	92. 00±3. 46AB	78. 67±1. 15ABC
9	63. 00±6. 08HI	58. 00±7. 00BCDEFG	25	84. 00±2. 00ABCDEF	68. 67±5. 03ABCD
10	73. 00±8. 01DEFGH	53. 00±12. 73CDEFGH	26	80. 67±5. 64ABCDEFG	70. 60±7. 13ABCD
11	84. 57±3. 87ABCDE	68. 57±9. 75ABCDE	27	80. 43±5. 28ABCDEFG	64. 13±6. 70ABCDEF
12	65. 47±13. 53FGHI	32. 81±14. 60HIJKL	28	66. 33±5. 36FGHI	52. 44±13. 83DEFGHI
13	86. 83±8. 72ABCD	69. 00±18. 38ABCD	29	88. 00±6. 32ABCD	51. 62±3. 97DEFGHI
14	66. 67±5. 92EFGHI	41. 96±23. 96EFGHIJK	30	82. 28±8. 16ABCDEFG	57. 39±20. 59CDEFG
15	68. 00±8. 72EFGHI	51. 33±2. 31DEFGHIJ	31	92. 80±3. 01AB	66. 50±8. 43ABCDE
16	94. 75±2. 84A	91. 46±3. 09A	32	84. 14±7. 76ABCDEF	68. 39±9. 78ABCDE

由表 5-5 可知,不同种源间及同一种源内不同家系种子发芽率和发芽势差异均极显著。发芽率最高的种源是 16 号,发芽率为 94. 75%,其次是 31 号、24 号,发芽率分别为 92. 8%、92%,最低的是 1 号,发芽率为 55. 50%,16 号、31 号、24 号的发芽率分别是 1 号的 171%、167%、166%。发芽势最高的种源是 16 号,发芽势为 91. 46%;其次是 7 号、24 号,发芽势分别为 80. 40%、78. 67%;最低的是 5 号和 1 号,发芽势分别为 14. 00%和 14. 50%。16 号、7 号、24 号的发芽势分别是 5 号的 653%、574%、562%,分别是 1 号的 631%、554%、543%。总体来看,16 号、24 号种源的发芽率和发芽势都较高,31 号种源的发芽率较高,7

号种源的发芽势较高,而 1 号种源的发芽率和发芽势都较低。

5.2.1.5　种源地理位置对果实和种子性状的影响

刺槐原产地的 32 个种源,地理分布于经度 94°42′~76°03′,跨度为 18°12′;纬度 40°05′~34°11′,变动幅度为 6°39′;海拔 86~2 527 m。本试验主要通过相关性分析,研究刺槐原产地种源的经度、纬度、海拔因子对果实和种子性状的影响。相关性分析结果见表 5-6。

表 5-6　刺槐原产地种源地理位置与果实及种子性状的相关性分析

因子	发芽率	发芽势	千粒面积	千粒重	单果种子数	单果好种子数	单果长	单果宽	单果面积
经度	-0.087	-0.085	0.099	-0.013	0.056	-0.013	-0.113	0.125	-0.037
纬度	-0.242**	-0.245**	0.193**	0.119	-0.136*	0.228**	0.153*	0.081	0.118
海拔	0.022	0.019	-0.156*	-0.029	-0.041	-0.064	-0.026	-0.142*	-0.139*

注:* 在 0.05 水平(双侧)上显著相关,* * 在 0.01 水平(双侧)上显著相关。

从表 5-6 可以看出,刺槐原产地种源的经度、纬度、海拔对果实和种子性状的影响大小不同,同一地理因子对果实和种子的不同性状影响也不同。果实的性状中单果好种子数与纬度呈极显著正相关,相关系数为 0.228;单果种子数与纬度呈显著负相关,相关系数为-0.136;单果长度与纬度呈显著正相关,相关系数为 0.153;单果宽度和单果面积均与海拔呈显著负相关,相关系数分别为-0.142、-0.139。种子的性状中发芽率和发芽势均与纬度呈极显著负相关,相关系数分别为-0.242、-0.245;千粒面积与纬度呈极显著正相关,相关系数为 0.193,与海拔呈显著负相关,相关系数为-0.156。这说明果实的单果好种子数随着纬度的增大而增多,单果种子数随着纬度的增大而减少,单果长度随着纬度的增大而增长,单果宽度和单果面积随着海拔的增高而减小。种子的发芽率和发芽势均随着纬度的增大而减小,千粒面积受纬度和海拔两个因子的影响,随着纬度的增大而增大,随着海拔的增高而减小。经度对果实和种子的各个性状影响均不明显。

5.2.2　原产地种源苗期生长性状评价

对孟津大田里生长的 32 个种源刺槐的一年生苗高和地径进行测量,并进行了统计分析,结果见表 5-7。由表 5-7 可知,不同种源间苗高及粗生长量差异均极显著。高生长最大的种源是 7 号,苗高为 1.44 m;其次是 6 号,苗高为 1.39 m;最低的是 21 号,苗高为 0.51 m;7 号、6 号的苗高分别是 21 号的 282%、273%。粗生长最大的种源是 6 号,地径为 14.82 cm;其次是 7 号,地径为 14.2 cm;最小的是 25 号,地径为 6.81 cm;6 号、7 号的地径分别是 25 号的 218%、209%。由此可知,一年生苗中 6 号、7 号种源的高和粗生长都大,21 号、25 号的高和粗生长都小,初步认为 6 号、7 号种源是适合当地生长的种源。之外,综合高、粗生长,31 号种源也是生长较快的种源。

表 5-7　不同种源间一年生苗高和地径生长量比较

种源	苗高(m)	地径(cm)	种源	苗高(m)	地径(cm)
1	0. 91±0. 12ABCDEFG	10. 18±0. 31ABC	17	1. 17±0. 07ABCD	11. 17±0. 26ABC
2	0. 95±0. 15ABCDEF	10. 39±0. 26ABC	18	0. 99±0. 11ABCDEF	9. 35±0. 4CDEFG
3	0. 94±0. 14ABCDEF	10. 01±0. 33ABCD	19	1. 15±0. 1ABCD	11. 79±0. 35ABC
4	0. 91±0. 2ABCDEF	9. 87±0. 43ABCD	20	0. 91±0. 07ABCDEF	10. 72±0. 22ABC
5	1±0. 13ABCDEF	9. 78±0. 33BCDEF	21	0. 51±0. 18GIK	7. 04±0. 35DEFG
6	1. 39±0. 07A	14. 82±0. 37A	22	0. 72±0. 26DEFGHIJK	9. 41±0. 53CDEFG
7	1. 44±0. 16A	14. 2±0. 39A	23	0. 89±0. 17ABCDEFGHI	9. 45±0. 36BCDEFG
8	0. 88±0. 08BCDEFGHIJ	8. 94±0. 27CDEFG	24	1. 16±0. 2ABCD	11. 73±0. 12ABC
9	0. 95±0. 16ABCDEF	10. 16±0. 43ABC	25	0. 61±0. 2FGHIJK	6. 81±0. 59EG
10	0. 93±0. 1ABCDEF	9. 06±0. 23CDEFG	26	1. 09±0. 27ABCDE	11. 68±0. 6ABC
11	1. 04±0. 12ABCDEF	11. 99±0. 51ABC	27	0. 91±0. 37ABCDEFGH	10. 2±0. 52ABC
12	0. 9±0. 13ABCDEFGH	9. 89±0. 34ABCD	28	0. 96±0. 21ABCDEF	9. 85±0. 43ABCDE
13	1. 01±0. 05ABCDEF	10. 55±0. 11ABC	29	1. 05±0. 1ABCDEF	11. 46±0. 39ABC
14	1. 3±0. 35AB	11. 16±0. 26ABC	30	0. 83±0. 18CDEFGHIJK	9. 95±0. 55ABCD
15	0. 66±0. 1EFGHIJK	7. 09±0. 33DEFG	31	1. 26±0. 13ABC	12. 52±0. 3AB
16	0. 92±0. 08ABCDEF	10. 27±0. 15ABC	32	0. 87±0. 12BCDEFGHIJK	9. 52±0. 23BCDEFG

5. 2. 3　不同种源果实和种子性状及苗期相关性

5. 2. 3. 1　种源地理位置与果实、种子性状及苗期生长量的关系

本试验主要通过相关性分析,研究刺槐原产地种源的经度、纬度、海拔因子与果、种子性状及一年生苗生长量的关系。相关性分析结果见表 5-8。从表 5-8 可以看出,刺槐原产地种源的经度、纬度、海拔对果实和种子性状的影响大小不同,同一地理因子对果实和种子的不同性状影响也不同。果实的性状中单果好种子数与纬度呈极显著正相关,相关系数为 0. 228;单果种子数与纬度呈显著负相关,相关系数为-0. 136;单果长度与纬度呈显著正相关,相关系数为 0. 153;单果宽度和单果面积均与海拔呈显著负相关,相关系数分别为-0. 142、-0. 139。种子的性状中发芽率和发芽势均与纬度呈极显著负相关,相关系数分别为-0. 242、-0. 245;千粒面积与纬度呈极显著正相关,相关系数为 0. 193,与海拔呈显著负相关,相关系数为-0. 156。这说明果实的单果好种子数随着纬度的增大而增多,单果种子数随着纬度的增大而减少,单果长度随着纬度的增大而增长,单果宽度和单果面积随着海拔的增高而减小。种子的发芽率和发芽势均随着纬度的增大而减小,千粒面积受纬度和海拔两个因子的影响,随着纬度的增大而增大,随着海拔的增高而减小。经度对果实和种子的各个性状影响均不明显。种源的经度、纬度和海拔对一年生苗的高生长和粗生长影响均不明显。

表 5-8　种源地理位置与果实和种子性状以及一年生苗生长量的相关性分析

因子	发芽率	发芽势	千粒面积	千粒重	单果胚珠数	单果种子数	单果长	单果宽	单果面积	苗高	地径
经度	−0.087	−0.085	0.099	−0.013	0.056	−0.013	−0.113	0.125	−0.037	0.081	0.070
纬度	−0.242**	−0.245**	0.193**	0.119	−0.136*	0.228**	0.153*	0.081	0.118	0.109	0.134
海拔	0.022	0.019	−0.156*	−0.029	−0.041	−0.064	−0.026	−0.142*	−0.139*	0.001	

注：* 在 0.05 水平(双侧)上显著相关，** 在 0.01 水平(双侧)上显著相关。

5.2.3.2　不同种源果实、种子及苗期性状间的相关性

为了探究不同种源刺槐的果实、种子及苗期性状之间的联系，对刺槐的果实面积、单果长、单果宽、千粒重、千粒面积、发芽率、发芽势、单果胚珠数、单果种子数、苗高、地径 11 个指标进行相关性分析，各指标之间的相关系数见表 5-9。

表 5-9　不同种源果实、种子及苗期性状间的相关性

性状指标	单果面积	单果长	单果宽	地径	苗高	千粒重	千粒面积	发芽率	发芽势	单果胚珠数	单果种子数
单果面积	1										
单果长	0.777**	1									
单果宽	0.468**	0.121	1								
地径	0.1	0.047	0.101	1							
苗高	0.072	0.054	0.057	0.714**	1						
千粒重	0.043	−0.016	0.001	0.05	0.013	1					
千粒面积	0.007	−0.012	0.08	−0.012	−0.018	0.213**	1				
发芽率	−0.15	−0.076	0.034	−0.089	−0.104	−0.011	0.246**	1			
发芽势	−0.143	−0.078	0.036	−0.092	−0.111	−0.008	0.249**	0.999**	1		
单果胚珠数	0.066	−0.02	0.095	0.01	0.023	0.008	0.042	0.105	0.105	1	
单果种子数	−0.087	−0.084	−0.012	0.097	0.109	0.101	0.068	0.002	0.004	−0.084	1

从表 5-9 中可以看出，相关关系最高的是发芽率和发芽势，相关关系较小的单果宽度和千粒重。果实面积与单果长度、单果宽度成极显著正相关，相关系数分别为 0.777、0.468。苗高与地径呈极显著正相关，相关系数为 0.736。千粒面积与千粒重、发芽率、发芽势呈显著正相关，相关系数分别为 0.213、0.246、0.249，这表明种子的面积越大，种子的重量也越大，种子的发芽率和发芽势也随之变高。除此之外，果实种子及幼苗性状间的相关性均不显著。

单果面积与发芽率、发芽势、单果好种子数呈负相关，与其他指标均呈正相关；单果长与单果宽、地径、苗高呈正相关，与其他指标均呈负相关；单果宽与单果好种子数呈负相关，与其他指标均呈正相关； 地径，苗高与千粒面积、发芽率、发芽势呈负相关，与其他指标呈正相关；发芽率，发芽势与单果宽、千粒面积、单果胚珠数、单果好种子数呈正相关，与其他性状呈负相关。

5.2.4　不同种源聚类分析

为了更好地对刺槐原产地不同种源进行分类，本研究以单果胚珠数、单果种子数、单果长度、单果宽度、单果面积、种子发芽率、发芽势、千粒重、千粒面积及一年生苗高和地径等 11 个指标为内容，对 32 个种源的果实和种子等性状进行聚类分析，聚类分析结果见图 5-2。从图 5-2 可以看出，类间的距离为 13 时处于拐点水平上，以此分类比较恰当，此时可分为四类：第一类，1，16，21，25，2，30，13；第二类，6，7，17，22，28，29；第三类，19；其余为第四类。第一类的 7 个种源，在地理分布上均不在很高的纬度上。第二类的 6 个种源，在地理分布上除 28 外，均处于高经度上，除 22、29 外，均处于高纬度上。第三类的 19 号种源自成一类。第四类的种源，地理分布比较广，无明显规律。

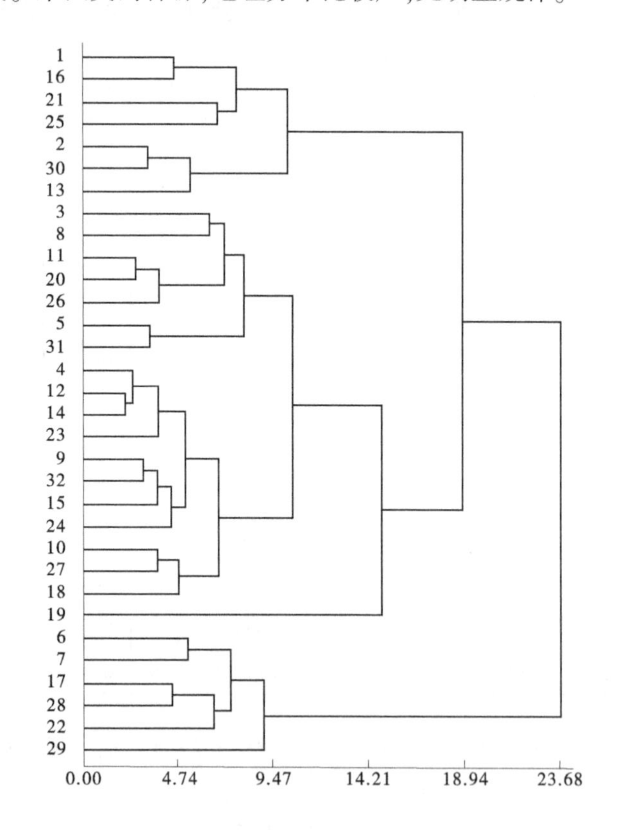

图 5-2　刺槐原产地种源果实和种子等性状聚类分析结果

5.2.5　不同种源主成分分析

对所有指标进行主成分分析，挑选出具有代表性的指标，建立通用模型，计算样本得分，挑选优良种源。主成分分析法按照主成分对应特征值大于 1 的原则，提取前 m 个主成分，经过 SPSS 降维因子分析，在将要建立的模型中，通过方差分解主成分提取分析，提取了 3 个主成分，即 $m=3$，经旋转后的因子成分矩阵见表 5-10。从表 5-10 中可以看出，单果面积、苗高、地径这三个指标在第一主成分上有较高的贡献率，说明第一个主成分基本反映了这三个指标的信息；发芽率、发芽势、单果长这三个指标在第二主成分上有较高的贡献率，说明第二个主成分基本反映了这三个指标的信息；单果胚珠数、单果宽、千粒重这三个指标在第三主成分上有较高的贡献率，说明第三个主成分基本反映了这三个指标的信息。根据所建立的模型，将样本的数据代入，计算每个样品的得分，结果见表 5-11。6 号、7 号、31 号种源综合得分较高，为优质种源，其中 6 号种源得分最高，21 号种源得分最低。

表 5-10　主成分因子的成分矩阵

主成分因子	发芽率	发芽势	千粒重	千粒面积	单果胚珠数	单果种子数	单果面积	单果长	单果宽	苗高	地径
因子 1	0.15	0.05	0.34	0.31	0.05	0.36	0.39	0.29	0.3	0.39	0.39
因子 2	0.46	0.6	−0.1	0.04	0.35	−0.19	−0.21	−0.38	0.05	0.14	0.23
因子 3	−0.18	−0.01	−0.36	0.11	0.58	0	0.32	0.03	0.5	−0.26	−0.25

表 5-11　不同种源综合得分

种源号	第一主成分	第二主成分	第三主成分	综合得分	综合排名
1	−1.36	−2.72	−0.09	−1.11	29
2	−0.95	−2.24	−1.32	−0.99	27
3	−0.34	−0.85	−0.93	−0.42	22
4	0.82	−1.26	1.06	0.17	13
5	1.74	−3.23	−0.32	−0.05	16
6	3.48	1.67	−1.41	1.54	1
7	2.50	2.69	−0.10	1.53	2
8	0.08	−2.72	−1.51	−0.71	24
9	−1.79	−0.43	−1.47	−0.95	26
10	−1.94	−1.43	−0.64	−1.13	30
11	1.45	0.87	0.06	0.75	9
12	0.25	−1.75	0.81	−0.19	19
13	−1.31	1.82	−0.28	−0.15	18
14	1.50	−0.52	0.48	0.52	11
15	−2.48	−1.06	0.40	−1.14	31
16	−1.78	2.38	−0.45	−0.23	20
17	1.96	0.97	0.39	1.01	5
18	−1.74	−0.20	−0.20	−0.74	25
19	2.30	0.83	−1.34	0.91	6
20	1.47	0.03	1.66	0.76	8

续表 5-11

种源号	第一主成分	第二主成分	第三主成分	综合得分	综合排名
21	-5.68	2.30	0.20	-1.69	32
22	-1.84	0.42	0.63	-0.55	23
23	-1.23	0.86	0.18	-0.27	21
24	0.88	1.47	-1.08	0.53	10
25	-3.04	0.22	1.01	-1.02	28
26	0.40	1.45	-0.46	0.41	12
27	0.46	-0.32	0.23	0.14	14
28	2.28	-0.59	3.88	1.19	4
29	1.68	0.41	0.62	0.80	7
30	-1.02	0.68	0.99	-0.14	17
31	3.64	-0.25	-1.28	1.21	3
32	-0.36	0.50	0.29	0.00	15

对6号种源的6个家系进行差异性及主成分分析，由表5-12可知，6号种源果实、种子及幼苗性状间的差异性除发芽率外均极显著，单果长度最大的家系为6号，单果长度为8.06 cm；4号次之，单果长度为8 cm。单果宽度和果实面积最大的均为4号家系，单果宽度为1.15 cm；果实面积为9.31 cm^2。苗高和地径均较大的是1号和6号，1号家系苗高为1.57 m，地径为19.16 cm；6号家系苗高为1.58 m，地径为17.22 cm。发芽率最高的为2号、3号、4号均为94%，而2号发芽率和发芽势都较高，发芽率为94%，发芽势为81.33%。家系单果种子数最多的是3号，单果种子数为11.25个；6号次之，单果种子数为10.37个。单果胚珠数最多的为5号，单果胚珠数为17.97个；4号次之，单果胚珠数为17.77个，千粒面积、千粒重均为最大的是1号家系，千粒面积为139.33 cm^2，千粒重为23.14 g。

表5-12　不同家系果实、种子及苗期性状的差异对比

家系	1	2	3	4	5	6
单果长(cm)	6.6±1.36B	7.3±1.77AB	7.37±1.18AB	8±2.15A	7.46±1.67AB	8.06±2.09A
单果宽(cm)	0.95±0.13C	0.95±0.14C	1.04±0.08B	1.15±0.18A	1.01±0.12BC	1.07±0.15AB
单果面积(cm^2)	6.4±1.79C	7.34±2.3BC	7.69±1.5ABC	9.31±4.03A	7.83±2.41ABC	8.74±2.98AB
地径(cm)	19.16±4.73A	15.54±3.6BC	12.41±2.02D	11.92±2.37D	13.37±3.61CD	17.22±3.79AB
苗高(m)	1.57±0.29A	1.36±0.2BC	1.17±0.26D	1.23±0.27CD	1.43±0.26AB	1.58±0.35A
发芽率(%)	91.33±4.16A	94±5.29A	94±2A	89.33±5.03A	94±0.01A	90±4A
发芽势(%)	74.67±9.02A	81.33±7.57A	72±0A	58.67±3.06B	78.67±1.15A	76.67±4.16A
单果种子数(个)	7.74±3.28C	7.52±3.91C	11.25±3.18A	8.43±4.25BC	8.22±3.84BC	10.37±4.24AB
单果胚珠数(个)	17.81±1.3A	16.77±1.96A	15.28±1.89B	17.77±3.03A	17.97±2.43A	17.43±2.36A
千粒面积(cm^2)	139.33±0.74A	93.8±0.2C	102.57±0.67B	89.53±2D	135.83±2.72A	101.13±0.81B
千粒重(g)	23.14±0.23A	21.41±0.36BC	21.19±0.32BC	21.74±0.91AB	19.88±1.03C	18.28±0.34D

对 6 号种源的 6 个家系的果实、种子及幼苗的性状进行主成分分析，按照主成分对应特征值大于 1 的原则，提取了 3 个主成分，从表 5-13 中可以看出，单果面积、单果宽、单果长这三个指标在第一主成分上有较高的贡献率，说明第一个主成分基本反映了这三个指标的信息；单果胚珠数、发芽率、苗高这三个指标在第二主成分上有较高的贡献率，说明第二个主成分基本反映了这三个指标的信息；千粒重、发芽势、单果种子数这三个指标在第三主成分上有较高的贡献率，说明第三个主成分基本反映了这三个指标的信息。根据所建立的模型，将样本的数据代入，计算每个样品的得分，结果见表 5-14，1 号家系得分较高，4 号家系得分最低。

表 5-13　主成分因子的成分矩阵

性状指标	1	2	3
千粒面积	0. 734	0. 204	−0. 029
千粒重	0. 395	−0. 251	−0. 858
单果面积	−0. 942	0. 286	0. 082
单果长	−0. 89	0. 262	0. 309
单果宽	−0. 948	0. 213	−0. 114
单果种子数	−0. 509	−0. 331	0. 516
单果胚珠数	0. 169	0. 88	−0. 228
发芽率	0. 436	−0. 761	0. 256
发芽势	0. 688	−0. 125	0. 664
地径	0. 703	0. 489	0. 195
苗高	0. 557	0. 736	0. 358

表 5-14　不同家系综合得分

家系	1	2	3	综合	排名
1	3. 29	2. 85	5. 42	3. 08	1
2	1. 25	1. 50	2. 08	1. 27	2
3	−1. 02	−0. 90	−1. 66	−0. 95	4
4	−3. 12	−2. 80	−5. 18	−2. 95	6
5	0. 79	0. 40	1. 29	0. 67	3
6	−1. 19	−1. 05	−1. 96	−1. 12	5

5. 2. 6　种源耐寒性研究

试验材料为河北省平泉县东山苗圃试验林，栽植密度为 3 m × 2 m，栽植方式为种源家系双随机，6 株小区，5 次重复，共 38 个种源。2013 年 5 月对试验林冻害情况进行调查，调查时对每棵树的树高和冻害抽干高度(抽与未抽分界线以上的树体高度)进行测量。

本试验主要以冻害抽干率为指标进行抗寒性研究，家系值按家系内所有重复均值计，种源值按种源内所有家系的均值计。主要采用 DPSv7.05 和 SPSS17.0 统计软件进行多重比较，相关分析。

冻害抽干率越高，说明受冻害程度越严重，抗寒性越差；反之，冻害抽干率越低，抗寒性越强。为找到抗寒性强的刺槐种源，本书对收集到的 38 个刺槐种源，进行了种源间冻害抽干率统计和分析，结果见表 5-15，由表 5-15 可知，刺槐不同种源间冻害抽干率差异极显著。冻害抽干率最低的种源是 16 号，冻害抽干率为 40.87%，其次是 23 号、15 号，冻害抽干率分别为 44.73%、48.11%，基本属于较靠北的种源。冻害抽干率最高的种源是 34 号，冻害抽干率高达 80.82%，其次是 26 号、27 号，冻害抽干率分别为 76.78%、74.73%。16 号、23 号、15 号种源的冻害抽干率分别为 34 号的 51%、55%、60%，为 26 号的 53%、58%、63%，为 27 号的 55%、60%、64%。这说明抗寒性最好的种源为 16 号，其次是 23 号、15 号，抗寒性最差的种源是 34 号，26 号、27 号次之，均属于南方种源。

冻害抽干率 = 冻害抽干高度/树高×100%

表 5-15　刺槐不同种源间冻害抽干率对比

种源	冻害抽干率(%)	种源	冻害抽干率(%)
1	54.52±0.71ABCDEFGHIJKL	20	70.45±0.14ABCD
2	74.22±0.74AB	21	52.67±0.01BCDEFGHIJKL
3	65.02±1.11ABCDEFG	22	59.13±1.09ABCDEFGHIJKL
4	61.61±0.60ABCDEFGHIJK	23	44.73±0.71FGHIJKL
5	60.87±0.57ABCDEFGHIJK	24	65.35±0.32ABCDEFG
6	53.56±0.51ABCDEFGHIJKL	26	76.78±0.17A
7	60.54±0.9ABCDEFGHIJK	27	74.73±0.91A
8	61.32±0.12ABCDEFGHIJK	28	74.27±0.52AB
9	65.08±0.86ABCDEFG	29	66.85±0.57ABCDE
10	71.69±0.59ABC	30	71.31±0.10ABCD
11	55.76±0.54ABCDEFGHIJKL	31	65.81±0.76ABCDEF
12	71.56±0.33ABC	32	66.29±0.37ABCDEF
13	68.79±0.99ABCDE	33	62.98±1.62ABCDEFGHIJ
14	64.97±0.67ABCDEFGH	34	80.82±0.78A
15	48.11±2.23DEFGHIJKL	35	62.34±0.42ABCDEFGHIJ
16	40.87±1.14GHJL	36	63.97±1.01ABCDEFGHI
17	59.36±0.59ABCDEFGHIJKL	37	67.38±0.66ABCDE
18	60.29±0.01ABCDEFGHIJK	38	56.22±2.23ABCDEFGHIJKL
19	50.91±0.63CDEFGHIJKL	39	63.59±1.57ABCDEFGHI

通过调查和统计分析认为，在 38 个刺槐种源中，抗寒性最好的种源为 ST James 种

源,其次是 Independence、Elberfeld 种源,抗寒性最差的种源是 Kenturky Lake 种源,Blue Ridge Lake、Knoxville 种源次之。

5.2.7　种源一年生苗基础材性分析

目前,国内外对刺槐种源都有研究,但都没有对刺槐原产地种源进行系统的研究。本研究把从刺槐原产地美国引进的 34 个种源刺槐种子,培育成苗木,对其苗干密度等性状进行分析,目的在于探索原产地刺槐在此性状方面地理变异的规律性,阐述其变异模式,为优良种源的早期选择提供理论依据。

生长量调查:2011 年 4~7 月将收集到的美国种源刺槐种子在河南孟津进行播种育苗。当年 12 月对其一年生苗木进行生长量调查,每个种源每个家系随机抽取 30 株调查,调查内容包括苗木高度和地径。

基础材性性状测定:2012 年 2 月对该一年生刺槐苗进行选株截干取材。要求每个种源每个家系选取 3 个单株,单株选取长势一般的植株。对选取的植株在离地面 20 cm 处进行截干,再对截掉的树干从基部切口往上 20 cm 处再次截断,对该 20 cm 长的树干做好标记,运回河南省林业科学研究院院内,然后进行削皮(削掉韧皮部,只剩木质部)、切割(从离基部切口 5 cm 处开始切割,2 cm 一段,每株两段即两个重复)、编号(在切割后的小木段上编号)处理,编好号的小木段作为试验材料用。

基本密度及含水率测定:对以上材料编号后尽快用电子天平(精度 0.001 g)称量小木段鲜质量 m_f(g)。然后按 GB/T 1933—2009 第 7 章技术规程进行基本密度测定,体积测量采用排水法。测得绝对干质量 m_d(g)和体积 V(cm^3)后,计算含水率和基本密度。含水率和基本密度公式:含水率 = $(m_f - m_d)/m_f \times 100\%$;基本密度 $\rho = m_d / V$。

木纤维长宽测定方法:木纤维长宽测定,以含水率试验后的干燥小木段为对象,在每个种源每个家系中随机选取一个小木段进行测定。测定采用组织分离制片法进行,具体步骤为:将要分离的小木段置于试管中,然后用 10%铬酸+10%硝酸等量混合液倒入试管中,以浸到材料为止,塞紧试管口,放在 30~40 ℃温箱中,离析 24 h。将已离析好的材料用水冲洗多次,再分别用 30%和 50%酒精脱水 6 h,再用 1%番红酒精液染色 3~4 h,保存于 70%酒精中待用。取适量染色材料置于载玻片上,滴少许蒸馏水,盖上盖玻片,并用滤纸吸去边缘多余的水分,在显微镜下测定纤维的长度和宽度,测长度时放大倍率为 160 倍,测宽度时放大倍率为 640 倍,长度和宽度每个试样选 30 根,计算其平均数作为试样测定值,亦即一个家系的测定值,然后计算出长宽比。

5.2.7.1　种源间苗期生长量差异

由表 5-16 可知,美国刺槐不同种源间苗高及粗生长量差异均极显著。高生长最大的种源是 7 号,苗高为 1.44 m,其次是 6 号,苗高为 1.39 m,最低的是 21 号,苗高为 0.51 m。粗生长最大的种源是 6 号,地径为 14.82 mm,其次是 7 号,地径为 14.2 mm,最小的是 25 号,地径为 6.81 mm。由此可知,一年生苗中 6 号、7 号种源的高和粗生长都大,21 号、25 号的高和粗生长都小,初步认为 6 号、7 号种源是适合当地生长的种源。之外,综合高粗生长,31 号种源也是生长较快的种源。

表 5-16　美国刺槐种源间一年生苗高和地径生长量比较

种源号	苗高(m)	地径(mm)
1	0. 91±0. 12ABCDEFGH	10. 18±0. 31ABCDE
2	0. 95±0. 15ABCDEFG	10. 39±0. 26ABCDE
3	0. 94±0. 14ABCDEFG	10. 01±0. 33ABCDEF
4	0. 91±0. 2ABCDEFGH	9. 87±0. 43ABCDEF
5	1±0. 13ABCDEFG	9. 78±0. 33BCDEF
6	1. 39±0. 07A	14. 82±0. 37A
7	1. 44±0. 16A	14. 2±0. 39A
9	0. 95±0. 16ABCDEFG	10. 16±0. 43ABCDE
10	0. 93±0. 1ABCDEFGH	9. 06±0. 23CDEF
11	1. 04±0. 12ABCDEF	11. 99±0. 51ABC
12	0. 9±0. 13ABCDEFGH	9. 89±0. 34ABCDEF
13	1. 01±0. 05ABCDEFG	10. 55±0. 11ABCDE
14	1. 3±0. 35AB	11. 16±0. 26ABCD
15	0. 66±0. 1FGH	7. 09±0. 33F
16	0. 92±0. 08ABCDEFGH	10. 27±0. 15ABCDE
17	1. 17±0. 07ABCD	11. 17±0. 26ABCD
18	0. 99±0. 11ABCDEFG	9. 35±0. 4CDEF
19	1. 15±0. 1ABCDE	11. 79±0. 35ABCD
20	0. 91±0. 07ABCDEFGH	10. 72±0. 22ABCDE
21	0. 51±0. 18H	7. 04±0. 35F
22	0. 72±0. 26DEFGH	9. 41±0. 53BCDEF
23	0. 89±0. 17ABCDEFGH	9. 45±0. 36BCDEF
24	1. 16±0. 2ABCD	11. 73±0. 12ABCD
25	0. 61±0. 2GH	6. 81±0. 59F
26	1. 09±0. 27ABCDE	11. 68±0. 6ABCD
27	0. 91±0. 37ABCDEFGH	10. 2±0. 52ABCDE
28	0. 96±0. 17ABCDEFG	9. 85±0. 43ABCDEF
29	1. 05±0. 1ABCDEF	11. 46±0. 39ABCD
30	0. 83±0. 18CDEFGH	9. 95±0. 55ABCDEF
31	1. 26±0. 13ABC	12. 52±0. 3AB
32	0. 87±0. 12BCDEFGH	9. 52±0. 23BCDEF
33	0. 79±0. 06CDEFGH	8. 61±0. 21DEF
34	0. 68±0. 25EFGH	7. 71±0. 58EF

5. 2. 7. 2　种源基础材性对比研究

1. 木材含水率测定

试验对美国不同种源刺槐的木材含水率进行了测定比较,经方差分析,刺槐原产地种源间木材含水率差异不显著($P>0.05$)。从表 5-17 的结果看,含水率最高的种源是 34 号,含水率达 45. 59%,其次是 9 号,含水率为 42. 5%,最低的是 10 号,含水率为 30. 91%,

34 号、9 号的含水率分别是 10 号的 147%、137%。

表 5-17　美国刺槐种源间苗干含水率对比

种源号	含水率(%)	种源号	含水率(%)	种源号	含水率(%)
1	36. 98±0. 13abc	13	35. 16±1. 06bc	25	37. 67±0. 23abc
2	36. 53±0. 15abc	14	36. 44±0. 06abc	26	35. 71±0. 08bc
3	41. 57±0. 92abc	15	36. 62±0. 33abc	27	37. 06±0. 11abc
4	37. 00±0. 22abc	16	36. 54±0. 33abc	28	39. 35±0. 72abc
5	35. 15±0. 64bc	17	33. 07±0. 39c	29	37. 78±0. 37abc
6	36. 16±0. 08abc	18	33. 08±0. 71c	30	36. 79±0. 19abc
7	40. 74±0. 41abc	19	38. 89±0. 84abc	31	36. 24±0. 1abc
8	35. 88±1. 46bc	20	36. 49±0. 16abc	32	40. 05±0. 72abc
9	42. 50±0. 60ab	21	38. 44±0. 27abc	33	32. 88±0. 90c
10	30. 91±1. 02c	22	36. 58±0. 23abc	34	45. 59±1. 23a
11	39. 87±0. 54abc	23	42. 42±0. 41abc		
12	37. 62±0. 35abc	24	32. 98±1. 13c		

注:表内不同大写字母表示差异极显著,不同小写字母表示差异显著。下同。

2. 木材基本密度测定

对美国不同种源刺槐的木材基本密度测定后进行比较,从比较结果(见表 5-18)看,刺槐原产地种源间木材基本密度差异极显著。其中木材基本密度最大的种源是 22 号,基本密度达 0. 69 g/cm^3;其次是 10 号,基本密度为 0. 59 g/cm^3;最小的是 25 号,基本密度为 0. 34 g/cm^3。

表 5-18　美国刺槐种源间木材基本密度对比

种源号	基本密度 (g/cm^3)	种源号	基本密度 (g/cm^3)	种源号	基本密度 (g/cm^3)
1	0. 51±0. 04BCDE	13	0. 44±0. 04CDE	25	0. 34±0. 02E
2	0. 48±0. 05BCDE	14	0. 52±0. 09BCD	26	0. 45±0. 05BCDE
3	0. 48±0. 06BCDE	15	0. 52±0. 03BCD	27	0. 5±0. 05BCDE
4	0. 49±0. 04BCDE	16	0. 48±0. 04BCDE	28	0. 43±0. 06DE
5	0. 45±0. 09CDE	17	0. 49±0. 03BCDE	29	0. 44±0. 04CDE
6	0. 47±0. 06BCDE	18	0. 38±0. 07E	30	0. 48±0. 04BCDE
7	0. 44±0. 06CDE	19	0. 49±0. 06BCDE	31	0. 43±0. 05CDE
8	0. 46±0. 07BCDE	20	0. 49±0. 06BCDE	32	0. 48±0. 04BCDE
9	0. 45±0. 05BCDE	21	0. 43±0. 07DE	33	0. 48±0. 04BCDE
10	0. 59±0. 12AB	22	0. 69±0. 12A	34	0. 46±0. 01BCDE
11	0. 5±0. 05BCDE	23	0. 54±0. 06BCD		
12	0. 52±0. 09BCD	24	0. 57±0. 11ABC		

3. 木纤维长宽测定

对美国不同种源刺槐的木纤维长度、宽度及长宽比进行了测定和分析，结果表明，不同种源间木纤维长度、长宽比均差异显著，宽度差异不显著($P>0.05$)。从表5-19可知，木纤维长度最长的种源是22号，长度可达665.67 μm；其次是25号，长度为664.87 μm；最短的是21号，长度为550.26 μm；22号、25号的木纤维长度均是21号的121%。木纤维宽度最大的种源是21号，宽度可达24.1 μm；其次是28号，宽度为23.36 μm；最小的是18号，宽度为19.7 μm；其次是23号，宽度为19.91 μm；21号的木纤维宽度分别是18号、23号的122%、121%，28号的木纤维宽度分别是18号、23号的119%、117%。木纤维长宽比最大的种源是25号，长宽比可达33.15；其次是32号、22号，长宽比分别为31.93、31.46；最小的是21号，长宽比为22.97；其次是28号，长宽比为24.64；25号的木纤维长宽比分别是21号、28号的144%、136%，32号的木纤维长宽比分别是21号、28号的139%、130%，22号的木纤维长宽比分别是21号、28号的137%、128%。

5.2.7.3 种源地理位置对材性以及生长量的影响

美国刺槐种源间木纤维长度、宽度及长宽比对比见表5-19。

表5-19 美国刺槐种源间木纤维长度、宽度及长宽比对比

种源号	长度(μm)	宽度(μm)	长宽比
1	596.46±0.86bcde	21.53±0.17abc	27.8±0.33abcdefg
2	604.42±1.04bcde	21.39±0.24abc	28.39±0.35abcdef
3	603.98±0.88bcde	20.97±0.2abc	28.9±0.29abcd
4	617.43±1.13abcd	21.54±0.15abc	28.73±0.31abcde
5	586.51±1.07bcde	20.84±0.26abc	28.38±0.52abcdefg
6	597.26±0.82bcde	21.37±0.45abc	28.45±0.6abcdef
7	608.65±0.62bcde	21.34±0.29abc	28.7±0.34abcde
8	564.08±0.98e	20.66±0.15c	27.38±0.33bcdefgh
9	595.6±0.67bcde	22.99±0.33ab	26.02±0.23cdefgh
10	586.53±1.03bcde	21.05±0.2abc	27.94±0.3abcdefg
11	572.11±1.26cde	21.25±0.18abc	27.08±0.46cdefgh
12	598.92±1.23bcde	21.34±0.22abc	28.13±0.28abcdefg
13	589.01±1.21bcde	21.5±0.2abc	27.47±0.32abcdefgh
14	599.59±0.91bcde	20.14±0.12c	29.76±0.11abc
15	622.59±0.39abc	20.82±0.29abc	30.06±0.32abc
16	606.24±0.71bcde	20.75±0.18abc	29.29±0.25abcd
17	641.88±0.56ab	20.71±0.24bc	31.18±0.41ab
18	575.98±0.49cde	19.7±0.17c	29.28±0.15abcd
19	581.87±1.03bcde	20.37±0.22c	28.67±0.34abcde

续表 5-19

种源号	长度 (μm)	宽度 (μm)	长宽比
20	569. 9±0. 57de	21. 47±0. 16abc	26. 59±0. 19cdefgh
21	550. 26±1. 28e	24. 1±0. 28a	22. 97±0. 41h
22	665. 67±0. 34a	21. 17±0. 08abc	31. 46±0. 17ab
23	581. 83±0. 6cde	19. 91±0. 23c	29. 4±0. 39abc
24	608. 52±0. 73bcde	21. 73±0. 2abc	28. 12±0. 33abcdefg
25	664. 87±0. 05a	20. 16±0. 32c	33. 15±0. 39a
26	579. 99±0. 62cde	22. 23±0. 2abc	26. 19±0. 29cdefgh
27	615. 05±0. 68abcde	20. 47±0. 17c	30. 12±0. 28abc
28	572. 3±0. 68cde	23. 36±0. 3a	24. 64±0. 32fgh
29	610. 87±1. 12abcde	22. 28±0. 13abc	27. 47±0. 31bcdefgh
30	576. 87±0. 59cde	23. 2±0. 44a	25. 22±0. 52defgh
31	608. 78±0. 87abcde	22. 36±0. 15abc	27. 27±0. 24bcdefgh
32	634. 85±1. 15ab	20±0. 24c	31. 93±0. 43ab
33	585. 15±1. 24bcde	21. 58±0. 18abc	27. 14±0. 22cdefgh
34	589. 26±1. 19bcde	22. 56±0. 12abc	26. 11±0. 16cdefgh

分析了木材含水率、基本密度、木纤维长宽度等材性指标及一年生苗高和地径生长量与刺槐原产地种源地经纬度和海拔的相关性。从表 5-20 可知，木材材性中，基本密度与经度呈显著负相关（$P<0.05$），相关系数为-0. 173；木纤维长宽比与纬度呈显著正相关（$P<0.05$），相关系数为 0. 150。木材含水率以及木纤维长度、宽度与经度、纬度、海拔的相关性不明显。一年生苗高和地径与纬度均呈显著正相关（$P<0.05$），相关系数分别为 0. 152、0. 133，苗高和地径与经度、海拔的相关性不明显。由此可见，木材材性受地理位置的影响，具有地理变异性，但不同材性指标变异规律不同，木材基本密度随着经度的增大而减小，木纤维长宽比随着纬度的增大而增大，木材含水率受地理位置的影响不大，海拔对木材材性的影响不明显。一年生苗生长量受种源纬度影响明显，高粗生长均随着纬度的增大而增大，经度和海拔对一年生苗生长量影响不明显。

表 5-20　美国刺槐材性及生长量与种源地地理位置的相关性分析

因子	含水率	基本密度	木纤维长度	木纤维宽度	木纤维长宽比	苗高	地径
经度	-0. 140	-0. 173*	-0. 095	0. 037	-0. 087	0. 014	0. 01
纬度	0. 074	0. 024	0. 084	-0. 136	0. 150*	0. 152*	0. 133*
海拔	0. 018	0. 101	-0. 097	-0. 053	-0. 027	0. 024	0. 03

注：* 在 0. 05 水平（双侧）上显著相关，* * 在 0. 01 水平（双侧）上显著相关。下同。

5.2.7.4　生长量及材性因子间相关性分析

从表5-21可知，苗高与地径呈极显著正相关（$P<0.01$），相关系数为0.726；木纤维长宽比与木纤维长度呈极显著正相关（$P<0.01$），相关系数为0.696；与木纤维宽度呈极显著负相关（$P<0.01$），相关系数为-0.802；木纤维长度与宽度呈显著负相关（$P<0.05$），相关系数为-0.148。其他指标中，苗高和地径与木材含水率、基本密度之间均呈负相关，与木纤维长度、木纤维长宽比均呈正相关，含水率与基本密度、木纤维长度、木纤维长宽比均呈负相关，基本密度与木纤维长度、木纤维长宽比均呈正相关，木纤维宽度与苗高、基本密度均呈负相关，与地径、含水率均呈正相关，但相互之间的相关性都不显著。

表5-21　美国刺槐生长量以及材性因子间的相关性分析

因子	苗高	地径	含水率	基本密度	木纤维长度	木纤维宽度	木纤维长宽比
苗高	1						
地径	0.726**	1					
含水率	-0.075	-0.032	1				
基本密度	-0.095	-0.074	-0.075	1			
木纤维长度	0.086	0.056	-0.016	0.138	1		
木纤维宽度	-0.034	0.009	0.045	-0.023	-0.148*	1	
木纤维长宽比	0.07	0.017	-0.051	0.096	0.696**	-0.802**	1

5.2.8　优良种源选育研究

5年生刺槐试验林生长情况见表5-22。

表5-22　5年生刺槐种源树高生长量调查

种源	胸径(cm)	树高(m)	种源	胸径(cm)	树高(m)	种源	胸径(cm)	树高(m)
1	7.3	7.1	14	7.6	6.9	27	7.9	7.1
2	8.0	7.5	15	7.9	7.6	28	7.0	7.0
3	7.9	7.6	16	8.2	7.4	29	7.4	7.4
4	8.3	7.4	17	8.1	7.4	30	7.6	7.3
5	7.7	7.7	18	6.9	6.6	31	7.9	7.7
6	8.0	7.4	19	7.7	7.3	32	8.6	8.1
7	7.9	7.2	20	8.2	7.1	33	8.2	7.6
8	8.2	7.4	21	7.7	6.9	34	8.3	7.7
9	8.0	7.3	22	9.1	7.8	35	7.9	7.5
10	7.3	7.2	23	7.8	7.4	36	7.7	7.4
11	8.1	7.2	24	7.6	6.9	37	8.0	7.6
12	8.3	7.3	25	—	—	38	7.2	7.2
13	7.9	7.3	26	8.3	7.6	39	7.9	7.2

从表 5-24 可以看出，综合胸径和树高指标，速生性较强的种源依次为 22 号(Colt)、32 号(Washington DC)、34 号(Kenturky Lake)、26 号(Blue Ridge Lake)、4 号(Cadiz piedmont)。从 5 年生试验林生长结果看，速生性强的 5 个种源均为引进种源，明显优于对照的 5 个国内次生种源，表现出更好的生长潜力。另外，两年生表现优良的 42 号、7 号和 8 号到 5 年生时速生优势并不明显，说明刺槐幼林期生长变化差异较大，目前结果仅为初选，对不同种源的生长性评价还需要更长的时间。

5.2.9　种源遗传特性分析

与北京林业大学进行合作开展了种源遗传特性分析方面的一些工作。

5.2.9.1　SSR 位点遗传多样性分析

利用 8 对多态性较高的 EST-SSR 引物，应用 SSR 荧光标记技术，对美国 33 个种源的 189 个刺槐家系进行 PCR 扩增，对于扩增产物进行毛细管电泳检测，应用 GeneMarker V2.25 (Val)软件对 SSR 荧光毛细管电泳的结果进行分析。结果见表 5-23，从表 5-23 可以看出，8 个 SSR 位点共检测到 315 个观测等位基因(Na)，每对引物可检测 26~52 个观测等位基因，平均观测等位基因数为 39.4 个，其中 RPly3 和 RPly8 两个位点检测到的等位基因数最多，为 52 个，而引物 RPly27 检测到的等位基因数最少，有 26 个；有效等位基因(Ne)变化为 16.695 3~38.989 5，平均有效等位(Ne)基因数为 25.906；Shannon 多样性指数(I)变化为 2.945 4~3.624 4，平均 Shannon 多样性指数(I)为 3.362 4；期望杂合度(He)变化为 0.942 6~0.977 0，平均期望杂合度(He)为 0.961 1；观察杂合度(Ho)变化为 0.170~0.929，平均观察杂合度(Ho)为 0.320 2。以上遗传多样性参数均表明 189 份刺槐主栽品种具有较高遗传多样性。

表 5-23　SSR 标记在 189 个刺槐家系中的多态性信息

基因座 Locus	观测等位基因数 Na	有效等位基因数 Ne	Shannon 信息指数 I	观测杂合度 Ho	期望杂合度 He
RPly2	33.000	23.362 3	3.280 9	0.322 8	0.959 7
RPly3	52.000	31.458 4	3.624 4	0.365 1	0.970 8
RPly5	28.000	17.762 8	3.015 1	0.248 7	0.946 2
RPly8	52.000	38.989 5	3.767 7	0.212 8	0.977 0
RPly15	40.000	23.040 4	3.323 9	0.611 7	0.959 1
RPly27	26.000	16.695 3	2.945 4	0.409 6	0.942 6
RPly49	40.000	27.040 9	3.431 5	0.222 2	0.965 6
RPly60	44.000	28.900 54	3.510 9	0.169 3	0.968 0
平均	39.375	25.906	3.362 4	0.320 2	0.961 1

5.2.9.2　相似性系数与聚类分析结果

利用 Power Marker 3.25 软件对所有刺槐家系进行聚类分析，计算品种间遗传相似性系数并构建聚类树状图。189 个刺槐家系的相似性系数的变化范围在 0.51~1.00。由聚类分析树状图可以看出,在相似系数为0.515处可将189个刺槐家系分为6个组,其中第一组又可分为两个亚组共29个家系,第一亚组包括11个家系,第二个亚组包括18个家系;第二组共包括90个家系,在整个群体中占较大比例,可以达到47.6%以上;第三组包括14个家系;第四组有26个家系;第五组有7个家系;第六组包括23个家系。从聚类结果可以看出,大部分种源地相同或相近的品种能够聚在一起,主要分布在第二组的不同亚组中,但同时也有部分相同种源地的刺槐品种被聚类到了其他不同组中,表明这部分美国刺槐品种的聚类与地理位置不完全相关。

第6章　刺槐繁殖与栽培技术

6.1　刺槐的繁殖技术

6.1.1　育苗地准备

6.1.1.1　育苗地选择

刺槐苗期有怕涝、怕风、怕寒、怕重盐碱、喜疏松土壤的特性。刺槐圃地要选在土壤不黏、非盐碱、背风向阳、排水良好的肥沃沙壤土,且具有水浇条件的地方。若在盐碱地育苗要选含盐量低于0.2%、地下水位大于1 m的地方。刺槐圃地不宜连作,连作时间越长,苗木产量和质量越低,且越易遭到立枯病等为害。前茬为蔬菜地、红薯地不宜作为刺槐圃地,而与侧柏、杨树、松树、苦楝、臭椿等轮作,苗木生长好,病虫害少。

6.1.1.2　整地

刺槐育苗地应在冬季进行深翻,次年春季育苗前每亩施3 000~4000 kg腐熟厩肥,耕耙前每亩施15 kg黑矾或1.5~2.5 kg 2.5%敌百虫粉剂进行消毒,耙地整平。在雨水少、土质疏松的地方可用低床育苗,床面一般长10 m、宽1 m;雨水多、土壤较为黏重区可采用高床育苗,床高20~25 cm;若大田平床育苗,要注意搞好排水设施。

6.1.2　刺槐的播种繁殖技术

6.1.2.1　采种

选择生长健壮、树干通直、圆满、品质优良的15~30年生刺槐作采种母树或建立种子园。荚果成熟期在8~9月。当一株树上有80%的果荚由绿转为赤褐,荚皮变硬呈干枯状,种皮呈黄色时,即可采集,摊于水泥晒场上暴晒1天左右,然后敲破荚壳脱种,除去果皮、秕粒和杂质,得到纯净种子,干藏。

6.1.2.2　种子处理

刺槐种皮厚而坚硬,采取分级催芽、分期播种法。第一批先用50 ℃左右的温水浸种24 h,将已膨胀的种子挑出,置于温暖湿润的环境处催芽,保持种子湿润状态,待20%左右的种子萌芽即可播种。把剩余的种子用80 ℃左右的热水烫种,使水温自然冷却,浸泡24 h,挑出膨胀的种子进行催芽。反复操作至种子全部膨胀。

6.1.2.3　播种

以春播为主,一般在3月下旬至4月上旬播种为宜。

以苗床条播为好,便于管理。干旱、山地育苗可采用培垄方法,每隔30 cm开1条宽7~8 cm、深2~3 cm的播种沟,沟底整平、浇水,在沟内撒播催芽处理过的种子,然后将播种沟培成高10~15 cm的垄,待种子开始发芽时,轻轻耙平培土,使覆土仍在0.5~1.0 cm。

播种量：畦播种子30~45 kg/hm²；大田育苗时，采用耧播，行距25~30 cm，播种量60~75 kg/hm²。

6.1.2.4　播种苗管理

1. 出苗期

播种后，从刺槐种子萌发出土，到幼苗出现真叶时为止的一段时期为出苗期。刺槐播种后，在温度5.2 ℃左右时种子开始萌发；20~25 ℃为种子最适萌发温度。幼苗出土前后，易遭种蝇危害，同时，幼苗嫩，易遭灼害和立枯病危害。所以，此期的主要任务是保证刺槐播种后出苗早、出苗齐、出苗全，必须做到播前催芽，及时播种，保证地表湿润，防治地下害虫，尤其是种蝇幼虫危害。

2. 生长缓慢(蹲苗期)

从幼苗出现真叶开始，到苗木开始加速生长为止，时间在5~6月，此期幼苗长出侧枝，能进行光合作用，但生长缓慢，仅占全年总生长量的10%左右，根系生长很快，深达20~40 cm。此期抚育的主要措施是及时间苗、定苗。苗高5~10 cm，进行间苗、定苗，株距4~6 cm，留苗112.5万~225万株/hm²。为促进苗木根系生长，应适时进行合理灌溉，即干旱天气，一般10~15天灌溉1次。雨后或灌溉后，应及时松土保墒。松土要浅，不伤苗根，结合松土进行除草。同时，要防治蝼蛄、蛴螬、地老虎和蚜虫等危害。

3. 旺盛生长期(速生期)

这一时期为70~80天，苗木地上和地下部分生长很快，特别是地上部分生长量占全年生长量的80%左右，侧枝较多。该时期是决定苗木产量和质量的关键时期。因此，加强抚育管理是提高苗木质量的关键措施。所以，除继续做好松土、除草外，要及时进行追肥、灌水和防治病虫害，在不旱情况下，不必灌溉，雨季注意排水。苗木生长期间，宜在6月下旬至8月下旬追肥2~3次。追肥以氮、磷、钾完全肥料为好，每次施追肥75~112.5 kg/hm²，后期适当多施磷、钾肥，促进苗干木质化，并及时做好防虫工作。

4. 生长休止期

9月中旬随着气温下降，刺槐苗木生长速度由快变慢，直到霜降停止生长，落叶后进入休眠。该期苗木特点：生长缓慢，占全年生长量的10%左右。茎色由紫绿变红褐色，叶逐渐变色脱落。苗木地径稍有增长，根系仍在生长。此时期应停止施肥和灌溉，防止苗木徒长，提高越冬抗寒能力，并加强管理，防止人畜危害。刺槐造林多用截干苗，为培育健壮的根系，在苗木生长期间，采用摘叶剪叶等措施，促进苗木根系发育，效果良好。

6.1.3　刺槐的无性繁育技术

刺槐无性繁殖技术，是刺槐无性改良必须具备的技术条件之一，配套的无性繁殖技术，对营建刺槐无性系种子园、良种的快速推广有着十分重要的意义。目前常用的刺槐无性繁育技术主要有根繁、扦插、嫁接和组培快繁等繁殖方法。

6.1.3.1　根段繁殖技术

1. 阳畦催芽育苗法

剪截根段：初冬或早春将刺槐优良无性系自根苗粗0.2 cm以上的根全部挖出，剪成3~5 cm长的根段。细根宜长，粗根宜短；发芽快、发芽率高的无性系如8048、8059等宜短些,发芽慢、发芽率低的无性系宜长些。为使根段发芽整齐,将剪截好的根段按粗、中、细分成三级,并应随剪随分级随播根。

催芽的时间:试验证明,雨水至惊蛰开始催芽,3月底、4月上中旬移栽,根段发芽率、芽苗移栽成活率较高。因为前期气温较低,土壤湿润,气温、土壤温度、湿度变动的幅度小,在塑料棚阳畦保温、保湿作用下,根段发芽正常,发芽率和芽苗移栽成活率高。春分后催芽,5月中下旬移栽,不仅阳畦催芽管理困难,移栽芽苗也较难成活。

催芽的方法:选背风向阳、地势高燥、无鸟兽为害的地方做畦,畦宽1 m,畦长视播根数量而定,畦土以细砂土、沙壤土为好。若土质过黏,应进行换土。畦面与地面相平,不宜做成低畦,低畦温度低、不利催芽,畦埂10~15 cm高,以防雨水流入畦内。畦土整平耙细后,即可撒播种根,每平方米可撒播根段300个左右。覆土厚度以上不露根为宜,然后喷足水,盖上离畦面15 cm以上弓形塑料薄膜,四周封严,以保温、保湿。

阳畦管理:播根后大约20天开始发芽。前期气温低,阳畦内不宜过多地喷水。后期气温逐渐升高,特别是3月中下旬中午畦内温度高达30 ℃以上时,要及时进行侧方通风、降温,并勤喷水,严防幼苗日灼。当苗高5 cm以上时开始晾畦炼苗,晾畦要掌握在早晨或下午日落前后进行,使小苗逐渐得以锻炼。炼苗3~4天后,可全掀开薄膜,再停1~2天后进行移栽。

地下害虫防治:阳畦催芽期间常有蝼蛄、地老虎、蛴螬等地下害虫为害,可用麦麸(敲碎的菜籽饼或棉籽饼)5 kg、90%敌百虫50 g进行防治。先将敌百虫用少量热水化开,加入预先敲碎的菜籽饼、棉籽饼或麦麸中,加适量水(使毒饵能捏得拢、撒得开),配好的毒饵于下午4时以后撒入畦内毒杀。

芽苗移栽:芽苗移栽的时期要掌握宜早不宜晚、移大不移小。一般3月底到4月上中旬移栽,最晚不应晚于5月上旬。芽苗高度应在5~10 cm,低于5 cm的芽苗移栽时成活率很低,由于根段发芽不整齐,芽苗移栽就分批进行,移栽时小苗或未发芽的根段应留在阳畦内继续催芽。

移栽芽苗最好选阴天,如在晴天,应于下午3时以后进行,避免中午高温,使芽苗易过度失水而影响成活。严禁雨天移栽。芽苗起出后,放入盛水的盆中,立刻栽植,栽植株行距30 cm × 70 cm。

移栽方法:移栽时用小铲切一直壁,把芽苗贴直壁上覆土浇水(要适当深栽)。栽后三四天内每天逐棵点浇一遍水,一周后浇透水一次并松土保墒,后期管理与大田育苗相同。

该法优点:剪根简便,不存在大小头区分问题,繁殖系数高。一般在繁殖材料紧张时用。

缺点:移栽后浇水次数多,时间性强。

2. 营养钵阳畦催芽育苗法

营养钵的制备:用制备棉花营养钵的工具打制营养钵,规格为直径7.0 cm、高10.0 cm。

营养钵土:1份肥沃表层熟土、1份优质土杂粪、1份细沙混合拌匀,边撒边搅拌均匀,使混合土达到手握成团,放下不散为好,放半天后即可打制(使个别土粒充分湿润)。

插根及催芽:选背风、向阳、高燥处,挖深20 cm、宽100~120 cm、长度视需要而定的畦,畦底部铲平,撒一层薄沙,把打好的营养钵一个挨一个直接放入畦底,钵体先晒2天后再喷透水(这样的营养钵不易烂),包括畦底也要喷透水,然后把粗0.2 cm以上的根剪成

3~5 cm 长，一边剪一边插入钵凹处，注意根的形态上端朝上，上下端不能弄错，一钵插一个根，插时粗细根分开，根的上端与钵上平面平，再往钵的上面撒一层 1.0 cm 厚的沙壤土，少喷点水，也可不喷。盖好塑料薄膜即可，薄膜离钵土平面要保持 10.0 cm 以上。

宜早不宜迟，惊蛰前把根插上，3 月中下旬芽出来后，温度高时注意通风降温，芽苗长到 5~10 cm 时炼苗，炼苗后（3 月底、4 月上中旬）选阴天或晴天早上、下午 3 时以后带营养钵移入整好的圃地。密度 30 cm × 70 cm，移时不要把营养钵弄烂，移好后及时浇水，芽苗未长到 5 cm 以上的继续催芽。

优点：带营养钵移苗，省工省水，成活率高，没有缓苗期，苗木生长整齐，对土壤要求不严，便于管理。一般在材料少时用此法。

缺点：制作营养钵需要用工，插根时根的上下端不能弄错。

3. 刺槐根段直播（插）育苗法

分级剪截根段：将刺槐优良无性系苗粗度 0.4 cm 以上的根挖出，剪成长 5 cm，按粗 0.4~0.6 cm、0.6~0.8 cm、0.8 cm 以上分级放好。

埋根方法：直插埋根法不仅适合于黏壤土、粉沙壤土，更适合于沙土。因为沙土易失水，平埋根离地面距离近，易造成埋根干枯，沙土地育苗用直插埋根，使根能从较深土层吸收水分，经过多次分析试验，沙土地直插埋根，根粗不小于 0.6 cm、根长不低于 6 cm。埋根时先把圃地按 70 cm 行距拉出一深 5 cm 的沟，浇透水后按 20 cm 株距插入根，根上端平于或稍高于地面即可。水渗透后盖好，成苗率均能达到 90%左右。

埋根时间及土壤管理：3 月中下旬到 4 月上旬埋根成活率较高，应用该方法必须保持土壤湿润，土壤干旱时要及时浇水，浇后要适时松土，尤其保护好根芽。另外，还可先把根阳畦催芽、根露芽后，播入圃地，盖上塑料薄膜，效果更好。

优点：方法简便、省工省时。

缺点：要在繁殖材料充足有浇水条件的情况下才能使用，管理不善成苗率不高。

4. 刺槐根段直播（插）地膜覆盖育苗法

埋根时间在 3 月底以前。育苗前对圃地浇水选墒后，整平耙细，用犁扶垄，四犁一垄，使垄成上宽 70 cm，且中间高两侧低，下宽 100 cm，垄间距 10 cm。按株距 15 cm 插入长 5 cm、粗 0.4 cm 以上的根，每垄两行，覆土后盖上塑料薄膜即可。在幼苗出土后，要及时剪破出苗处地膜，用土封好剪口，若土壤干旱应浇水。

优点：适宜在较干旱地区育苗，较为省工，成活率高，出芽早、出苗齐，苗木生长量大。在繁殖材料充足条件下用。

缺点：投资较高。

5. 优树及稀有材料繁殖方法

优树的根龄长，繁殖成苗率低，要想快速繁殖合格壮苗，需要有特殊方法。稀有材料，如从国外引进的良种等材料，既难得也不易采，必须做到有绝对把握繁殖出苗，这就需要特殊的方法。

温床准备：在背风向阳处挖 55 cm 深、宽 1 m 的土坑，长度根据需要而定，坑底铺一层 15 cm 厚炉渣，炉渣上铺 10 cm 厚沙，沙上铺 10 cm 厚麦秸，麦秸上铺 10 cm 厚未脱熟马粪，马粪上铺 7 cm 厚肥土，肥土上铺 3 cm 细沙。

埋根：粗0.3 cm以上的根剪成5 cm长、粗0.3 cm以下的根剪成10 cm长，剪好的根于2月底3月初埋于温床最上层细沙中，灌水后，温床上加盖一小塑料弓棚。

割芽扦插：当根芽长出5片真叶，高5 cm以上时，用锋利刀片在芽上部0.5 cm处快速割下嫩芽，将芽放于湿布包好。将营养钵（营养钵规格如前述）喷透水后，插入割下的嫩芽，然后再少喷点水，盖上塑料弓棚。

移栽：扦插后一般10天后可生根3条左右，炼苗3天后移入苗圃地，每营养钵浇1碗水。该项工作可持续到6月中旬。按照上述方法，平均1 cm长的根可育出1~1.5株苗，当年苗高达2 m以上。

6.1.3.2 扦插繁殖技术

刺槐扦插繁殖技术，育苗成本低，苗木质量好，操作简便，但成活率偏低。

1. 材料准备

扦插材料用1年根生苗干，插穗粗1 cm以上，苗基部隐芽不饱满一般不用，插穗长度15 cm左右，春季剪后储藏或春季随剪随插。

2. 激素处理

用5 000 mg/L奈乙酸或1 000 mg/L的ABT生根粉速浸。

3. 苗床及扦插

插床规格为上宽40 cm、下宽60 cm、高20 cm垄（7天前灌透水1次），垄上盖塑料膜，把浸过激素的插穗插入垄上，一垄2行，株距30 cm，每亩需插穗6 000根，一般插后1个月可生根，从扦插到生根这段时间尤其注意浇水，保持土壤湿润，成活率可达90%。

4. 注意事项

（1）忌插穗失水。

（2）扦插时不能让杆穗下端贴上薄膜，同时扦插时不伤及插穗下端韧皮部。

（3）生根前尤应注意浇水，加快生根进程。如果该段时间缺水严重，生成回芽，易造成插穗死亡。

6.1.3.3 嫁接繁殖技术

刺槐嫁接技术也是生产中常用的繁殖技术，刺槐嫁接一般选择在夏秋两季，主要采用芽接和枝接等嫁接方法。嫁接方法成活率高，苗木质量好，是一种较好的繁殖方法，但技术要求较高，成本也较高，使该技术方法在刺槐繁殖中受到一定限制。

（1）芽接方法。

芽接用砧木可以用当年培育的种子苗，将种子催芽处理后播种于温室，待小苗长到地径5 mm以上时即可用于芽接，也可用1~2年生的普通刺槐作为砧木。刺槐一般采用带木质部芽接。

接芽应随采随接，避免嫩芽失水，利于成活。选取直径与接穗较为接近的枝条，剪除预接部位以上8~10 cm处其他枝条。先用接刀在砧木基部向下斜切一刀，从砧木切口上方2.5 cm处向切口削1个舌状槽，深度以达木质部2 mm为准，采用相同的方法从接穗上切取与砧木形状大小一致的舌状芽片，快速放到舌状槽内，与切口完全吻合，然后用塑料薄膜绑紧。为集中养分，并促使接芽迅速愈合，嫁接后应进行两次剪砧，第一次剪砧，从接芽向上保留3~4片叶，其余部分全部剪去；第二次剪砧，可在苗高20 cm以上时剪净砧头,以利伤口愈合良好。在嫁接后 20 天以后进行松绑。

(2)枝接方法。

枝接法也称为插皮接法,是刺槐嫁接中常用的一种方法。选择 2 年左右的普通刺槐作为砧木。时间选在清明节前,等树皮脱离、汁液开始流动时开始嫁接。选取生长状态良好、无病虫害的枝条作为插穗,枝条保留 4~5 个芽。

先从树枝下端芽的背面削一刀,应当超过髓心,形成平直的削面,长为 3~5 cm。于长削面背面末梢再削一个小削面,长为 0.4~0.7 cm。平滑地剪断,避免劈裂,留芽 2~3 个。将接穗长削面两侧分别削成尖削形,注意削口应当平直,操作力度要轻。树干上选择相对光滑的部位进行垂直切入,根据接穗长度的 1/3~1/2 确定切口长度。插穗的长削面朝向木质部,于树干的木质部与韧皮部中间插入接穗,接穗背面对准树干切口正中,注意削面的上部应当留出 0.2~0.4 cm。

在完成嫁接后及时除萌,以保证接芽的养分供应,提高嫁接成活率。针对不同立地条件,设置保护措施。为了防止接芽劈断或风折,应当设置支撑物。在确保树木成活后,应当解除捆绑物,以免阻碍生长,同时做好松土除草的工作,及时防治病虫害。嫁接后未成活的树木还可以有效利用,可以从树干中选留健壮的一株翌年再次嫁接。

高枝嫁接一般在春季进行,并且注意及时除萌。为防止被风吹折,当接芽长到 4~6 cm 时,要及时固定在预留的砧木上。秋季芽接的苗木,翌年入春后在芽接点以上 18~20 cm 处截干。夏季剪去砧木长出的枝砧木长出的枝条,一般修剪 3~4 次即可。接芽枝条长到 8~10 cm 时,在靠近基部处将其缚在活桩上;长到 20~25 cm 时,再在上端缚 1 次。接枝木质化后可以切去活桩,继续留在大田培育大苗。

刺槐嫁接技术总的要求是做到“快、准、光、净、紧”。“快”是指动作要快,工具要快;“准”是指树干配接穗形成层要对准;“光”是指接穗的切面要光洁平整;“净”是指刀具、削面、切口、芽片等要保持干净;“紧”是指绑扎要紧。在嫁接的过程中还要注意“三不”原则,即下雨天不接、刮大风不接、不适时不接。

6.1.3.4　组织培养快繁技术

由于传统刺槐繁殖技术存在繁殖系数低、周期长,不能满足大规模生产需要等问题,国内外进行了刺槐的组织培养研究。刺槐的离体培养研究始于 20 世纪 50 年代末,现已在形成层、茎尖、茎段、叶培养、胚培养、原生质体分离和培养及基因工程方面取得了一些进展,同时在愈伤组织成苗、玻璃化苗再生正常植株等方面进行了探索。下面对刺槐几个常见器官的组织培养方法做一介绍。

1. 嫩芽的组织培养

灭菌与培养:先将刺槐嫩芽用洗洁精漂洗 1 遍,再用流动清水冲至无泡沫,然后将外植体带入接种室。把嫩芽放入灭菌的三角瓶中,倒入 75%酒精浸泡 0.5~1 min,倒出酒精,加入灭菌水冲洗 3 遍,再加入 0.1%的升汞,并放入 3 滴土温 80 灭菌 6 min,用灭菌水冲洗 3~5 遍,取出放在消毒过的滤纸上吸干水分。将其接于配好的固体培养基上,用封口膜盖紧瓶口,放入温度为 25 ℃、每天光照 10 h 的培养室进行培养。

芽的分化、增殖培养基:MS +BA 0.5 mg/L+NAA 0.05 mg/L+蔗糖 30 g/L。

生根培养基为: 1/ 2MS+IAA 10 mg/L+蔗糖 30 g/L+1% AC ;最佳的 pH 值范围是 5.8~ 6.2。

2. 茎段的组织培养

灭菌与培养：选取萌发的幼嫩带芽茎段。将叶片去除并用自来水清洗干净，在超净工作台无菌条件下，使用70%酒精消毒30 s，使用0.1%升汞消毒7 min，再利用无菌水清洗3~4遍，使用无菌滤纸将材料表面水分吸收干净。在带腋芽茎段切取1 cm，并依次在启动培养基、增殖培养基和生根培养基上接种培养，形成完整的植株。

启动培养基：MS+6-BA 0.5 mg/L+NAA 0.3 mg/L。

增殖培养：MS+6-BA 0.85 mg/L+NAA 0.3 mg/L。

生根培养基：1/2MS+IBA 0.5 mg/L+NAA 0.1 mg/L。

移栽：4月上旬将试管苗移栽到温室内，选取根系生长较好的试管苗，洗净根部培养基，移入育苗盘，以珍珠岩为基质，使用0.2%高锰酸钾溶液消毒，浇水后，放入备好的塑料小拱棚，棚内温度25~30 ℃，相对湿度大于85%，将遮阳网放置在拱棚上方。持续1周后，降低拱棚相对湿度，28天后撤去拱棚，移栽植入大田，浇水，盖遮阳网，5天后去除。

3. 幼嫩叶片的组织培养(二乔刺槐)

培养基与培养条件：

芽诱导培养基：MS+BA5.0 mg/L

生根培养基：1/2 MS+IBA0.5mg/L

芽诱导和根诱导培养基中均附加2.5 %蔗糖，0.1 %的PVP，琼脂均为0.6%，pH5.8。培养温度(25±2)℃，光照时间16 h/d，光照强度1 500 lx。

丛生芽的诱导：将无菌苗叶片接种在芽诱导培养基上，10天后可以看到叶片切口处开始有肉眼可见的小突起形成，以后小突起变绿变大形成浅绿色愈伤组织，40天后可以形成大量绿色稍致密的愈伤组织，将愈伤组织在培养基芽诱导上继代培养，20天后在愈伤组织上有小绿色芽点形成，50天后可以形成2 cm高的小芽。

生根与移栽：当丛生芽长到3 cm高时，将小芽从基部切下转入生根培养基上，15天后可以看到茎下部有白色的小突起形成，30天后，可以形成1~7条约1 cm长的白色根，当根长到5 cm以上时可以用于移栽。移栽前先将培养瓶的瓶筛去掉，在培养室内炼苗7天，然后将小苗取出洗去培养基，移栽于高温灭菌的珍珠岩和泥炭土(1∶1)混合基质的花盆中，MS营养液浇灌后用塑料覆盖用于保湿，10天后去掉薄膜自由生长，30天后，成活率可达80 %。

6.2 刺槐的栽培技术

6.2.1 造林

6.2.1.1 立地选择

中心产区宜选择立地指数16以上造林地，一般及边缘产区选择立地指数14以上造林地。

6.2.1.2 整地

于造林前一个季节进行，视立地条件可采用穴状整地、水平阶整地。穴状整地规格

50 cm × 50 cm × 50 cm,水平阶整地规格:阶面宽 80~100 cm,深 60 cm。整地时,表土、生土分开放置。

6.2.1.3　选用良种

选用经过省级以上审定的品种,豫刺槐 1 号、2 号、9 号等优良品种。

6.2.1.4　造林密度

营造大径材丰产林,初植密度宜确定 1 650 株/ hm^2,待林子郁闭后,间伐定株,目的密度为 800~1 100 株/ hm^2。

6.2.1.5　栽植

冬春均可造林,一般采用截干造林,留干高度 3~5 cm,埋土高出根颈 2~3 cm。栽植前,剪去根系上的毛茬、伤根。根系要舒展,踩实,使根系与土壤密接。

6.2.2　幼林抚育

6.2.2.1　抚育措施

主要包括松土除草、扩穴培土、抹芽修枝等工作。

6.2.2.2　抚育方案

一般 3 年抚育 5 次,第一年 2 次,5 月除草松土,8 月除草培土和扩穴;第二年 2 次,5 月和 8 月中耕除草;第 3 年 1 次,在 6 月中耕除草。

抹芽修枝是培养优良干型的关键措施,去掉竞争枝,保持林冠内顶端优势,主侧分明,通风透光。

6.2.3　中龄林及近熟林抚育间伐

6.2.3.1　抚育间伐原则

总原则是“留优去劣,留强去弱,分布均匀,疏密适度”。

6.2.3.2　抚育间伐种类

透光伐:对郁闭的林分进行的抚育采伐,主要目的是间密留匀、留优去劣。

生长伐:对中龄林及近熟林采用的抚育措施,伐除生长过密和生长不良的林木。

定株抚育伐:初始密度过大的,按照大径材定向培育密度进行定株,定株后要求所留林木均匀分布。

6.2.3.3　抚育间伐强度

生长伐强度不能超过蓄积的 30%,伐后郁闭度不低于 0.6,伐后林分平均胸径不能低于伐前林分平均胸径。

6.2.4　采伐木的确定

采伐木应选择林分内生长不良、感染病虫害或过密的林木,包括枯立木、被压木、弯曲木、病腐木、多头木和有害林木。

6.2.5　间伐

初始间伐林龄 5~7 年,间隔 4~5 年进行第二次间伐。

6.2.6　假植

不能及时运输的应假植，假植地点宜选在避风、平坦、排水良好的地段。假植沟深 50~70 cm，长度依苗木数量而定。将苗木斜躺或直立在假植沟内，根向下倾斜放入沟内，再用湿土将苗木根和苗茎下半部盖严、踩实，使根系与土壤密接。

6.2.7　病虫害防治

6.2.7.1　防治原则

防治原则是以防为主，综合防治。使用农业防治、物理防治、科学使用化学防治方法，有效控制病虫危害。

6.2.7.2　农业防治

加强土、水、肥管理，提高土壤肥力，促使苗木生长健壮，提高抗病虫能力。在栽植前应加强检疫，防止栽入带病根段。发现病株立即清除和烧毁。

6.2.7.3　物理防治

幼虫期使用毒签插入蛀孔，用泥巴堵住蛀孔边缘，毒杀幼虫；成虫羽化期，利用灯光进行成虫诱杀。结合冬春整枝，彻底剪除虫瘿枝条，所剪虫枝烧掉或深埋销毁。

6.2.7.4　化学防治

使用化学农药要选用高效、低毒、低残留农药，严格按照 GB 4285、GB 8321 的要求控制是施药量与安全间隔期，并注意轮换用药，合理混用。

刺槐主要病虫害防治措施见表 6-1。

表 6-1　刺槐主要病虫害防治措施

防治对象	发病规律及危害症状	防治措施
紫纹羽病	感染区域成块状蔓延，导致幼嫩细根感染，在夏季容易腐烂，细跟腐烂后逐渐蔓延到主根，并最终形成皮鞘环抱树干。其叶片变小变黄，发芽不及时而且质地太弱，最后由于根部腐烂，树木枯死。该病是一种慢性病，不限季节，随时发生，而在夏天的雨季时期发病概率比较大	用恶霉灵、地菌净或根腐灵稀释 800 倍灌根，一般一年 1~2 次即可
刺槐烂皮病	病害多发生在刺槐主干皮层。树木受害后，多数是在主干下部和枝杈处出现大小不一的病斑，病斑呈梭形、椭圆形或不规则形。幼树主干病部呈溃疡状，稍凹陷；大树主干皮层厚，病部水渍状、凹陷不明显。病部扩展速度纵向大于横向。当病部包围树干一周时，树木即枯萎而死。后期病部皮孔和树皮裂缝处常产生白色、橘红色分生孢子堆	秋季用禾林道涂白剂将树木涂白，发病初期用腐烂尽、腐必治等涂抹，或用透核心喷雾树皮，快速渗透，杀死病菌
刺蛾等食叶类害虫	常群集啃食树叶下表皮及叶肉，仅存上表皮，形成圆形透明斑；3 龄后，分散为害，取食全叶，仅留叶脉与叶柄，严重影响林木生长，甚至致使树木枯死	用瑞功、园功、锐驰稀释 800~1 500 倍喷雾

第 7 章　选育刺槐良种介绍

7.1　豫刺槐 1 号

(*Robinia pseudoacacia* CL. ‘Henansis 1’)

豫刺槐 1 号(统一编号 8048)优树选自河南省南阳地区湍河林场河滩沙地刺槐林。优树根繁无性系化后经全国 9 个点的栽培试验选育而成。

该品种树皮浅灰色,浅裂、裂片细小均匀,主干通直到顶,侧枝长而稀疏。树冠倒卵形,小叶片较宽,呈长椭圆形。叶片长 5.28 cm、宽 2.21 cm。2000 年通过河南省林木良种审定委员会审定。

生长迅速,高产稳产。在河南年降水量 680 mm 的民权林场细沙地,5 年生平均树高 8.7 m,平均胸径 11.8 cm;15 年生平均树高 23.0 m,平均胸径 30.4 cm,平均单株材积 0.503 1 m^3,依次超过一般刺槐 9.05%、22.1%、48.22%。在河南西部黄土丘陵区造林,5 年生树高 9.14 m,胸径 7.41 cm,显著超过当地一般刺槐。在内蒙古包头市年降水量 350 mm、沙地土壤含盐量 0.3%、极端最低温-37 ℃条件下,豫刺槐 1 号无任何冻害,7 年生树高 11.8 m,胸径达 17.2 cm,依次超过内蒙古当地一般刺槐 13.4%、138.9%,材积超数倍。所以,豫刺槐 1 号也适合于干旱、寒冷地区造林,尤其是西北地区防风固沙的最优良刺槐品种。

耐旱性强,凋萎系数小,是根繁成活率最高的品种之一,插根成活率 95%以上。

该品种目前已在河南、山东、内蒙古等地大面积推广,主要应用于世界银行贷款造林、天然林保护工程等重大工程项目造林。该品种于 1989 年获河南省科技进步三等奖,1999 年获国家科技进步三等奖。经济效益、生态效益、社会效益显著。

7.2　豫刺槐 2 号

(*Robinia pseudoacacia* CL. ‘Henansis 2’)

豫刺槐 2 号(统一编号 8033)优树选自河南省民权林场黄河故道刺槐林。优树根繁无性系化后经全国 9 个试点的栽培试验选育而成。

该品种树皮浅褐灰色、深裂,裂片不规则,分枝不匀称,大竞争枝多,树冠呈球形,主干通直高大,适宜在沙区、黄土丘陵区发展。2000 年通过河南省林木良种审定委员会审定。

生长速度快,丰产稳产。按每亩 3 000~4 000 株育苗,当年苗高可达 2.8 m 以上。在年降水量 680 mm 的黄河故道民权林场沙地,5 年生平均树高 8.0 m,平均胸径 11.6 cm,主干材积超一般刺槐 40%以上;15 年生平均树高 21.5 m,平均胸径 27.2 cm,平均单株材积0.496 6 m^3,依次超对照13.7%、22.7%、63.9%;在河南西部年降水量650 mm的黄土丘陵区5年生树高8.39 m,胸径8.03 cm,显著超过当地一般刺槐。

该品种已在世界银行贷款造林项目、天然林保护工程区大面积推广,效益显著。于1989年获河南省科技进步三等奖,1999年获国家科技进步三等奖。

7.3 豫刺槐7号

(*Robinia pseudoacacia* CL. 'Henansis 7')

豫刺槐7号(原编号83002)母树是1984年在河南省尉氏县群营人工林中选择的优良单株,树龄15年,树高16 m,胸径21.3 cm。优树根繁无性系化后经3个试点的栽培试验选育而成。

该品种树皮灰白色,皮薄,裂纹直或稍斜呈条状,浅纵裂,裂纹宽1 cm左右。分枝细,冠内分枝稀疏,分枝角45°,树冠卵园形,冠内主干尤其明显。叶片长4.7 cm、宽2.3 cm。

生态稳定性强、丰产性极好,插根繁殖成活率高,在贫瘠的立地条件区能很好生长,适易在沙地、黄土丘陵区发展。在粉沙质黏壤土区7年生树高10.9 m,平均胸径15.2 cm。在壤质沙土区7年生树高8.4 m,平均胸径13.2 cm。在黄土丘陵区5年生树高8.0 m,平均胸径7.1 cm,均显著超过一般刺槐10%以上,主干材积增益40%,更适合坑木造林。

该成果于1996年获河南省林业科技进步一等奖、省科技进步三等奖。列入国家林业局重点推广计划。

7.4 豫刺槐8号

(*Robinia pseudoacacia* CL. 'Henansis 8')

豫刺槐8号(原编号84023)母树是1984在中牟县群营人工林中选择的优良单株,树龄19年,树高18 m,胸径20 cm。优树根繁无性系化后经3个试点的栽培试验选育而成。

该品种树皮灰白色,皮薄,裂纹直,浅纵裂。分枝较粗,冠内分枝稀疏,树冠倒卵形,冠内主干明显。叶片长4.0 cm、宽2.0 cm。

生态稳定性强、丰产性好,插根繁殖成活率高,在干旱、贫瘠的黄土丘陵区表现较好。在沙区7年生树高7.7 m,平均胸径10.3 cm。在黄土丘陵区5年生树高8.4 m,平均胸径7.7 cm,与一般刺槐相比树高增益13%,胸径增益23%以上,主干材积增益35%。

该成果于1996年获河南省林业科技进步一等奖、省科技进步三等奖。列入国家林业局重点推广计划。

7.5 无性系3-I

优树选自尉氏县。主干通直圆满,树皮灰白色,皮薄,裂纹直或稍斜,呈条状,浅纵裂,纵裂宽1 cm左右。树冠倒卵形,分枝角平均45°,冠内主干明显,小刺长1.2~2 cm,叶片

7~10 对,叶宽 1.5~2 cm、长 4.5~5.5 cm,荚果宽 1~1.5 cm、长 8~11.5 cm,种子 15 粒左右,紫褐色。萌芽期 3 月 28 日至 4 月 5 日,展叶期 4 月 3~12 日,叶黄期 10 月中下旬,落叶期 10 月下旬至 11 月上旬。

生态稳定性强,丰产性能好,在平原沙区速生性极强,9 年生平均树高 11.3 m、胸径 15.63 cm、材积 0.107 0 m^3,分别超豫刺槐 1 号 22.75%、27.38%、73.14%。坑木产量高。9 年生 8 cm 干高为 6.87 m,超豫刺槐 1 号 56.14%,可产 3 根坑木,比豫刺槐 1 号多 1 根,若均以截取 2 根坑木计算,截取后 3-I 剩余部分的材积超豫刺槐 1 号 617.5%。耐旱性强,在壤土中凋萎系数为 3.54%;苗期能耐水淹 18 天;枝条含水量为 43.69%。

该无性系是适合沙区生长的优良无性系。此成果于 2003 年获河南省科技进步一等奖。

7.6　无性系 3-K

优树选自民权县。主干通直圆满,树皮灰白色,皮薄,裂纹较直呈条状,浅纵裂,纵裂宽 1 cm 左右。树冠倒卵形,分枝角较小,冠内主干明显,小刺长 1~1.5 cm,叶片 6~9 对,叶宽 1.4~2.3 cm、长 5 cm 左右,荚果宽 1~1.5 cm、长 9~12 cm,种子 17~20 粒,褐色。

萌芽期 3 月 30 日至 4 月 4 日,展叶期 4 月 5~12 日,叶黄期 10 月中下旬,落叶期 11 月上旬。

生态稳定性强,在豫西丘陵干旱区速生性强,8 年生平均树高 12.26 m、胸径 11.19 cm、材积 0.069 9 m^3,分别超豫刺槐 1 号 7.07%、15.48%、49.04%。

坑木产量高,8 年生 8 cm 干高为 4.90 m,可产 2 根坑木,超豫刺槐 1 号 17.22%。

该无性系是适合黄土丘陵区生长的优良无性系。

7.7　豫刺槐 9 号

(*Robinia pseudoacacia* CL. ‘Henansis 9’)

豫刺槐 9 号(原编号 8044),优树选自河南省南阳地区湍河林场河滩沙地刺槐林。优树根繁无性系化后经全国 3 个点的栽培试验选育而成。

该品种树皮浅灰色,浅裂、裂片细小均匀,主干通直到顶,侧枝长而稀疏。树冠倒卵形,小叶片较宽,呈长椭圆形。叶片长 5.28 cm、宽 2.21 cm。

在河南开封地区,萌芽期 3 月 28 日至 4 月 5 日,展叶期 4 月 3~12 日,叶黄期 10 月中下旬,落叶期 10 月下旬至 11 月上旬。其物候期与其他刺槐无性系区别不大。

在开封试点树高、胸径、材积比豫刺槐 1 号分别增益 13.56%、17.72%、30.48%;在盘锦试点比豫刺槐 1 号分别增益 5.1%、17.39%、51.39%。

豫刺槐 9 号在平原沙区高产表现突出。

7.8　豫刺饲1号

（*Robina pseudoacaci* CL. ‘Henan 1 for forage’）

豫刺饲1号（长叶刺槐）优树选自通许县。在开封试验林中：树皮灰白色，皮薄，裂纹较直呈条状，浅纵裂，纵裂宽1 cm左右。树冠内基本无主干。复叶特长，平均复叶长度60 cm，最长可达72 cm，平均长度是一般刺槐的2~3倍。小叶平均长7.2 cm，平均宽度3.5 cm，单叶面积大，是一般刺槐叶片的2倍以上。花白色，穗状花序。

萌芽期3月28日至4月5日，展叶期4月3~12日，叶黄期10月中下旬，落叶期10月下旬至11月上旬。

是目前叶片粗蛋白含量最高的无性系，叶片粗蛋白平均含量为23.85%，超过一般刺槐、韩国四倍体刺槐、匈牙利多倍体刺槐依次为39.66%、17.57%、7.90%，是生产刺槐中饲料的极佳品种。适合在我国各地栽培。

当年生扦插苗平均高生长1.8 m，平均地径粗度1.5 cm；与速生刺槐无性系相比，豫刺饲1号的高生长量稍弱，粗生长量相当。

豫刺饲1号良种2007年通过河南省林木良种审定（编号：豫S-SV-RP-002-2006），2011年获得国家林木新品种保护权（品种权号：20110003）。

7.9　豫刺槐3号

豫刺槐3号（优树编号13号）优树来源于吕村林场崖疙瘩。宽冠型，树干通直，分枝角度30°~45°，树枝均匀分布，树冠圆满。树皮浅灰色。奇数羽状复叶，复叶长23~39 cm；小叶互生，椭圆形至长卵形，或长圆状披针形，先端圆形或钝头，有时微凹，有小细刺尖，全缘，光滑或幼时被短柔毛，叶质厚，鲜绿色，长6~11 cm、宽3~6 cm；小叶柄长1~2 cm，基部膨大。总状花序腋生下垂，长11~21 cm，花轴有毛，花白色，甚芳香，花梗长6 mm，有密毛；花冠蝶形，旗瓣基部有一黄斑；雄蕊两体；子房圆筒状，花柱头状，花期初夏。

在民权发展区生物量比豫刺槐1号增益73.34%，在荥阳发展区生物量比豫刺槐1号增益25.94%，在洛宁发展区生物量比豫刺槐1号增益27.68%。

能在立地条件不好的沙丘区域良好地生长，是一个很有发展前景的沙丘区能源型刺槐新品种。

7.10　豫刺槐4号

豫刺槐4号（优树编号15号）优树来源于吕村林场沙疙瘩。宽冠型，树干通直，分枝角度30°~45°，树枝均匀分布，树冠圆满。树皮浅灰色。奇数羽状复叶，复叶长25~40 cm；小叶互生，椭圆形至长卵形，或长圆状披针形，先端圆形或钝头，有时微凹，有小细刺尖，全缘，光滑或幼时被短柔毛，叶质厚，鲜绿色，长7~12 cm、宽4~7 cm；小叶柄长1~3 cm，基部膨大。总状花序腋生下垂，长10~20 cm，花轴有毛，花白色，甚芳香，花梗长7

mm，有密毛；花冠蝶形，基部有一黄斑；雄蕊两体；子房圆筒状，花柱头状，花期初夏。

在平原沙区、黄河故道及土壤贫瘠区均表现突出，生物量与单株燃烧值均大，在平原沙区适生发展区7年生单株生物量为44.32 kg，比豫刺槐1号增益66.19%。在黄河故道适生发展区7年生单株生物量为65.79 kg，比豫刺槐1号增益32.55%。在土壤贫瘠适生发展区7年生单株生物量为17.19 kg，比豫刺槐1号增益54.73%。

参考文献

[1] 艾泽民,陈云明,曹扬.黄土丘陵区不同林龄刺槐人工林碳、氮储量及分配格局[J].应用生态学报,2014,25(2):333-341.

[2] 安锋,蔡靖,姜在民,等.八种木本植物木质部栓塞恢复特性及其与PV曲线水分参数的关系[J].西北农林科技大学学报(自然科学版),2006,34(1):38-44.

[3] 陈雪冬,唐明,张新璐,等.黄土高原刺槐纯林的土壤—菌根关系及随林龄的变化[J].林业科学,2017,53(12):87-95.

[4] 陈一鹗,刘康.长武塬区立地特征及其对刺槐林生长影响的研究[J].水土保持通报,1993(5):30-35.

[5] 陈桢,赵勇,吴明作,等.不同林龄刺槐和栓皮栎群落土壤种子库研究[J].中国水土保持科学,2011,9(4):86-93.

[6] 成俊卿.木材学[M].北京:中国林业出版社,1985.

[7] 成亮.竹类植物的生物质能源利用研究进展[J].世界竹藤通讯,2010,8(5):1-5.

[8] 程积民,程杰,高阳.渭北黄土区不同立地条件下刺槐人工林群落生物量结构特征[J].北京林业大学学报,2014,36(2):15-21.

[9] 戴丽,孙鹏,蒋晋豫,等.刺槐、红花刺槐、四倍体刺槐花粉体外萌发对比[J].东北林业大学学报,2012,4(1):1-5.

[10] 单长卷,梁宗锁,韩蕊莲,等.黄土高原陕北丘陵沟壑区不同立地条件下刺槐水分生理生态特性研究[J].应用生态学报,2005(7):24-31.

[11] 单长卷.黄土高原不同立地刺槐林水分关系研究[D].杨凌:西北农林科技大学,2004.

[12] 党维,姜在民,李荣,等.6个树种1年生枝木质部的水力特征及与栓塞修复能力的关系[J].林业科学,2017,53(3):49-59.

[13] 邓可蕴.21世纪我国生物质能发展战略[J].中国电力,2000,33(9):82-84.

[14] 董黎,张江涛,文彦忠,等.刺槐 Genomic-SSR 与 EST-SSR 遗传差异性分析[J].中国农学通报,2019,35(19):49-57.

[15] 董雯怡,赵燕,张志毅,等.水肥耦合效应对毛白杨苗木生物量的影响[J].应用生态学报,2010,21(9):2194-2200.

[16] 杜峰,程积民,山仑.乔灌草植被条件下土壤水分动态特征[J].水土保持学报,2002(1):91-94.

[17] 段贝贝,赵成章,徐婷,等.兰州北山不同坡向刺槐叶脉密度与气孔性状的关联性分析[J].植物生态学报,2016,40(12):1289-1297.

[18] 冯建灿,胡秀丽,毛训甲.叶绿素荧光动力学在研究植物逆境生理中的应用[J].经济林研究,2002(4):14-18.

[19] 冯建灿,胡秀丽,苏金乐,等.保水剂对干旱胁迫下刺槐叶绿素a荧光动力学参数的影响[J].西北植物学报,2002,22(5):44-49.

[20] 冯屹东.刺槐种质(基因)资源收集、保存及评价研究[D].郑州:河南农业大学,2009.

[21] 付锦雪,黄恒,曹帮华,等.刺槐嫩枝扦插及生根酶活性的变化[J].2020,3(11):107-113.

[22] 高海东,庞国伟,李占斌,等.黄土高原植被恢复潜力研究[J].地理学报,2017,72(5):863-874.

[23] 耿兵,王华田,王延平,等. 刺槐萌生林与实生林的生长比较[J]. 中国水土保持科学,2013,11(2):59-64.
[24] 顾万春,王全元,张英脱,等. 刺槐次生种源遗传差异及其选择评价[J]. 林业科学研究,1990,3(1):70-75.
[25] 郭小平,朱金兆,余新晓,等. 论黄土高原地区低效刺槐林改造问题[J]. 水土保持研究,1998,5(4):77-82.
[26] 郭忠玲,郑金萍,马元丹,等. 长白山几种主要森林群落木本植物细根生物量及其动态[J]. 生态学报,2006,26(9):2855-2862.
[27] 韩恩贤,刘天毅. 黄土高原不同立地条件类型刺槐生长与水热状况相关研究[J]. 陕西林业科技,1989(1):9-13.
[28] 韩宏伟. 中国刺槐遗传多样性和抗寒性地理变异规律的研究[D]. 保定:河北农业大学,2007.
[29] 韩蕊莲,侯庆春. 黄土高原人工林小老树成因分析[J]. 干旱地区农业研究,1996,14(4):104-108.
[30] 韩蕊莲,侯庆春. 延安试区刺槐林地在不同立地条件下土壤水分变化规律[J]. 西北林学院学报,2003(1):74-76.
[31] 郝文芳,韩蕊莲,单长卷,等. 黄土高原不同立地条件下人工刺槐林土壤水分变化规律研究[J]. 西北植物学报,2003,23(6):964-968.
[32] 何明,翟明普,曹帮华. 水分胁迫下增施氮、磷对刺槐无性系苗木光合特性的影响[J]. 北京林业大学学报,2009,31(6):116-120.
[33] 何正祥,刘广全,王鸿喆,等. 黄土高原中部主要乡土树种生长过程分析[J]. 国际沙棘研究与开发,2011,9(4):3641+46.
[34] 河南省第二期刺槐良种选育协作组. 刺槐速生优质工业用材新无性系选育[J]. 河南林业科技,1997,17:13-16.
[35] 贺康宁,田阳,张光灿. 刺槐日蒸腾过程的 Penman Monteith 方程模拟[J]. 生态学报,2003,23(2):251-258.
[36] 洪丕征,曹帮华,张晓文,等. 刺槐优良无性系耐碱盐特性研究[J]. 河北林果研究,2010,25(4):329-333.
[37] 黄娟,刘友勋. 水葫芦作为能源植物的应用探讨[J]. 安徽农学通报,2009,15(24):15-16.
[38] 黄明斌,杨新民,李玉山. 黄土高原生物利用型土壤干层的水文生态效应研究[J]. 中国生态农业学报,2003,11(3): 113-116.
[39] 黄婷,刘政鸿,王钰莹,等. 陕北黄土丘陵区不同立地条件下刺槐群落的土壤质量评价[J]. 干旱区研究,2016,33(3):476-485.
[40] 姜金仲,郝晨,李云,等. 四倍体刺槐花器原基分化及其成熟表型变异[J]. 林业科学,2008,44(6):34-38.
[41] 姜金仲. 四倍体刺槐生殖器官发育与变异研究[D]. 北京:北京林业大学,2009.
[42] 解荷锋,于中奎,陈一山,等. 种子园刺槐开花结实和控制授粉的初步研究[J]. 山东林业科技,1994(4):4-7.
[43] 靳欣,徐洁,白坤栋,等. 从水力结构比较 3 种共存木本植物的抗旱策略[J]. 北京林业大学学报,2011,33(6):135-141.
[44] 寇纪烈,曹耀武,段培宏. 渭北黄土高原区刺槐生长发育规律的探讨[J]. 陕西林业科技,1980(5):45-53.
[45] 兰再平,马可,张怀龙,等. 窄冠刺槐无性系的选育[J]. 林业科学研究,2007,20(4):520-523.
[46] 李桂英,吕士行. 杨树新无性系扦插生根特性的研究. 林业科学研究,1994,7(2):168-174.

[47] 李洪建,王孟本,陈良富,等. 刺槐林水分主态研究[J]. 植物生态学报,1996,20(2):151-158.
[48] 李继华. 刺槐在山东的引种和发展[J]. 山东林业科技,1983(4):73-75.
[49] 李军,王学春,邵明安,等. 黄土高原半干旱和半湿润地区刺槐林地生物量与土壤干燥化效应的模拟[J]. 植物生态学报,2010(3):96-105.
[50] 李俊辉,李秧秧. 立地条件和树龄对刺槐叶形态及生理特性的影响[J]. 水土保持研究,2012,19(4):176-181.
[51] 李凯荣,王佑民. 黄土塬区刺槐林地水分条件与生产力研究[J]. 水土保持通报,1990,10(6):58-65.
[52] 李坤. 刺槐人工林转换模式对群落结构和土壤性质的影响机制[D]. 山东农业大学,2019.
[53] 李鹏,赵忠,李占斌,等. 淳化县不同立地上刺槐根系的分布参数[J]. 南京林业大学学报(自然科学版),2002,26(5):32-36.
[54] 李荣,党维,蔡靖,等. 6个耐旱树种木质部结构与栓塞脆弱性的关系[J]. 植物生态学报,2016,40(3):255-263.
[55] 李善文, 范泽成, 李安礼. 刺槐无性系生根性状的遗传变异分析[J]. 山东林业科技,1997(S1):29-32.
[56] 李世荣,张卫强,贺康宁. 黄土半干旱区不同密度刺槐林地的土壤水分动态[J]. 中国水土保持科学,2003,1(2):28-32.
[57] 李思博. 河南三地刺槐与立地的互作效应及材性比较研究[D]. 北京:北京林业大学,2019.
[58] 李泰君. 陕西黄土高原人工刺槐林碳固持特征与影响因子[D]. 杨凌:西北农林科技大学,2015.
[59] 李文华,刘广权,马松涛,等. 干旱胁迫对苗木蒸腾耗水和生长的影响[J]. 西北农林科技大学学报(自然科学版),2004,32(1):61-65.
[60] 李彦华,张文辉,申家朋,等. 甘肃黄土丘陵区侧柏人工幼林的碳密度及分配特征[J]. 林业科学,2015,51(6):1-8.
[61] 李秧秧,石辉,邵明安. 黄土丘陵区乔灌木叶水分利用效率及与水力学特性关系[J]. 林业科学,2010,21(6):70-76.
[62] 李云,姜金仲. 饲料型四倍体刺槐引种现状[J]. 东北林业大学学报,2005,33(8):137-138.
[63] 梁彩群,刘国彬,王国梁,等. 黄土高原人工刺槐林土壤团聚体中不同活性有机碳从南到北的变化特征[J]. 环境科学学报,2020,40(3):1095-1102.
[64] 梁玉堂,丁修堂,邪黎峰. 刺槐无性系木材物理力学性质的研究[J]. 山东农业大学学报,1993,S1:121-125.
[65] 林光辉,林鹏. 红树植物秋茄热值及其变化的研究[J]. 生态学报,1991,11(1):44-48.
[66] 林挺秀. 不同经营措施马尾松林生物量和土壤性质研究[J]. 江西林业科技,2010(5):11-13.
[67] 林益明,林鹏,王通. 几种红树植物木材热值和灰分含量的研究[J]. 应用生态学报,2000,11(2):181-184.
[68] 刘迪,邓强,时新荣,等. 黄土高原刺槐人工林根际和非根际土壤磷酸酶活性对模拟降水变化的响应[J]. 水土保持研究,2020,27(1):95-103.
[69] 刘恩田,赵忠,宋西德,等. 渭北黄土高原刺槐林健康评价指标体系的构建[J]. 西北农林科技大学学报(自然科学版),2010,38(10):67-75.
[70] 刘卉芳. 晋西黄土区森林植被对嵌套流域径流泥沙影响研究 [D]. 北京:北京林业大学,2004.
[71] 刘江华. 黄土高原刺槐人工林生长特征及其天然化程度评价[D]. 杨凌:中国科学院研究生院(教育部水土保持与生态环境研究中心),2008.
[72] 刘晓燕,李吉跃,翟洪波,等. 从树木水力结构特征探讨植物耐旱性[J]. 北京林业大学学报,2003,

26(11):48-54.
[73] 刘亚茜,剪文灏,秦琰,等. 华北落叶松林生物量与生物多样性关系研究[J]. 河北林果研究,2010,25(3):223-227.
[74] 刘颖,王国义. 刺槐优良无性系的选择[J]. 宁夏农林科技,1996(1):19-22.
[75] 刘悦翠. 刺槐人工林经营质量动态监侧模型[J]. 西北农林科技大学学报(自然科学版),2003,31(增刊):97-100.
[76] 刘增文,李雅素. 黄土残源沟壑区刺槐人工林生态系统的养分循环通量与平衡分析[J]. 生态学报,1999,19(5):630-634.
[77] 刘昭息,徐有明,孙海菁,等. 火炬松建筑材优良种源综合评定的研究[J]. 林业科学研究,1998(4):78-84.
[78] 陆晓丽. 金叶刺槐嫩枝扦插试验[J]. 林业科技开发,2015,29(2):60-62.
[79] 路颖,李坤,倪瑞强,等. 泰山4种优势造林树种细根分解对细菌群落结构的影响[J]. 植物生态学报, 2018,12:1200-1210.
[80] 罗丹丹,王传宽,金鹰. 植物水分调节对策:等水与非等水行为[J]. 植物生态学报,2017,41(9):1020-1032.
[81] 马娟霞,肖玲,关帅朋,等. 黄土高原刺槐林地土壤水分与立地因子关系研究[J]. 土壤通报,2010(6):37-41.
[82] 马振华,赵忠,张晓鹏,等. 四倍体刺槐扦插生根过程中氧化酶活性的变化[J]. 西北农林科技大学学报(自然科学版),2007(7):93-97.
[83] 毛培利,曹帮华,何明. 干旱胁迫下刺槐无性系保护酶活性差异的研究[J]. 林业科技,2004,29(4):10-12.
[84] 孟丙南. 四倍体刺槐扦插技术优化及生根机制研究[D]. 北京:北京林业大学,2010.
[85] 彭鸿. 立地和人为干扰对渭北黄土高原刺槐人工林个体生长过程的影响[J]. 山东农业大学学报(自然科学版),2003,34(1):44-49.
[86] 乔伯英. 刺槐的应用价值及栽培技术[J]. 现代园艺,2020(4):34-35.
[87] 乔勇进,龙庄如. 4个刺槐无性系扦插苗光合呼吸特性的测定[J]. 山东林业科技,1995(1):29-32.
[88] 秦娟. 黄土区白榆/刺槐混交林生长动态与生态功能研究[D]. 杨凌:西北农林科技大学,2009.
[89] 秦秀兰,庞惠仙,王少龙. 四倍体刺槐组织培养研究[J]. 西部林业科学,2017,46(4):31-34.
[90] 秦永建,张中宁,曹帮华,等. 10个刺槐无性系过氧化物同工酶分析[J]. 西南林学院学报,2010,30(4):32-35.
[91] 瞿晴,徐红伟,吴旋,等. 黄土高原不同植被带人工刺槐林土壤团聚体稳定性及其化学计量特征[J]. 环境科学,2019,40(6):414-421.
[92] 任海,彭少麟,刘鸿先,等. 鼎湖山植物群落及其主要植物的热值研究[J]. 植物生态学报,1999,23(2):148-154.
[93] 茹桃勤,李吉跃,孔令省,等. 刺槐耗水研究进展[J]. 水土保持研究,2005,12(2):135-140.
[94] 茹桃勤,李吉跃,张克勇,等. 国外刺槐(Robinia Pseudoacacia)研究[J]. 西北林学院学报,2005,20(3):102-107.
[95] 邵明安,贾小旭,王云强,等. 黄土高原土壤干层研究进展与展望[J]. 地球科学进展,2016,31(1):14-22.
[96] 沈德绪. 果树育种学[M]. 北京:中国农业出版社,1997.
[97] 沈国舫,翟明普. 混交林研究[M]. 北京:中国林业出版社,1997.
[98] 施宇,温仲明,龚时慧,等. 黄土丘陵区植物功能性状沿气候梯度的变化规律[J]. 水土保持研究,

2012,19(1):107-111,116.

[99] 史元春,赵成章,宋清华,等.兰州北山刺槐枝叶性状的坡向差异性[J].植物生态学报,2015(4):60-68.

[100] 宋光,温仲明,郑颖,等.陕北黄土高原刺槐植物功能性状与气象因子的关系[J].水土保持研究,2013,20(3):125-130.

[101] 宋维峰,余新晓,张颖.坡度和刺槐覆盖对黄土坡面产流产沙影响的模拟降雨研究[J].中国水土保持科学,2008(2):15-18.

[102] 宋跃朋,江锡兵,张曼,等.杨树 Genomic-SSR 与 EST-SSR 分子标记遗传差异性分析[J].北京林业大学学报,2010,32(5):1-7.

[103] 苏印泉,李百莹.刺槐叶的亚显微结构与耐旱性的关系[J].西北植物学,1997,17(5):103-106.

[104] 孙成志,谢国恩,李萍.杉木地理种源材性变异及建筑材优良种源评估[J].林业科学,1993,29(5):429-437.

[105] 孙方行,李国雷,夏阳,等.刺槐水分胁迫的生理生化反应[J].山东林业科技,2004(1):5-7.

[106] 孙芳,杨敏生,张军,等.刺槐不同居群遗传多样性的 ISSR 分析[J].植物遗传资源学报,2009,10(1):91-96.

[107] 孙国夫,郑志明,王兆骞.水稻热值的动态变化研究[J].生态学杂志,1993,12(1):1-4.

[108] 孙娇,赵发珠,韩新辉,等.不同林龄刺槐林土壤团聚体化学计量特征及其与土壤养分的关系[J].生态学报,2016,36(21):6879-6888.

[109] 孙鹏,戴丽,胡瑞阳,等.刺槐开花传粉及交配方式[J].东北林业大学学报,2012,40(1):6-11,24.

[110] 孙鹏森,马履一.水源保护树种耗水特性研究及应用[M].北京:中国环境科学出版社,2002.

[111] 孙尚伟,兰再平,刘俊琴,等.窄冠刺槐幼林树体管理技术研究[J].林业科学研究,2014,27(4):493-497.

[112] 谭晓红,张建国,马履一,等.豫西5个刺槐能源林无性系幼龄期的碳分配动态[J].基因组学与应用生物学,2019,38(10):4647-4654.

[113] 唐洋,温仲明,刘静,等.黄土丘陵区刺槐对不同立地环境的适应机制[J].水土保持通报,2019,39(5):46-53.

[114] 唐洋,温仲明,王杨,等.土壤水分胁迫对刺槐幼苗生长、根叶性状和生物量分配的影响[J].水土保持通报,2019,39(6):98-105.

[115] 田晶会,王百田.黄土半干旱区刺槐林水分与生长关系研究[J].水土保持学报,2002,16(S1):61-63.

[116] 田现亭,李云.刺槐新品种介绍[J].中国水土保持科学,2003,1(1):7.

[117] 田志和,董健,李继刚.刺槐开花生物学特性的观察初报[J].辽宁林业科技,1981(2):18-20.

[118] 田志和,董健.高蜜源刺槐无性系的研究[J].辽宁林业科技,1991(5):3-5.

[119] 万雪琴,张帆,钟宇,等.四川乡土杨树种质资源收集和优树选择[J].四川农业大学学报,2010,28(4):432-437.

[120] 王百田,王颖,郭江红,等.黄土高原半干旱地区刺槐人工林密度与地上生物量效应[J].中国水土保持科学,2005,3(3):35-39.

[121] 王晗生.植被作用下土壤干化的反馈效应及相关问题讨论[J].地理科学进展,2007,26(6):33-39.

[122] 王红霞,温仲明,高国雄,等.黄土丘陵区刺槐人工林与乡土植物叶片和细根功能性状比较研究[J].水土保持研究,2016,23(1):1-7.

[123] 王力,邵明安,侯庆春,等.延安试区人工刺槐林地的土壤干层分析[J].西北植物学报,2001(1):

101-106.
[124] 王力,邵明安,李裕元.陕北黄土高原人工刺槐林生长与土壤干化的关系研究[J].林业科学,2004,40(1):84-91.
[125] 王力,邵明安.黄土高原退耕还林条件下的土壤干化问题[J].世界林业研究,2004b,17(4):57-60.
[126] 王林,代永欣,郭晋平,等.刺槐苗木干旱胁迫过程中水力学失败和碳饥饿的交互作用[J].林业科学,2016,52(6):1-9.
[127] 王林,冯锦霞,万贤崇.土层厚度对刺槐旱季水分状况和生长的影响[J].植物生态学报,2013,37(3):248-255.
[128] 王林,王延书,高勇富,等.刺槐根、茎木质部水力结构特征 [J].山西农业科学,2015,43(6):689-692.
[129] 王茜茜,龙文兴,杨小波,等.海南岛3个林区热带云雾林植物多样性变化[J].植物生态学报,2016,40(5):469-479.
[130] 王庆红.坡向和土壤质地对刺槐生长量的影响[J].防护林科技,2017(4):54-56.
[131] 王涛,马宇丹,许亚东,等.退耕刺槐林土壤养分与酶活性关系[J].生态学杂志,2018,37(7):2083-2091.
[132] 王廷敞,刘艳清,周树理.煤矿塌陷区粉煤灰覆田刺槐造林和生长规律的研究[J].安徽林业科技,1990(1):26-29.
[133] 王小玲,刘腾云,余发新,等.四倍体刺槐扦插生根及相关的生理生化特征[J].江西科学,2013,31(4):479-483.
[134] 王小玲.四倍体刺槐插条不定根发生的生理生化基础研究[D].杨凌:西北农林科技大学,2011.
[135] 王鑫.北京延庆地区白桦地上部分生物量研究[J].中国城市林业,2010,8(4):42-44.
[136] 王玉,郭建斌.黄土高原半干旱区刺槐人工林群落物种多样性研究[J].四川林勘设计,2008(1):14-19.
[137] 王震.浙江舟山地区马尾松地上生物量模型研究[J].林业调查规划,2006,31(5):103-105.
[138] 王志强,刘宝元,路炳军.黄土高原半干旱区土壤干层水分恢复研究[J].生态学报,2003,23(9):1944-1948.
[139] 韦景树,李宗善,冯晓玙,等.黄土高原人工刺槐林生长衰退的生态生理机制[J].应用生态学报,2018,29(7):2433-2444.
[140] 吴多洋,焦菊英,于卫洁,等.陕北刺槐林木生长及林下植被与土壤水分对种植密度的响应特征[J].西北植物学报,2017,37(2):346-355.
[141] 吴际友.开发木本饲料前景广阔[J].中国林业,1997(1):40.
[142] 吴庆标,王效科,段晓男,等.中国森林生态系统植被固碳现状和潜力[J].生态学报,2008,28(2):517-524.
[143] 吴全宇,张瑞军,郑保昌,等.菏刺2号等4个刺槐优良无性系选择研究[J].山东林业科技,2002(6):1-6.
[144] 吴全宇,郑宝昌,张瑞军,等.刺槐优良无性系菏刺1号选择的研究[J].山东林业科技,1999(1):7-10.
[145] 吴夏明.侧柏的地理变异[J].北京林业大学学报,1986(3):1-16.
[146] 吴支民,李天翔,杨章旗.桂东南丘陵区马尾松优良种源试验[J].广西林业科学,1998,27(3):121-128.
[147] 谢东锋,马履一,王华田.几种造林树种木质部栓塞脆弱性研究[J].浙江林学院学报, 2004,21

(2):138-143.
[148] 徐飞,郭卫华,徐伟红,等.刺槐幼苗形态、生物量分配和光合特性对水分胁迫的响应[J].北京林业大学学报,2010(1):28-34.
[149] 许红梅,商琼,黄永梅,等.黄土高原森林草原区6种植物光合特性研究植物[J].生态学报,2004,28(2):157-165.
[150] 许明祥,刘国彬.黄土丘陵区刺槐人工林土壤养分特征及演变植物[J].营养与肥料学报,2004(1):40-46.
[151] 薛俊杰,张震云,弓春瑞,等.几种木本豆科植物的过氧化物酶和多酚氧化酶同工酶研究[J].山西农业大学学报,2000,20(1):55-58.
[152] 薛萐,刘国彬,潘彦平,等.黄土丘陵区人工刺槐林土壤活性有机碳与碳库管理指数演变[J].中国农业科学,2009,42(4):1458-1464.
[153] 荀守华,乔玉玲,毛秀红,等.刺槐属种质资源数据库研建[J].山东林业科技,2014(1):1-8.
[154] 荀守华,乔玉玲,张江涛,等.我国刺槐遗传育种现状及发展对策[J].山东林业科技,2009(1):96-100.
[155] 燕辉,刘广全,李红生.青杨人工林根系生物量、表面积和根长密度变化[J].应用生态学报,2010,21(11):2763 -2768.
[156] 杨兵,王进闯,张远彬.长期模拟增温对岷江冷杉幼苗生长与生物量分配的影响[J].生态学报,2010,30(21):5994-6000.
[157] 杨福囤,何海菊.青藏高原矮蒿草草甸常见植物的热值及灰分含量[J].中国草原,1983,2(2):24-27.
[158] 杨海军,孙立达.晋西黄土区水土保持林水量平衡的研究[J].北京林业大学学报,1993,15(3):42-50.
[159] 杨敏生,Hertel H,Schneck V.欧洲刺槐种源群体遗传结构和多样性[J].生态学报,2004,24(12):2700-2706.
[160] 杨敏生,Hertel H, Schneck V.欧洲中部刺槐种源群体等位酶变异研究[J].遗传学报,2004,31(12):1439-1447.
[161] 杨敏生.白杨双交杂种无性系抗旱性生理基础及苗期鉴定的研究[D].北京:北京林业大学,1996.
[162] 杨维西.试论我国北方地区人工植被的土壤干化问题[J].林业科学,1996,32(1):78-85.
[163] 杨文文,张学培,王洪英.晋西黄土区刺槐蒸腾、光合与水分利用的试验研究[J].水土保持研究,2006,13(1): 72-75.
[164] 杨文治,田均良.黄土高原土壤干燥化问题探源[J].土壤学报,2004,41(1):1-6.
[165] 杨晓毅,李凯荣,李苗,等.陕西省淳化县人工刺槐林林分结构及林下植物多样性研究[J].水土保持通报,2011(3):198-205.
[166] 杨欣超,张凯权,王静,等.基于SSR分子标记的刺槐遗传多样性分析及核心种质的构建[J].分子植物育种,2019(9):3086-3097.
[167] 杨新民,杨文治.干旱地区人工林地土壤水分平衡的探讨[J].水土保持通报,1988,8(3):32-38.
[168] 于平.插穗的类型对四倍体刺槐扦插生根及氧化酶活性的影响[J].防护林科技,2019,184(1):52-53,95.
[169] 余新晓,陈丽华.晋西黄土地区小老树的防治与改造[J].干旱区资源与环境,1996,10(1):81-86.
[170] 袁存权.刺槐有性生殖过程及交配系统研究[D].北京:北京林业大学,2013.
[171] 原法宪.刺槐开花生物学特性观察[J].山西林业科技,1978(3):1-10.

[172] 岳金平,陈万章,仇才楼. 江苏沿海引种刺槐优良无性系试验初报[J]. 江苏林业科学报(自然科学版),2004,32(1):61-65.
[173] 张翠英,刘了凡,樊景豪. 刺槐盛花期预报模式的研究[J]. 山东气象,2001(3):30-31.
[174] 张鼎华,翟明普,林平贾,等. 杨树刺槐混交林枯落物分解速率的研究[J]. 中国生态农业学报,2004,12(3):24-26.
[175] 张敦伦,张振芬,王方泉. 刺槐无性系选种的研究[J]. 山东林业科技,1990(2):16-20.
[176] 张国君,李云,徐兆翮,等. 栽培模式对四倍体刺槐生物量和叶片营养的影响[J]. 北京林业大学学报,2010,32(5):102-106.
[177] 张国君,李云,姜金仲,等. 饲料型四倍体刺槐叶粉饲用价值的比较研究[J]. 草业科学,2007,24(1):26-31.
[178] 张建军,毕华兴,魏天兴. 晋西黄土区不同密度林分的水土保持作用研究[J]. 北京林业大学学报,2002,24(3):50-53.
[179] 张景群,苏印泉,康永祥,等. 黄土高原刺槐人工林幼林生态系统碳吸存[J]. 应用生态学报,2009,20(12):2911-2916.
[180] 张静,温仲明,李鸣雷,等. 外来物种刺槐对土壤微生物功能多样性的影响[J]. 生态学报,2018,38(14): 4964-4974.
[181] 张琨,吕一河,傅伯杰. 黄土高原典型区植被恢复及其对生态系统服务的影响[J]. 生态与农村环境学报,2017,33(1):23-31.
[182] 张莉,续九如. 水分胁迫下刺槐不同无性系生理生化反应的研究[J]. 林业科学,2003,39(4):162-167.
[183] 张明生,谢波,谈锋,等. 甘薯可溶性蛋白、叶绿素及 ATP 含量变化与品种抗旱性关系的研究[J]. 中国农业科学,2003,36(1):13-16.
[184] 张守仁,马克平,陈灵芝. 与变化光环境关联的刺槐光合气体交换和复叶运动[J]. 植物学报,2002,44(7):858-863.
[185] 张守仁. 叶绿素荧光动力学参数的意义及讨论[J]. 植物学报,1999,16(4):444-448.
[186] 张术忠,李悦,姜国斌,等. 刺槐家系耐盐性状的变异、相关分析及选择[J]. 北京林业大学学报,2002,24(2):1-17.
[187] 张硕新,申卫军. 几个抗旱树种木质部栓塞脆弱性的研究[J]. 西北林学院学报,1997,12(2):2-7.
[188] 张长庆,张文辉. 黄土高原不同立地条件下刺槐人工林种群的无性繁殖与更新[J]. 西北农林科技大学学报(自然科学版),2009,37(1):135-144.
[189] 张长庆. 黄土高原丘陵沟壑区刺槐人工林和狼牙刺天然林生殖与更新研究[D]. 杨凌:西北农林科技大学,2008.
[190] 赵娜,孟平,张劲松,等. 华北低丘山地不同退耕年限刺槐人工林土壤质量评价[J]. 应用生态学报,2014,25(2):351-358.
[191] 赵荣军,杨培华,谢斌,等. 油松半同胞子代及亲本木材构造与物理力学性质的研究[J]. 西北林学院学报,2000,15(2):24-28.
[192] 郑秀琴,王先保,郑秀玲,等. 洛宁刺槐大径材定向培育浅议[J]. 河南林业科技,2015,35(1):39-41.
[193] 中国森林编辑委员会. 中国森林第 3 卷 :阔叶林[M]. 北京 :中国林业出版社,2000.
[194] 周本智,吴良如,邹跃国. 闽南麻竹人工林地上部分现存生物量的研究[J]. 林业科学研究,1999,12(1):47-52.
[195] 周群英, 陈少雄. 巨桉等 5 种桉树的热值和灰分含量研究[J]. 热带作物学报,2009,30(2):161-166.

[196] 周晓新,张建军,隋旭红,等.不同密度刺槐林在蒸腾旺季的蒸腾特征[J].水土保持通报,2010,30(3):41-47.

[197] 朱朵菊,温仲明,张静,等.外来物种刺槐对黄土丘陵区植物群落功能结构的影响[J].应用生态学报,2018,29(2):459-466.

[198] 朱俊凤.西部大开发生态环境建设之鉴[M].北京:中国林业出版社,2000.

[199] 朱翔,杨传平.2年生白桦种源的地理变异[J].东北林业大学学报,2001,29(6):7-10.

[200] 朱一龙.刺槐良种选育效果初报[J].江苏林业科技,1988,15(3):34-36.

[201] 朱宇旌,张勇.盐胁迫下小花碱茅超微结构的研究[J].中国草地,2000(4):30-32.

[202] 邹蓉,蒋运生,王满莲,等.不同土壤条件对槐树生长和生物量的影响[J].福建林业科技,2010,37(3):88-91.

[203] Keresztesi B.刺槐[M].王世绩,张敦伦译.北京:中国科学技术出版社,1993.

[204] Austin A T, Yahdjian L, Stark J M, et al. Water Pulses and Biogeochemical Cycles in Arid and Semiarid Ecosystems[J]. Oecologia, 2004, 141(2):221-235.

[205] Bolat I, Kara Ö, Sensoy H, et al. Influences of black Locust (Robinia pseudoacacia L.) afforestation on soil microbial biomass and activity[J]. Forest-Biogeosciences and Forestry, 2015, 9(1): 171.

[206] Bolat, llyas, Hüseyin Şensoy, Davut Özer. Short-term changes in microbial biomass and activity in soils under black locust trees (Robinia pseudoacacia L.) in the northwest of Turkey[J]. Journal of Soils and Sediments, 2015, 15(11): 2189-2198.

[207] Bongarten B C, Huber D A, Apsley D K. Environmental and genetic influences on short- rotation biomass production of black locust (Robinia pseudoacacia L.) in the Georgia Piedmont[J]. Forest Ecology & Management, 1992, 55(1-4):315-331.

[208] Brown G N, Bixby J A, Melcarek P K, et al. Xylem pressure potential and chlorophyll fluorescence as indicators of freezing survival in black locust and Western hemlock seedlings[J]. Cryobiology, 1977, 14(1):94-99.

[209] Buzhdygan O Y, Rudenko S S, Kazanci C, et al. Effect of invasive black locust (Robinia pseudoacacia L.) on nitrogen cycle in floodplain ecosystem[J]. Ecological Modelling, 2016, 319: 170-177.

[210] Celik A, Kartal A A, Akdogan A, et al. Determining the heavy metal pollution in Denizli (Turkey) by using Robinio pseudo-acacia L.[J]. Environment International, 2005, 31(1):105-112.

[211] Cheng J, Wu G L, Zhao L P. Cumulative effects of 20-year exclusion of livestock grazing on above- and belowground biomass of typical steppe communities in arid areas of the Loess Plateau, China[J]. Plant Soil & Environment, 2011, 57(1):40-44.

[212] Craine J M, Lee W G. Covariation in leaf and root traits for native and non-native grasses along an altitudinal gradient in New Zealand[J]. Oecologia, 2003, 134(4):471-478.

[213] Deng L, Shangguan Z P, Rui L I. Effects of the grain-for-green program on soil erosion in China[J]. International Journal of Sediment Research, 2012, 27(1):120-127.

[214] Díaz S, Cabido M, Zak M, et al. Plant functional traits, ecosystem structure and land-use history along a climatic gradient in central-western Argentina[J]. Journal of Vegetation Science, 1999, 10(5):651-660.

[215] Dini-Papanastasi O, Aravanopoulos F A. Artificial hybridization between Robinia pseudoacacia L. and R. pseudoacacia var. monophylla Carr.[J]. Forestry, 2008, 81:91-101.

[216] Dini-papanastasi O, Panetsos C. Relation between growth and morphological traits and genetic parameters of Robinia pseudoacacia var. monophylla Carr. in northern Greece[J]. Silvae Genetica, 2000, 49

(1):37-44.

[217] Dini-papanastasi O. Contribution to the selection of productive progenies of Robinia pseudoacacia var. monophylla Carr. from young plantations in northern Greece[J]. Forest Genetics, 2004, 11(2): 113-123.

[218] Du B , Pang J , Hu B , et al. N2-fixing black locust intercropping improves ecosystem nutrition at the vulnerable semi-arid Loess Plateau region, China[J]. Science of the Total Environment, 2019, 688: 333-345.

[219] Duarte C M , Sand-Jensen K , Nielsen S L , et al. Comparative functional plant ecology: rationale and potentials[J]. Trends in Ecology & Evolution, 1995, 10(10):418-421.

[220] Fan K , Weisenhorn P , Gilbert J A , et al. Soil pH correlates with the co-occurrence and assemblage process of diazotrophic communities in rhizosphere and bulk soils of wheat fields[J]. Soil Biology & Biochemistry, 2018, 121:185-192.

[221] Feng X, Fu, Piao S, et al. Revegetation in China's Loess Plateau is approaching sustainable water resource limits[J]. Nature Climate Change, 2016(6): 1019-1022.

[222] Gratton C, Denno R F. Restoration of Arthropod Assemblages in a Spartina Salt Marsh following Removal of the Invasive Plant Phragmites australis[J]. Restoration Ecology, 2005, 13(2):358-372.

[223] Grime J P. Benefits of plant diversity to ecosystems: immediate, filter and founder effects[J]. Journal of Ecology, 1998, 86(6): 902-910.

[224] Groninger J W, Zedaker S M, Fredericksen T S. Stand characteristics of inter-cropped loblolly pine and black locust[J]. Forest Ecology & Management, 1997, 91(2-3):221-227.

[225] Gruenewald H , Boehm C , Quinkenstein A , et al. Robinia pseudoacacia L. : A Lesser Known Tree Species for Biomass Production[J]. Bioenergy research, 2009, 2(3):123-133.

[226] Hanover J W , Tesfai M , Paul B . Genetic Improvement of Black Locust: A Prime Agroforestry Species [J]. Forestry Chronicle, 1991, 67(3):227-231.

[227] Huo X , Han H , Zhang J , et al. Genetic diversity of Robinia pseudoacacia populations in China detected by AFLP markers[J]. Frontiers of Agriculture in China, 2009, 3(3):337-345.

[228] Jin T T, Fu B J, Liu G H, et al. Hydrologic feasibility of artificial forestation in the semi-arid Loess Plateau of China[J]. Hydrology & Earth System Sciences, 2011, 15(8):2519-2530.

[229] Kanwar K, Bindiya K. Random amplified polymorphic DNA (RAPDs) markers for genetic analysis in micropropagated plants of Robinia pseudoacaciaL. [J]. Euphytica, 2003, 132(1):41-47.

[230] Kúroly Rédei. Management of black Locust Robinia pseudoacacia L. stands in Hungary[J]. Journal of Forestry Research, 2002, 13(4):260-264.

[231] Kim C S, Lee S K. Morphological and cytological characteristics of a spontaneous tetraploid of Robinia pseudoacacia(abstract)[C]//Research report 10. Seoul:The Institute of Forest Genetics, Korea, 1973: 57-65.

[232] Kim C S, Lee S K. Studies on characteristics of selected thornless black locust(abstract)[C]//Research report 11. Seoul:The Institute of Forest Genetics, Korea, 1974:1-12.

[233] Kou M, Garcia-Fayos P, Hu S, et al. The effect of Robinia pseudoacacia afforestation on soil and vegetation properties in the Loess Plateau (China): A chronosequence approach[J]. Forest Ecology and Management, 2016, 375:146-158.

[234] Kurokochi H, Hogetsu T. Fine-scale initiation of non-native Robinia pseudoacacia riparian forests along the Chikumagawa River in central Japan[J]. Journal of Ecology & Environment, 2014, 37(1):21-29.

[235] Lazzaro L, Mazza G, D′Errico G, et al. How ecosystems change following invasion by Robinia pseudoacacia: Insights from soil chemical properties and soil microbial, nematode, microarthropod and plant communities[J]. Science of the Total Environment, 2018, 622-623(may1):1509-1518.

[236] Lee C S, Cho H J, Yi H. Stand dynamics of introduced black locust (Robinia pseudoacacia L.) plantation under different disturbance regimes in Korea[J]. Forest Ecology & Management, 2004, 189(1-3):281-293.

[237] Li G, Zhang X, Huang J, et al. Afforestation and climatic niche dynamics of black locust (Robinia pseudoacacia)[J]. Forest Ecology & Management, 2018, 407:184-190.

[238] Liang H, Xue Y, Li Z, et al. Soil moisture decline following the plantation of Robinia pseudoacacia forests: Evidence from the Loess Plateau[J]. Forest Ecology & Management, 2018, 412(5):62-69.

[239] Limayem A, Ricke S C. Lignocellulosic biomass for bioethanol production: Current perspectives, potential issues and future prospects[J]. Progress in Energy and Combustion Science, 2012, 38(4):449-467.

[240] Litt A R , Cord E E , Fulbright T E , et al. Effects of Invasive Plants on Arthropods[J]. Conservation Biology, 2014, 28(6):1532-1549.

[241] Liu D , Huang Y , Sun H , et al. The restoration age of Robinia pseudoacacia plantation impacts soil microbial biomass and microbial community structure in the Loess Plateau[J]. Carena, 2018, 165: 192-200.

[242] Liu J L, Dang P, Gao Y, et al. Effects of tree species and soil properties on the composition and diversity of the soil bacterial community following afforestation[J]. Forest Ecology & Management, 2018, 427: 342-349.

[243] Mantovani D, Veste M, Boldt-Burisch K, et al. Carbon allocation, nodulation, and biological nitrogen fixation of black locust (Robinia pseudoacacia L.) under soil water limitation[J]. Annals of Forest Research, 2015, 58(2):259-274.

[244] Marron N, Cécilia Gana, Dominique Gérant, et al. Estimating symbiotic N 2 fixation in Robinia pseudoacacia[J]. Journal of Plant Nutrition and Soil Science, 2018, 181(2):296-304.

[245] Masaka K ,Yamada K. Variation in germination character of Robinia pseudoacacia L. (leguminosae) seeds at individual tree level[J]. Journal of Forest Research, 2009, 14(3): 167-177.

[246] Mason N W H, Bello F D, Doležal J, et al. Niche overlap reveals the effects of competition, disturbance and contrasting assembly processes in experimental grassland communities[J]. Journal of Ecology, 2011, 99(3):788-796.

[247] Mebrahtu T,Hanover J W. Heritability and expected gain estimates for traits of black locust in Michigan [J]. Silvae Genetica, 1989, 38(3-4):125-130.

[248] Medina-Villar S, Rodríguez-Echeverría S, Lorenzo P , et al. Impacts of the alien trees Ailanthus altissima (Mill.) Swingle and Robinia pseudoacacia L. on soil nutrients and microbial communities[J]. Soil Biology & Biochemistry, 2016,96:65-73.

[249] Morimoto J , Kominami R , Koike T. Distribution and characteristics of the soil seed bank of the black locust (Robinia pseudoacacia) in a headwater basin in northern Japan[J]. Landscape and ecological engineering, 2010, 6(2):193-199.

[250] Nascimbene J, Lazzaro L, Benesperi R. Patterns of β-diversity and similarity reveal biotic homogenization of epiphytic lichen communities associated with the spread of black locust forests[J]. Fungal Ecology, 2015, 14:1-7.

[251] Ogasa M, Miki N H, Murakami Y, et al. Recovery performance in xylem hydraulic conductivity is correlated with cavitation resistance for temperate deciduous tree species[J]. Tree Physiology, 2013, 33(4):335-341.

[252] Papaioannou A, Chatzistathis T, Papaioannou E, et al. Robinia pseudoacacia as a valuable invasive species for the restoration of degraded croplands[J]. Catena, 2016, 137:310-317.

[253] Rédei Kroly. Black Locust(Robinia pseudoacacia L.) Improvement and Management in Hungary[J]. Forestry Studiesis in China, 1999, 68(1):37-42.

[254] Reif Jirí, Hanzelka J , Kadlec, Tomá, et al. Conservation implications of cascading effects among groups of organisms: The alien tree Robinia pseudacacia in the Czech Republic as a case study[J]. Biological Conservation, 2016, 198:50-59.

[255] Ren C, Zhao F, Kang D, et al. Linkages of C:N:P stoichiometry and bacterial community in soil following afforestation of former farmland[J]. Forest Ecology and Management, 2016, 376:59-66.

[256] Sandu D D, Goiceanu C, Ispas A, et al. A preliminary study on ultra high frequency electromagnetic fields effect on black locust chlorophylls[J]. Acta Biologica Hungarica, 2005, 56(1-2):109-117.

[257] Šibíková M, Jarolímek I, Hegedüšová K, et al. Effect of planting alien Robinia pseudoacacia trees on homogenization of Central European forest vegetation[J]. Science of the Total Environment, 2019, 687:1164-1175.

[258] Siminovitch D, Rheaume B, Pomeroy K, et al. Phospholipid, protein, and nucleic acid increases in protoplasm and membrane structures associated with development of extreme freezing resistance in black locust tree cells[J]. Cryobiology, 1968, 5(3):202-225.

[259] Siminovitch D, Singh J, de la Roche IA. Studies on membranes in plant cells resistant to extreme freezing. I. Augmentation of phospholipids and membrane substance without changes in unsaturation of fatty acids during hardening of black locust bark. [J]. Cryobiology, 1975, 12(2):144-153.

[260] Sinclair T R , Holbrook N M , Zwieniecki M A . Daily transpiration rates of woody species on drying soil[J]. Tree Hysiology, 2005, 25(11):1469-1472.

[261] Sitzia T, Campagnaro T, Dainese M, et al. Plant species diversity in alien black locust stands: A paired comparison with native stands across a north-Mediterranean range expansion[J]. Forest Ecology & Management, 2012, 285:85-91.

[262] Society, 2002, 91(2):156-162.

[263] Sperry J S, Donnelly J R, Tyree M T. A method for measuring hydraulic conductivity and embolism in xylem[J]. Plant Cell & Environment, 1988, 11(1):35-40.

[264] Staska B, Essl F, Samimi C, et al. Density and age of invasive Robinia pseudoacacia modulate its impact on floodplain forests[J]. Basic and Applied Ecology, 2014, 15(6): 551-558.

[265] Straker K C, Quinn L D, Voigt T B, et al. Black Locust as a Bioenergy Feedstock: a Review[J]. Bioenergy Research, 2015, 8(3):1117-1135.

[266] Surles S E, Hamrick J L, Bongarten B C. Mating systems in open-pollinated families of black locust (Robinia pseudoacacia)[J]. Silvae Genetica, 1990, 39(1):35-40.

[267] Tilman, D, Knops J, Wedin D, et al. The influence of functional diversity and composition on ecosystem processes[J]. Science, 277: 1300 -1302.

[268] Trifilò Patrizia, Andrea N, Lo G M A, et al. Diurnal changes in embolism rate in nine dry forest trees: relationships with species-specific xylem vulnerability, hydraulic strategy and wood traits[J]. Tree Physiology, 2015, 35(7):694-705.

[269] Tyree M T, Cochard H, Cruiziat P , et al. Drought-induced leaf shedding in walnut: evidence for vulnerability segmentation[J]. Plant Cell & Environment, 1993, 16(7):879-882.

[270] Tyree M T, Zimmermann M H. Xylem structure and theascent of sap[J]. Science, 1983, 222: 500-510.

[271] Villéger S, Mason N W H, Mouillot D. New multidimesional functional diversity indices for a multifacetedframework in fuctional ecology[J]. Ecology, 2008, 89:2290-2301

[272] Vítková M, Müllerová J, Sádlo J ,et al. Black locust (Robinia pseudoacacia) beloved and despised: A story of an invasive tree in Central Europe[J]. Forest Ecology and Management, 2017, 384: 287-302.

[273] Vítková, Michaela, Tonika J , Müllerová, Jana. Black locust—Successful invader of a wide range of soil conditions[J]. Science of The Total Environment, 2015, 505:315-328.

[274] Von Holle B, Neill C, Largay E F, et al. Ecosystem legacy of the introduced N2-fixing tree Robinia pseudoacaciain a coastal forest[J]. Oecologia, 2013, 172(3):915-924.

[275] Wang B R, Zhao X D, Liu Y, et al. Using soil aggregate stability and erodibility to evaluate the sustainability of large-scale afforestation of Robinia pseudoacacia and Caragana korshinskii in the Loess Plateau [J]. Forest Ecology and Management, 2019, 450: 117491.

[276] Webb K S B J . Flower, fruit and seed abortion in tropical forest trees: implications for the evolution of paternal and maternal reproductive patterns[J]. American Journal of Botany, 1984, 71(5):736-751.

[277] Wheeler J K, Sperry J S, Hacke U G, et al. Inter-vessel pitting and cavitation in woody Rosaceae and other vesselled plants: a basis for a safety versus efficiency trade-off in xylem transport[J]. Plant Cell & Environment, 2005, 28(6):800-812.

[278] Whittaker R H, Woodell G. M. Dimension and production relations of trees and shrubs in the Brookhaven forest, New York[J]. Journal of Ecology, 1968, 56:1-25.

[279] Wright J W. Geographic variation in scotch pine[J]. Silvae Genetica, 1963, 12:1-25.

[280] Wright J W. The role of provenance testing in the improvement: In advances in forest genetic[M]. New York Academic Press, Inc, 1982.

[281] Wu P F, Zhang H Z, Wang Y. The response of soil macroinvertebrates to alpine meadow degradation in the Qinghai-Tibetan Plateau, China[J]. Applied Soil Ecology, 2015, 90: 60-67.

[282] Xu Y, Wang T, Li H, et al. Variations of soil nitrogen-fixing microorganism communities and nitrogen fractions in a Robinia pseudoacacia chronosequence on the Loess Plateau of China[J]. Catena, 2019, 174:316-323.

[283] Xun S H, Qiao Y L, Zhang J T, et al. Research progress and development tactics on genetics breeding of Robinia pseudoacacia L. in China [J]. Journal of Shandong Forestry Science and Technology, 2009, 39 (1):92-96.

[284] Yang J, Dai G H, Ma L Y , et al. Forest-based bioenergy in China: status, opportunities, and challenges[J]. Renewable and Sustainable Energy Reviews, 2013, 18: 478-485.

[285] Yuan C Q, Li Y F, Sun P, et al. Assessment of genetic diversity and variation of Robinia pseudoacacia seeds induced by short-term spaceflight based on two molecular marker systems and morphological traits [J]. Genetics & Molecular Research Gmr, 2012, 11(4):4268-4277.

[286] Zhang J G, Li J Y, Shen G F. Studies on the drought tolerance characteristics and mechanism in wood plants[M]. Beijing: Chinese Forestry Press, 2000.

[287] Zhang P, Liu J S, Jin C D, et al. Cultivation and using status of Robinia pesudoacacia [J]. Journal of Agricultural Science Yanbian University, 2002, 24(3):223-227.

[288] Zhang W H, Caloshenquire B. A, Prado, Ma R P. Analysis on the daily courses of water potential of nine woody species from Cerrado vegetation during wet season[J]. Journal of Forestry Research, 2000, 11(1):7-12.

[289] Zhang W H, Prado C H A. Water relation balance parameters of 30 woody species from Cerrado vegetation in the wet and dry season[J]. Journal of Forestry Research, 1998, 9(4):233-239.

[290] Zhang W, Liu W, Xu M, et al. Response of forest growth to C:N:P stoichiometry in plants and soils during Robinia pseudoacacia afforestation on the Loess Plateau, China[J]. Geoderma, 2019, 337:280-289.